高等院校双一流学科建设规划教材

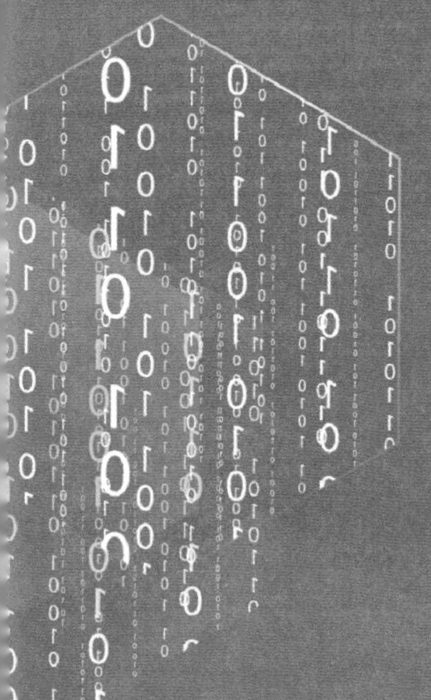

基于鲲鹏的

C 语言程序设计教程

江　桦　胡桂珍　杨华莉　邬芝权 ◎ 编著

周瑜琳 ◎ 主审

西南交通大学出版社

·成　都·

图书在版编目（CIP）数据

基于鲲鹏的C语言程序设计教程 / 江桦等编著. —成都：西南交通大学出版社，2023.8

ISBN 978-7-5643-9468-4

Ⅰ. ①基… Ⅱ. ①江… Ⅲ. ①C语言－程序设计－高等学校－教材 Ⅳ. ①TP312.8

中国国家版本馆CIP数据核字（2023）第160168号

Jiyu Kunpeng de C Yuyan Chengxu Sheji Jiaocheng

基于鲲鹏的C语言程序设计教程

江　桦　胡桂珍　杨华莉　邬芝权 / 编著

责任编辑 / 李　伟
封面设计 / 曹天擎

西南交通大学出版社出版发行
（四川省成都市金牛区二环路北一段111号西南交通大学创新大厦21楼　610031）
发行部电话：028-87600564　028-87600533
网址：http://www.xnjdcbs.com
印刷：四川煤田地质制图印务有限责任公司

成品尺寸　185 mm×260 mm
印张　23.25　　字数　581千
版次　2023年8月第1版　　印次　2023年8月第1次

书号　ISBN 978-7-5643-9468-4
定价　58.00元

课件咨询电话　028-81435775
图书如有印装质量问题　本社负责退换

前言

PREFACE

C 语言从 1972 年诞生至今已有半个世纪，但时至今日，C 语言仍然常年位列 TIOBE 编程语言排行榜前三，这足以说明其旺盛的生命力。C 语言是普适性很强的一种计算机程序编程语言，是一种结构化语言，按照模块化的方式进行程序设计，有利于软件开发。C 语言具有多种运算符和数据类型，可轻松完成多种数据结构的构建，使其具有强大的处理和表现能力。C 语言通过指针类型可对内存直接寻址，并对硬件进行直接操作，故 C 语言不仅可以发挥出高级编程语言的功能，还能实现汇编语言中的大部分功能。它不仅能用于开发应用软件，也可用于开发系统软件。同时，用 C 语言编写的程序具有良好的可移植性。C 语言程序设计在计算机教育和计算应用中具有举足轻重的地位。C 语言也是 C++、Java 等语言的基础，学好 C 语言也有利于其他编程语言的学习。

“智能基座”是教育部高教司与华为技术有限公司共同设立的产教融合协同育人基地项目。智能基座项目主要聚焦在计算机、电子信息、人工智能和软件工程等领域，围绕 22 门专业课开展新计算人才的培养，其中“程序设计”是最基础的一门核心课程。华为鲲鹏开发套件 DevKit 不仅极大地简化了将应用迁移到鲲鹏平台的过程，并提供快捷的插件管理方式，方便开发者配置鲲鹏平台应用开发环境，同时方便开发者高效快速地原生开发。为了与华为“智能基座”深度融合，将民族企业发展与专业教育相结合，摆脱技术制裁，构建科研与教学相互转化、直接育人与转化育人相结合的工科专业育人新路径，特编写了本书。

本书作者都是高校教师，一直工作在高等学校教学一线，承担“C 语言程序设计”的教学任务，有着丰富的教学经验，并长期从事软件开发工作，有将自己认识、理解的“C 语言程序设计”介绍给读者的强烈愿望。

本书以读者“能够编写程序、调试程序”为指导原则，将 C 语言的核心内容进行合理组织，力求做到条理清晰、深入浅出，设计并精选大量经典实例程序，同时将相关语法融入程序实现中，以增进读者对程序设计的理解。本书的主要特点如下：

（1）目前，市面上的 C 语言教程大多以 x86 平台为基础。本书以鲲鹏生态环境为平台，基于 Visual Studio Code 和鲲鹏开发套件 DevKit，介绍了 C 语言程序设计语法及实例，并指出了鲲鹏平台、x86 平台的部分编程差异。

（2）在讲解 C 语言的基本概念时，采用理论阐述加实例应用的方式，以便于读者理解和运用。

（3）本书的重点是 C 语言的使用，体系结构也针对初学者的特点进行了精心安排，内容由浅至深，循序渐进。书中没有深奥的理论和算法，在实例中出现的算法，都给出了详细的解释。

（4）本书包含了丰富的程序实例，但所有的实例都是易于理解的，并不涉及太多的硬件知识。通过对实例的阅读和分析，有助于读者更加全面、深刻地理解相应的知识点，并运用到编程实践中。

（5）本书对应用价值很高的自定义数据类型从概念到实现进行了较完整的呈现。为加深理解和应用能力的培养，本书详细介绍了静态链表的存储结构，以及动态链表和静态链表基本操作的实现，并给出综合实例加以运用。

本书介绍标准 C 语言，符合 ANSI/ISO C 标准，所有程序都可以在实际工程环境中调试运行。本书实例程序采用的编辑环境是 Visual Studio Code，调试运行需要安装插件工具——鲲鹏开发套件 DevKit。本书所有实例程序（可扫下方二维码获取）全部在华为云服务器上调试通过，并用截图形式给出了各程序的运行结果。

本书由西南交通大学作者团队和“智能基座”项目“程序设计”课程布道师团队共同编写，由华为技术有限公司周瑜琳主审。本书的编写得到了华为技术有限公司、西南交通大学信息科学与技术学院、西南交通大学教务处、西南交通大学出版社的大力支持和帮助，在此表示衷心的感谢。特别感谢提供宝贵建议的郑狄老师，正是因为他的全力协作和沟通，本书才得以按时出版。

书末参考文献所列书籍的内容、良好的风格和组织结构对作者产生了重要影响，因此本书也引用了这些书籍的部分实例程序，在此衷心感谢这些书籍的作者。在本书的编写过程中，作者还参考了许多同行的著作，在此一并表达感激之情。

尽管作者尽最大努力，也有良好且负责任的态度，编写过程中也参考了多部相关教材，但由于学识所限，书中难免会存在一些疏漏和不足之处，敬请读者批评指正。

作 者

2023 年 6 月

实例程序下载

目录

CONTENTS

第1章 基于鲲鹏平台的简单C程序设计

学习目标

- ✧ 了解计算机系统的基本结构；
- ✧ 了解C语言的发展和主要特点；
- ✧ 掌握C程序的基本结构；
- ✧ 掌握C程序在鲲鹏平台环境下的工作原理；
- ✧ 掌握使用鲲鹏平台开发C程序的方法。

1.1 计算机系统简介

计算机系统是一种能按照事先存储的程序自动、高效地对数据进行输入、处理、存储和输出的系统，由硬件系统和软件系统两部分组成。

1. 硬件系统

计算机是用来延伸人的能力的工具，其硬件系统是计算机系统中所有实体部件和设备的统称，由中央处理器（包括运算器和控制器）、存储器和输入/输出设备等核心部件组成，在软件的配合下完成输入、处理、存储和输出等基本操作。

中央处理器（Central Processing Unit，CPU）是硬件系统中最重要的部件，其功能主要是解释计算机指令并处理计算机软件中的数据。鲲鹏处理器是国产CPU中的佼佼者，它是一款基于ARM架构（电子产品处理器架构）的数据中心高性能处理器，由华为自主研发和设计。鲲鹏处理器旨在满足数据中心的多样性计算和绿色计算需求，具有高性能、高带宽、高集成度、高效能四大特点。

2. 软件系统

软件是计算机系统和信息技术的灵魂，是操纵计算机的工具。工业和信息化部在《“十四五”软件和信息技术服务业发展规划》中指出，软件是新一代信息技术的灵魂，是数字经济发展的基础，是制造强国、网络强国、数字中国建设的关键支撑。

计算机的软件系统是指在计算机中运行的各种程序、数据及相关文档资料的总称。软件系统包括系统软件、支撑软件和应用软件。

系统软件是负责控制和协调计算机及其外部设备、支持应用软件开发和运行的一类计算机软件，一般包括操作系统、语言处理程序、数据库系统和网络管理系统等。支撑软件是在系统软件与应用软件之间，提供应用软件设计、开发、测试、评估、运行检测等辅助功能的软件。应用软件与系统软件相对应，是直接面向特定应用的软件，如成绩管理系统、文字处理系统等。

操作系统被誉为“基础软件之魂”，华为的开源操作系统欧拉（openEuler）以 Linux 的稳定系统内核为基础，支持鲲鹏处理器和容器虚拟化技术，是一个面向企业级的通用服务器架构平台。欧拉系统面向服务器、边缘计算、云基础设施等。目前，欧拉和鸿蒙系统已经实现内核技术共享，未来，在鸿蒙和欧拉之间会共享底层技术，使安装有两个操作系统的设备可以互联互通。

3. 软件和程序

软件（software）是为实现特定功能、解决特定问题而编写的程序和文档的集合，是计算机中的非有形部分，因此，软件是包括了程序、数据、文档等内容的数字产品。

程序（program）是为了实现特定目标或解决具体问题而使用计算机语言编写的指令有序集合。程序是软件的一个组成部分（子集）。

软件与程序的关系可以简单表示为：软件=程序+文档。

1.2 程序设计方法

程序是软件的核心，是数据结构和算法的有机结合体，并由某种编程语言实现的指令集合。编程，也就是编写程序，是人与计算机之间交流的过程。人通过计算机能够理解的某种方式，将解决问题的思路、方法和手段告诉计算机，从而使计算机能够理解人的意图，可以根据指令一步步完成某种特定任务。简单来说，编程就是通过编写代码来指挥计算机工作。

编写程序的一般步骤：

（1）需求分析：明确要处理什么问题（要完成什么功能），确定处理问题（要完成功能）所需的资源。

（2）算法设计（就是如何做一件事情）：根据所需的功能和拥有的资源，理清思路，排列出完成此功能的具体步骤（这就是算法）。每一个步骤都应当是简单的、确定的。这一步也被称为“编程逻辑”。

（3）编写程序：根据前期设计好的步骤，编写符合某种语言（如 C 语言）规则的程序。

（4）编译链接程序：先将源程序翻译成逻辑上与之等价的机器语言表示的目标程序，再将库函数链接到目标程序中，生成可执行文件。在此过程中，程序代码有误，则修改调试程序。

（5）运行程序：运行可执行文件，输出程序运行结果。

1.3 C 语言简介

1.3.1 程序设计语言的发展

用于书写计算机程序的语言即为程序设计语言。语言的基础是一组记号和一组规则。根据规则由记号构成的记号串的总体就是语言。在程序设计语言中，这些记号串就是程序。从发展历程来看，程序设计语言可以分为4代。

1. 机器语言

机器语言由二进制0和1组成的指令代码构成，不同的CPU具有不同的指令系统。由机器语言编写的二进制代码，计算机可以直接执行，并且执行效率高。由于机器语言程序只有0和1，存在编写和阅读困难、可读性和可维护性差、编程效率低、代码移植性差等问题，目前已基本不用机器语言直接编写程序了。

2. 汇编语言

汇编语言指令是机器指令的符号化，与机器指令存在着直接的对应关系，所以汇编语言同样存在着难学难用、容易出错、维护困难等缺点。但是汇编语言也有自己的优点：占用内存空间少，可直接访问计算机系统接口，汇编程序翻译成的机器语言程序的效率高。从软件工程角度来看，只有在高级语言不能满足设计要求，或不具备支持某种特定功能的技术性能（如特殊的输入输出）时，汇编语言才被使用。

3. 高级语言

高级程序设计语言（也称高级语言）的出现，使得计算机程序设计语言不再过度地依赖某种特定的机器或环境。高级语言是面向用户的、基本上独立于计算机种类和结构的语言。其最大的优点是：形式上接近于算术语言和自然语言，概念上接近于人们通常使用的概念。高级语言的一个命令可以代替几条、几十条甚至几百条汇编语言的指令。因此，高级语言易学易用，通用性强，应用广泛。

高级语言种类繁多，C语言在程序设计语言中具有举足轻重的地位。1978年以后，C语言先后移植到大、中、小和微型计算机上，在单片机和嵌入式系统中也得到了广泛的应用。

4. 非过程化语言

第四代程序设计语言（4GL）是面向应用，为最终用户设计的一类程序设计语言。第四代语言是一个简洁的、高效的非过程编程语言，用户定义“做什么”而不是“如何做”，不需要描述算法细节。第四代语言具有缩短应用开发过程、降低维护代价、最大限度地减少调试过程中出现的问题以及对用户友好等优点。

1.3.2 C语言的主要特点

C语言广泛应用于编写系统软件、应用软件、数值计算和数据处理等各个领域。C语言以其良好的可移植性和广泛的应用性而深受广大中外用户的欢迎，成为当今使用最为广泛的计算机语言之一。

C语言是一种结构化程序设计语言，同时具有低级语言的许多特点，如允许直接访问物理地址，能进行位操作，能实现汇编语言的大部分功能，可以直接对硬件进行操作等。用C语言编译软件产生的目标程序，其质量可以与汇编语言产生的目标程序相媲美，具有“可移植的汇编语言”的美称，成为编写应用软件、操作系统和编译软件的重要语言之一。它不但可以编写系统软件，还能编写应用程序。其主要特点如下：

（1）程序结构简洁、紧凑、灵活。只需使用一些简单、规整的方法，就可以构造出复杂的数据类型或是功能很强的语句、程序。

（2）表达能力强，有丰富的数据类型和运算符。它不仅可以直接处理字符、数字、地址，还可以完成通常要由硬件才能实现的操作。另外，C 语言还允许用户自己定义数据类型。

（3）生成的目标代码质量高。它将高级语言的基本结构和汇编语言的高效率结合起来，既具有高级语言易编程、易维护、可读性强、面向用户等特点，又具有汇编语言面向硬件的功能，可以编写系统软件，生成的目标代码的效率仅比汇编语言低 10%~20%。

（4）结构化的程序设计。C 语言具备编写结构化程序所需要的基本流程控制语句。程序设计的基本单元是函数，函数之间相互独立，从而实现了模块化的程序设计，提高了程序的可靠性。

（5）良好的可移植性。C 语言编写的程序中，输入、输出功能通过调用函数实现，不依赖于硬件，因此，程序基本上不作修改就可用于不同型号的计算机和各种操作系统。

1.4 简单的 C 语言程序设计

下面以例 1-1 为例介绍 C 语言程序的基本结构和特点。

例 **1-1** 将两个从键盘上输入的整数相加，并把结果输出在计算机屏幕上。

```
1 #include <stdio.h>
2 int main(void)
3 {
4     int x, y, sum;              /* 定义三个整型变量 x,y,sum */
5     scanf("%d %d", &x, &y);    /* 输入两个整数，并将其值赋给变量 x,y */
6     sum = x + y;                /* 计算两数之和*/
7     printf("x+y=%d\n", sum);  /* 输出结果*/
8     return 0;
9 }
```

该程序一共有 9 行，每行的作用如下所述。

1. #include 命令

程序的第 1 行`#include <stdio.h>`是一条文件包含命令，它是一条预处理命令。`stdio.h`是 C 语言编译器提供的标准输入输出头文件，其中定义了一系列与标准输入输出相关的函数，大多数的 C 语言程序都要用到它；后缀.h 表明它是一个头文件（head）。这条命令的作用就是将本程序中用到的标准输入函数 scanf 和标准输出函数 printf 所在的头文件 `stdio.h` 包含到本程序中，这样编译器才能正常编译，否则在编译时将出现所用函数未定义的错误。

关于文件包含的具体使用，在后面的章节中将陆续介绍并使用。

2. main()函数

对于一个 C 语言程序而言，无论大小，都是由一个或多个“函数”组成的。“函数”决定要完成的实际操作。但是，一个程序能运行出结果来，main 函数（也叫主函数）是必不可少的，并且一个程序只能有一个主函数。程序总是从 main 函数开始执行，并在 main 函数中结束，其他函数都是由 main 函数直接或间接调用的。ANSI C 标准要求 main 函数的写法为 `int` `main(void)`，这将大大提高 C 程序的可移植性。一个最简单的 C 程序可以仅有主函数，如：

```
int main(void) { }
```

其中，花括号{}也是主函数的组成部分。一个程序要完成的操作就放在{}里面，通常把花括号内的内容叫作函数体。如果函数的函数体{}中没有内容，称为空函数，它是合法的，空函数什么都不做。在 main 后面有一对小括号()，在 C 语言中，它是函数的标志，小括号里面可以根据需要添加一些参数，void 表示不需要参数。关于函数更多的内容详见第 5 章。

3. 变量定义

第 4 行中的 `int x,y,sum;`是变量定义语句。C 语言是一种强类型语言，程序中所用到的变量在使用之前必须先定义，以确定变量的名称和数据类型。系统将根据定义时指定的名称对不同变量进行区分，同时根据定义时指定的数据类型，为各个变量分配相应的存储空间。

语句 `int x,y,sum;`定义了三个变量，名字分别为：x、y、sum，变量的数据类型是整型（用 int 来指定）。其中，x、y 分别用于存放加数和被加数，sum 用于存放两个数的和。

4. 输　入

C 语言有多种输入方式，常用的是从标准输入设备键盘进行输入。C 语言本身没有输入语句，通常采用系统提供的库函数 scanf 来完成输入。

程序中的第 5 行 `scanf("%d %d", &x,&y);`可以接收从键盘上任意输入的两个整数，例如输入：

```
13  7↙
```

此时，系统将 13 赋值给变量 x，7 赋值给 y。输入时要注意两个数字之间必须用空格分隔。如果把语句改成：`scanf("%d,%d",&x,&y);`当再输入两个数时，数字之间则必须用逗号分隔。

除了 scanf 函数外，还有其他的库函数也能实现输入的功能。需要注意的是，不是每个程序都要用到输入函数，编程时可以根据自己的需要来选择。

5. 程序语句

C 程序是由一系列语句所组成的，这些语句描述了该程序要做的工作。每条语句都要完成一定的功能，每条语句都必须以分号结束。如变量定义语句、输入语句等。

程序中第 6 行 `sum=x+y;`叫作赋值语句，它将 x 与 y 的值相加后赋值给变量 sum，这样就完成了求和的运算。=在程序中是赋值号，作用是将=右边表达式的值赋给左边的变量。

6. 输　出

一个程序可以没有输入，但一定会有一个或多个输出，一个没有输出的程序是没有意义的。输出一般是指将一定形式的信息（文字或图形）输出到屏幕、存储设备（硬盘或 U 盘）或输入/输出端口（串行口、打印机端口）等。

程序第 7 行中的输出函数 `printf` 的功能是将输出信息显示在屏幕上。

如果 x，y 的值在输入时是 13 和 7，那么 `printf("x+y=%d\n",sum);`语句执行后，会在屏幕上显示：

```
x+y=20
```

7. main()函数的返回值

第 8 行的 `return0;`表示 main 函数的返回值为 0，这里的整数 0 与前面的 `int main()`要求返回一个整型数相对应。ANSI C 标准要求 main()函数必须返回一个 int 值给程序的激活者（通常是操作系统），一般用返回 0 表示程序正常退出，返回非 0 时表示出现某种异常。

8. 程序注释

在程序中对一些语句给出相应的解释，可以提高程序的可读性和可维护性，这些解释称为注释。C 程序在进行编译的时候，将忽略程序中的注释，因此，注释的内容可根据编程人员的需要任意书写，并不会带来任何使程序运行效率降低之类的问题。编写 C 语言源代码时，应该合理使用注释，这样有助于对代码的理解。

C 语言中有两种注释方式：

（1）一种是以/*开始、以*/结束的块注释（block comment），常用于多行注释。

注释时用/*开头，*/结束，在*号和/之间不能有空格。注释可以有一行，也可以有多行。程序在编译时，只要一遇到/*，就将以后的所有内容当作是注释，直到*/为止。

（2）以//开始、以换行符结束的单行注释（line comment）。

单行注释即用//插入整行的注释。C99 标准中，单行注释正式加入 C 语言，但是大部分编译器在 C99 之前就已经开始支持这种用法。有时候，其被称作“C++风格”的注释。用//插入注释后，源代码呈现为两列分栏格式，程序在左列，注释在右列。如：

```
short m, n; // 定义变量 m, n 为短整型变量
```

在程序中加入适当的注释是一个良好的习惯，在大型程序中更有必要。本书中两种代码注释方式均有使用。

9. 编程风格

C 语言的书写非常自由，例 1-1 给出的程序也可以写成如下格式：

```
1 #include <stdio.h>
2 main()
3 { int x,y,sum; scanf("%d %d",&x,&y); sum=x+y;  printf("x+y=%d\n",sum);}
```

第 3 行代码将多条语句写在了一行，这种书写方式也可以正常编译和运行。C 语言程序中的多条语句可以写在一行，也可分成几行书写。如果将多条语句放在一行，将使程序的可读性变差，在编译时如果编译器定位到这一行有错时，也不容易区分到底是哪条语句有问题。用分行书写的方式将使程序的逻辑清晰得多。编程时应遵从相关编程规范，做到每行只写一条语句，主函数的一对花括号上下对齐，函数体内部根据程序逻辑采用缩进格式等，并从一开始学习编程就养成好的编程习惯。具体 C 语言编程规范详见第 4 章。

1.5 C 语言程序在鲲鹏环境下的工作原理

高级语言所编制的程序不能直接被计算机识别，必须要经过转换才可以被执行。将高级语言编写的源程序置换成机器代码有两种方法：解释方式和编译方式，对应的编程语言也称为解释型语言和编译型语言。

1.5.1 解释型语言

解释型语言执行方式就是从源程序的第一条语句开始，翻译一句，执行一句，直到执行完所有语句。解释方式的特点是翻译出来的计算机指令不会生成目标代码文件，执行完之后这些二进制指令就丢弃。解释型语言开发的程序可以在不同平台部署（如鲲鹏平台）。

由于解释方式每执行一次都要重新翻译并执行，因此解释型语言的执行效率比较低，并且不能脱离解释器单独运行。但在跨平台方面，解释型语言的优势明显，特定平台只需要提供自己的解释器，即会将源代码解释成特定平台的机器指令并运行。现在极为流行的 Python 就是解释型语言。

1.5.2 编译型语言

编译型语言执行方式是指使用编译器将高级语言源代码“翻译”为可由计算机执行的机器代码，并打包成可执行程序格式。该转换过程称为“编译”。编译型语言开发的程序必须经过编译成对应平台的版本才能运行（如鲲鹏）。编译后生成可执行程序文件可以与开发环境分离，在特定平台上独立运行。

在编译完某些程序之后，可能还需要对编译好的多个目标代码进行链接，组装两个或多个目标代码模块以生成最终的可执行程序，通过这种方式可实现底层代码的重用。

目标程序可以脱离其语言环境而独立执行，因此编译方式使用方便、执行效率高。目前，编译型语言有 C、C++、Go、Fortran 等语言。

1.5.3 鲲鹏开发套件 DevKit

C 语言开发的程序从源程序到可执行文件的过程：源程序需要由编译器、汇编器翻译成机器指令，再通过链接器链接库函数生成机器语言程序。机器语言必须与 CPU 的指令集匹配，在运行时通过加载器加载到内存，由 CPU 执行指令。因此，C 语言程序的编译过程就是把 C 代码转换为计算机可以理解的机器代码的过程。编译过程包括预处理、编译、汇编、链接四个步骤。图 1-1 就是 C 语言程序编译的完整过程。

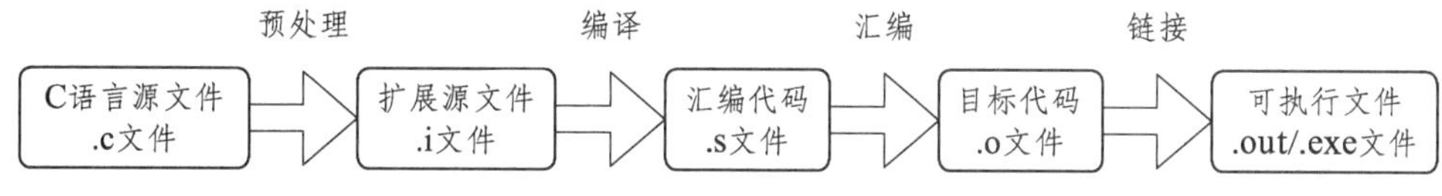

图 1-1　C 语言程序编译过程图示

1. 鲲鹏开发套件 DevKit 产生背景

C 程序的开发环境各种各样、琳琅满目，对于用户而言，学习、体验、开发、测试环境难以快速获取，尤其初学者难以快速上手。为帮助开发者加速应用迁移和算力升级，华为提供了鲲鹏开发套件（DevKit），包括代码迁移、鲲鹏开发框架、编译调试、性能分析与优化等一系列工具，如图 1-2 所示。这样不仅极大地简化将应用迁移到鲲鹏平台的过程，并且提供快捷的插件管理方式，方便开发者配置鲲鹏平台应用开发环境，同时方便开发者高效快速地原生开发。

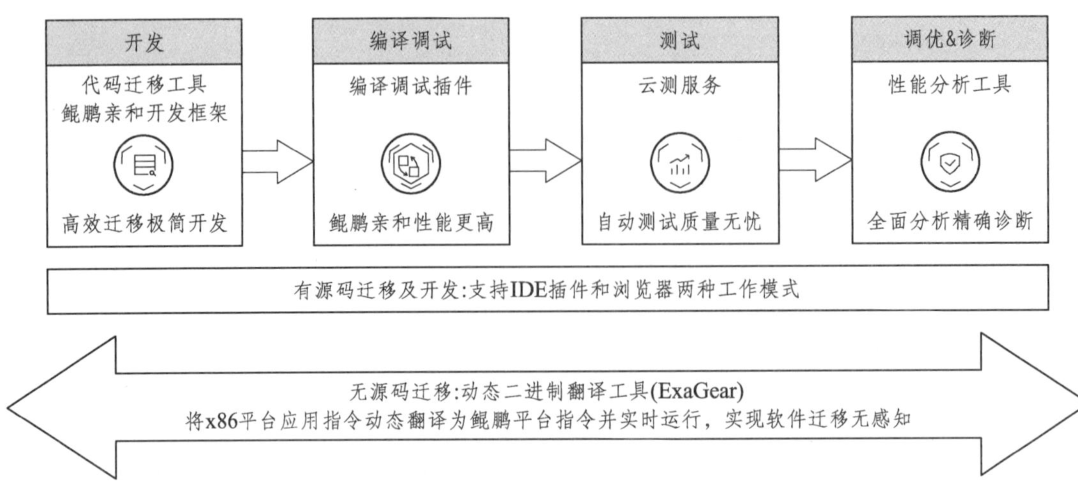

图 1-2　DevKit 功能总图

2. 鲲鹏开发套件 DevKit 整体介绍

现在的软件离不开插件，插件有无数种。插件（Plug-in，又译外挂）是一种遵循一定规范的应用程序接口编写出来的程序，只能运行在程序规定的系统平台下（可能同时支持多个平台）。插件需要调用原纯净系统提供的函数库或者数据，不能脱离指定的平台单独运行。

鲲鹏开发套件 DevKit，基于 Visual Studio Code 提供给开发者，面向鲲鹏平台进行应用软件迁移、开发、编译调试、性能调优等一系列的端到端工具，即插即用。DevKit 是一套完整开发套件，一体化呈现鲲鹏代码迁移插件、鲲鹏开发框架插件、鲲鹏编译插件及鲲鹏性能分析插件。表 1-1 是鲲鹏开发套件 DevKit 的功能模块，图 1-3 是鲲鹏开发套件 DevKit 结构图。

表 1-1　鲲鹏开发套件 DevKit 的功能模块

模块名	功　能
一键式部署	一键式安装/升级/卸载代码迁移工具和性能分析工具后端
UI 入口	Devkit 工具的 VSCode 前端入口
编译调试	通过 SSH 远程安装鲲鹏编译器。 ✧ 一键式安装 GCC for openEuler/毕昇编译器/毕昇 JDK； ✧ 可视化编译配置任务，一键式任务运行； ✧ 远程单步调试 C/C++代码； ✧ 编译调试过程信息实时展示； ✧ gtest 框架用例树渲染及状态展示
用户配置	用户可配置远程环境，编译/调试任务
辅助编码	插件会自动下载鲲鹏的字典库数据，字典数据下载完成后，插件会启用针对加速库函数的语法高亮、函数定义跳转以及代码自动补全。 语法字典在联网环境下自动从 github 上下载

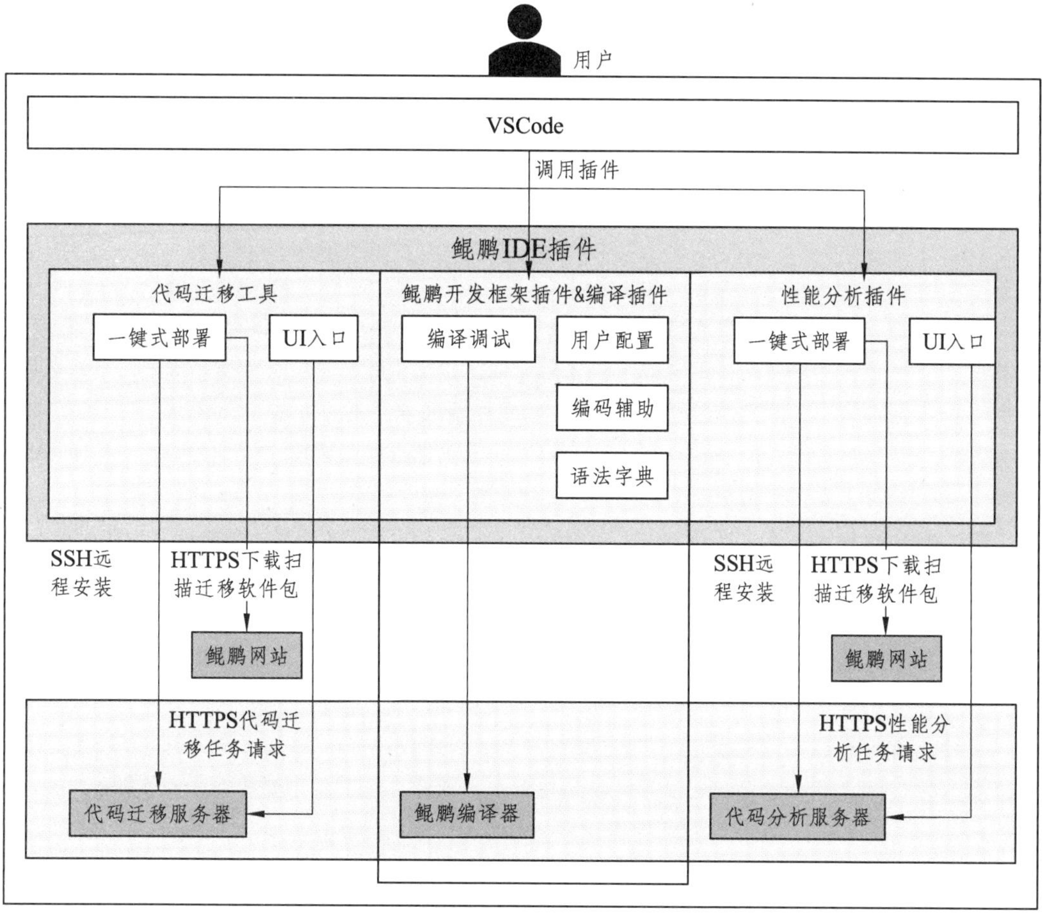

图 1-3　鲲鹏开发套件 DevKit 结构图

鲲鹏开发套件 DevKit 通过在软件的设计和研发过程中把软件的需求和功能进行划分，将程序分为主程序和插件两个主要部分。主程序中包含基础的功能要求，以及主程序与插件的接口，使相应的插件能够按一定的规则进行数据交换，以实现相应功能；插件则是一个个实现部分功能的组件，这样通过增减插件或修改插件内部功能来调整软件的功能，由于插件是独立的部分，可以独立进行编辑。这样就实现了软件功能的扩展和不断改进。表 1-2 是鲲鹏开发套件 DevKit 中的常用插件及功能描述。

表 1-2　鲲鹏开发套件 DevKit 中的常用插件及功能描述

插件名称	描　述
鲲鹏代码迁移插件	自动扫描并分析用户待迁移软件，提供专业迁移指导。代码迁移工具支持五个功能特性： ✧ 软件迁移评估：自动扫描并分析软件包（非源码包）、已安装的软件，提供可迁移性评估报告。 ✧ 源码迁移：能够自动检查并分析出用户源码、C/C++/ASM/Fortran/解释型语言/汇编软件构建工程文件、C/C++/ASM/Fortran/解释型语言/汇编软件构建工程文件使用的链接库、x86 汇编代码中需要修改的内容，并给出修改指导。

续表

插件名称	描　述
	✧ 软件包重构：通过分析 x86 平台软件包（RPM 格式、DEB 格式）的软件构成关系及硬件依赖性，重构适用于鲲鹏平台的软件包。 ✧ 专项软件迁移：基于鲲鹏解决方案的软件迁移模板，进行自动化迁移修改、编译、构建软件包，帮助用户快速迁移软件。 ✧ 鲲鹏亲和分析：支持软件代码质量的静态检查功能，如在 64 位环境中运行的兼容性检查、结构体字节对齐检查、缓存行对齐检查和内存一致性检查等亲和分析
鲲鹏开发框架插件	通过对软件基础库进行深度性能优化，构建常用软件在鲲鹏平台上的性能竞争力，同时做一些亲和性的提示和检查，降低学习成本和使用成本
鲲鹏编译插件	提供一键式部署的 GCC for openEuler 及包含毕昇编译器、毕昇 JDK 在内的全套编译软件，发挥鲲鹏平台极致性能，使能开发者高效创新
鲲鹏性能分析插件	由四个子工具组成，分别为系统性能分析、Java 性能分析、系统诊断和调优助手。 ✧ 系统性能分析是针对基于鲲鹏的服务器的性能分析工具，该工具可以辅助用户快速定位和处理软件性能问题。 ✧ Java 性能分析是针对基于鲲鹏的服务器上运行的 Java 程序的性能分析和优化工具，能图形化显示 Java 程序的堆、线程、锁、垃圾回收等信息，收集热点函数、定位程序瓶颈点，帮助用户采取针对性优化。 ✧ 系统诊断是针对基于鲲鹏的服务器的性能分析工具，提供内存泄漏诊断（包括内存未释放和异常释放）、内存越界诊断、内存消耗信息分析展示、OOM（内存不足）诊断能力，帮助用户识别出源代码中内存使用的问题点，提升程序的可靠性。 ✧ 调优助手是针对基于鲲鹏的服务器的调优工具，能系统化组织性能指标，引导用户分析性能瓶颈，实现快速调优

3. 鲲鹏编译插件功能介绍及使用

DevKit 的编译插件即插即用，支持一键安装鲲鹏 GCC 编译器，以及鲲鹏平台远程编译调试能力，通过可视化界面提升编译调试效率。编译调试程序时，能够可视化编译配置任务，一键式任务运行，远程单步调试 C/C++代码，并且编译调试过程信息实时展示。

1）配置服务器和编译器部署

鲲鹏编译插件支持用户快速添加目标服务器，并一键部署服务器端 GCC for openEuler 编译器，以及包含毕昇编译器、毕昇 JDK 在内的全套编译软件，如图 1-4 所示。

2）自动同步

开启自动同步特性后，发生变更（增加、删除、修改、重命名）的文件将会自动同步到目标服务器。

3）编译调试

编译和调试都是编写程序的重要环节。

编译是编译器在程序没有运行时帮用户检查错误。调试是用调试器在程序运行期间，根据运行状况来检查错误。程序首先需要编译通过，才能调试，编译正确后，会生成 exe 文件；IDE 中启动程序，方可进行调试。

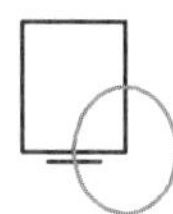
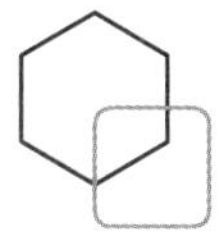
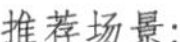

毕昇编译器(BiSheng Compiler)
基于开源LLVM开发，并进行了优化和改进，同时将flang作为默认的Fortran语言前端编译器，是针对鲲鹏平台的高性能编译器
毕昇JDK（BiSheng JDK）
基于OpenJDK开发的一款高性能JDK，可用于生产环境
GCC for opemEuler
基于开源GCC开发的编译器工具链（包含编译器、汇编器、链接器）
推荐场景:
高性能计算、金融等对计算性能要求高的场景
推荐场景:
大数据应用、云计算、鲲鹏服务器的JAVA应用
推荐场景:
对计算性能要求不高的通用场景
SPEC 2017性能比GCC9.3高25%+
SPECjbb2015比OpenJDK8提升25%
SPEC 2017比开源GCC9.3高10%
WRF、CUACE应用性能提升10%
SPECjbb2015 GC停顿时延降低10%
更好地支持鲲鹏指令和流水线
支持C/C++/Fortran语言标准规范
支持JDK8和JDK11规范
支持C/C++/Fortran语言标准规范

图 1-4　毕昇编译器与 GCC

编译是把源代码变成二进制 obj 的过程（链接后成为可执行文件）。编译过程中若有语法问题，就不能编译通过，但程序代码有无逻辑问题和编译器是没有关系的。

调试首先需要生成二进制代码，所以首先需要进行编译和链接，然后到断点后，调试器会增加中断，运行时可以暂停。代码的逻辑错误要通过调试才能解决。

综上所述，编译关注语法错误，调试关注逻辑错误，先有编译，后有调试。也就是说，编译关注的是 syntax（语法）方面的问题，调试关注的是 semantics（语义）方面的问题。

特别说明：

IDE（Integrated Development Environment）：集成开发环境，是用于提供程序开发环境的应用程序，集成了代码编写功能、分析功能、编译功能、调试功能等一体化的开发软件服务套件。

DevKit 编译器插件支持用户配置代码编译和调试任务。编译调试功能包括：

✧ 一键式安装 GCC for openEuler、毕昇编译器和毕昇 JDK。

✧ 调试器可视化，因此编译配置任务可视化，并能够一键式运行任务。

✧ DevKit 支持远程单步调试 C/C++代码。

✧ 编译调试过程信息实时展示。

✧ gtest 框架用例树渲染及状态展示。

DevKit 的编译调试功能如图 1-5 所示。

4）手动同步

用户可以手动将发生变更（增加、删除、修改、重命名）的文件同步到目标服务器。

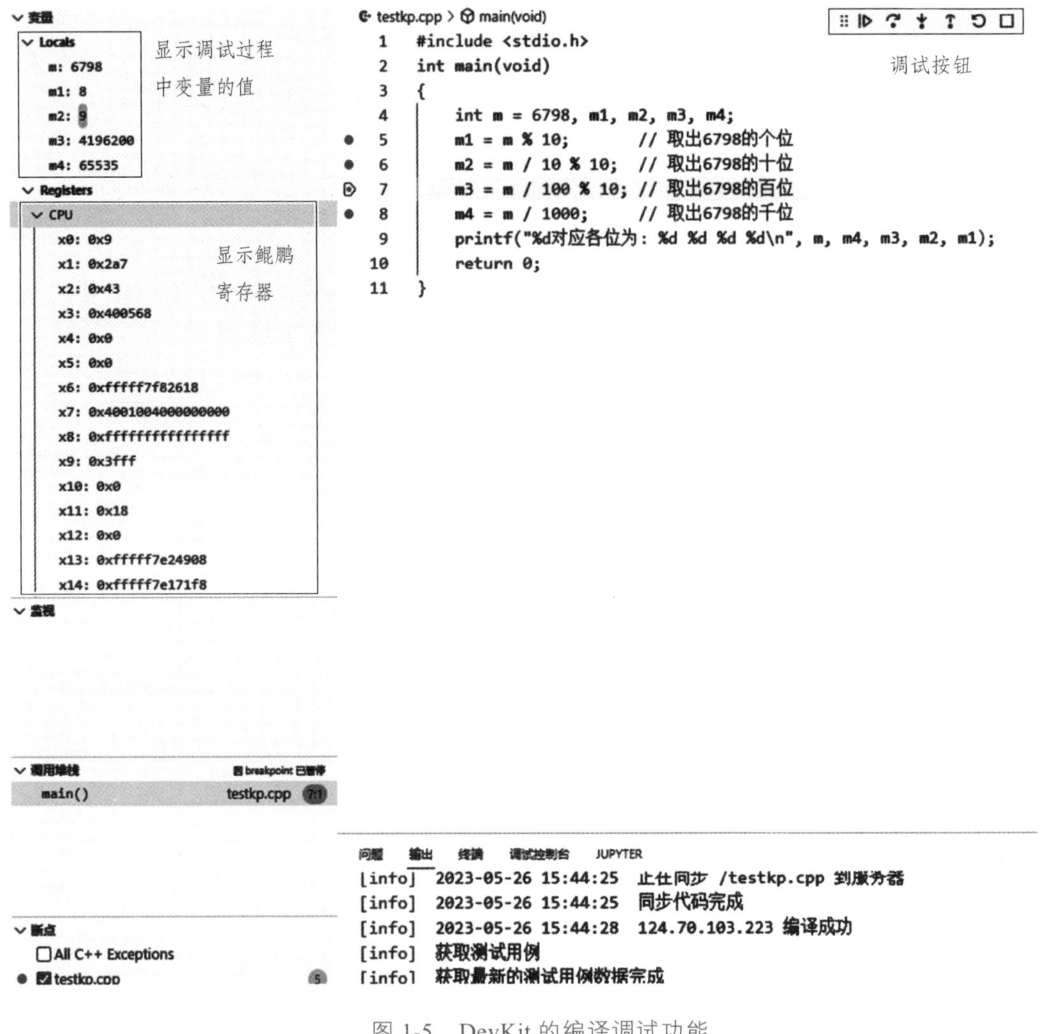

图 1-5　DevKit 的编译调试功能

1.6　C 语言程序在鲲鹏平台下的运行

编程语言都需要程序开发的集成工具，基于鲲鹏平台的 C 程序开发同样需要相关的集成开发工具。本书使用的开发工具环境如下：

（1）**Visual Studio Code**：在 Visual Studio Code 环境下完成 C 程序源代码的编辑。

（2）**DevKit** 插件：代码调试和运行基于鲲鹏云平台进行，采用基于 Visual Studio Code 的扩展工具鲲鹏开发套件 DevKit。

Visual Studio Code 环境下，使用鲲鹏开发套件 DevKit 实现 C 程序运行的具体步骤：

1. 创建文件夹并启动 VSCode

在桌面新建文件夹 chpt-1➔启动 VSCode，选择“文件”➔“打开文件夹”➔选择文件夹 chpt-1。VSCode 界面如图 1-6 所示。

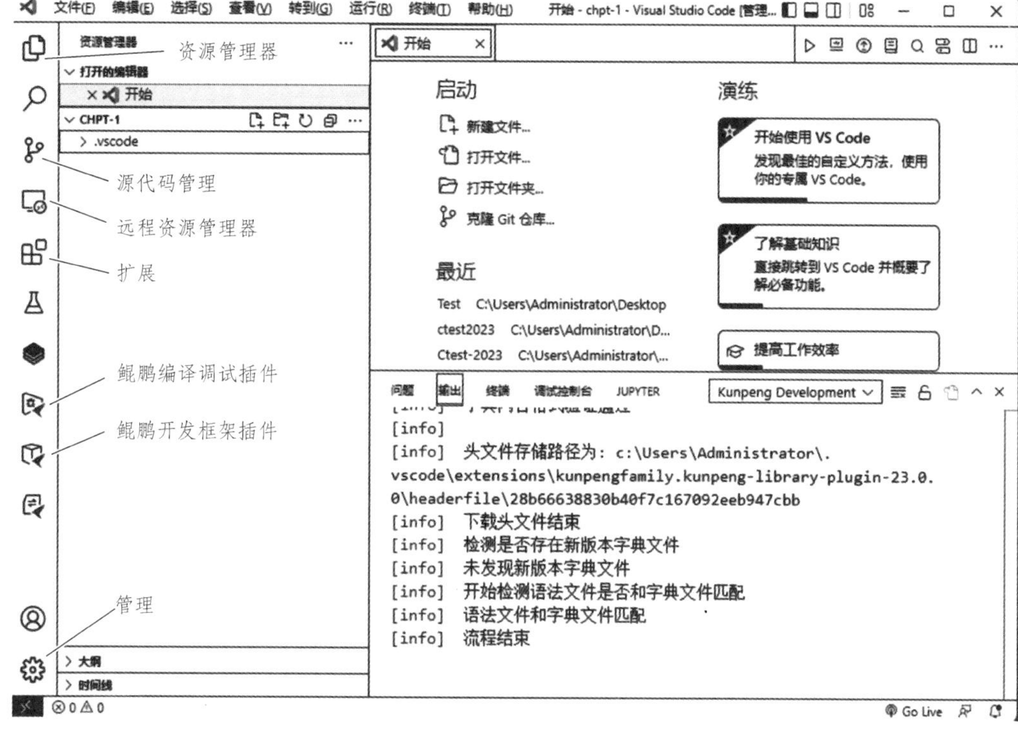

图 1-6　VSCode 界面

2. 向文件夹中添加 C 源程序文件

默认窗口左侧为资源管理器当前打开文件夹 chpt-1。空白处单击鼠标右键弹出快捷菜单，选择“新建文件…”，输入 C 源文件名 exp1-1.cpp，回车即可进行 C 代码的编写。操作流程如图 1-7 所示。

图 1-7　VSCode 中编辑 C 代码流程

3. 编辑并保存 C 源代码

输入代码并保存代码。注意现在代码保存在桌面文件夹 chpt-1 中。保存 C 语言源代码操作如图 1-8 所示。

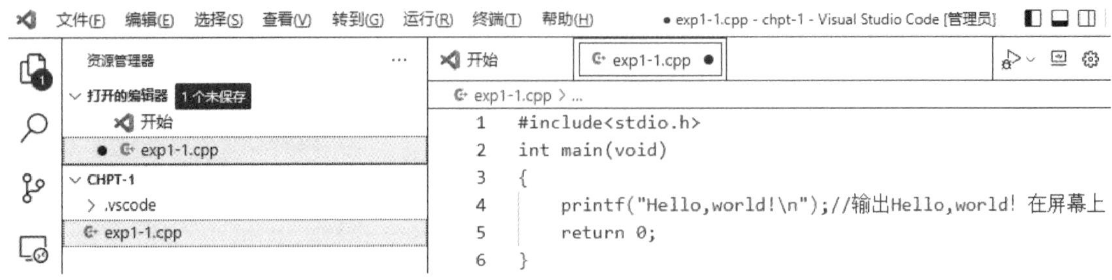

图 1-8　C 代码的保存

4. C 源代码保存到华为云服务器并编译运行程序

第 1 步：单击 鲲鹏编译调试插件，选择调试类型的“编译调试”，配置目标服务器。

注意：目标服务器配置页面中，工作空间输入“/root”即可。因为鲲鹏实现代码同步到服务器时，是将本地文件夹 chpt-1 及其文件一并同步到华为云目标服务器的“/root”中。

第 2 步：单击窗口左上角 配置服务器，完成目标服务器配置。

第 3 步：创建编译任务。在“鲲鹏编译调试插件”栏，选择“编译任务”中的“基础编译任务”即可完成编译任务创建，如图 1-9 所示。

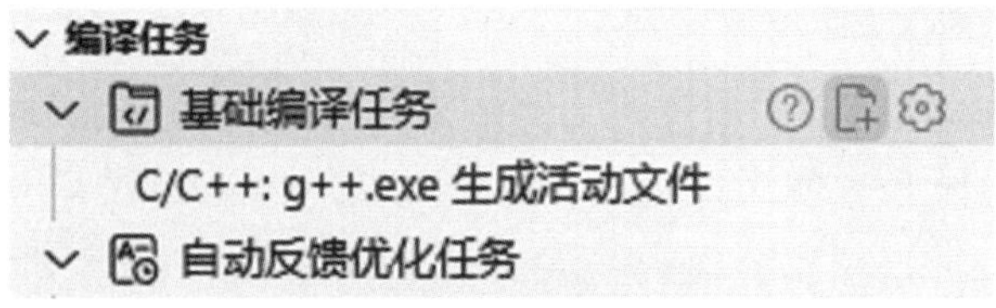

图 1-9　创建编译任务

第 4 步：编译任务创建成功后，在“基础编译任务”中可以看到所创建的编译任务。启动编译，根据页面向导完成编译，生成可执行程序，如图 1-10 所示。

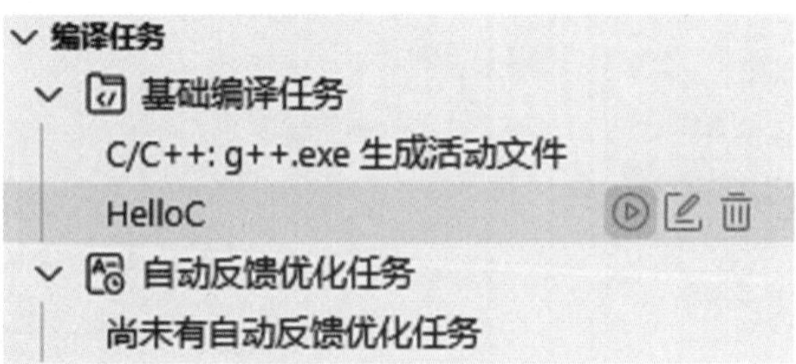

图 1-10　启动编译

第 5 步：登录目标服务器，运行程序，如图 1-11 所示。

第 6 步：在“终端”采用命令方式，进入目标服务器文件夹，并运行程序（编译生成的可执行程序名为 `hello`），如图 1-12 所示。

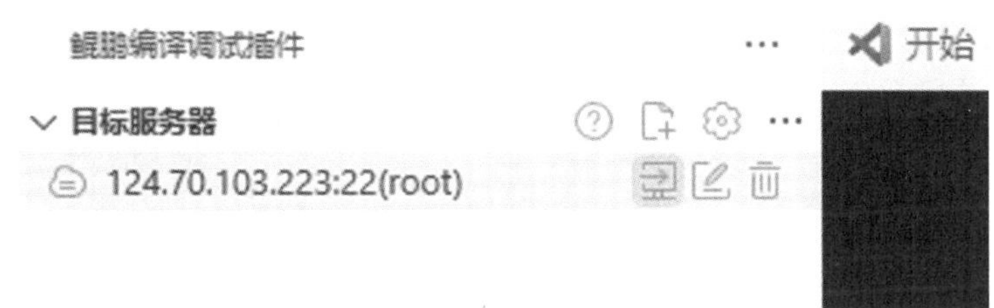

图 1-11　登录目标服务器

```
[root@swjtu-kp ~]# cd chpt-1
[root@swjtu-kp chpt-1]# ls
aaa.md  chpt1-1.cpp  exp1-1.cpp  hello
[root@swjtu-kp chpt-1]# ./hello
Hello,world!
[root@swjtu-kp chpt-1]#
```

图 1-12　运行程序

1.7　本章小结

本章首先简要介绍了计算机系统结构以及程序设计方法，计算机语言的发展过程，重点介绍了 C 语言的特点，通过一个简单 C 语言程序详细说明了 C 程序的基本组成。

C 语言程序在鲲鹏平台环境下的工作原理是本章的重点，对解释型语言和编译型语言作了解释说明，最后详细介绍了基于鲲鹏平台的编译插件 DevKit 的功能，给出了 C 语言程序在鲲鹏平台下运行的操作步骤。

第2章 基于鲲鹏平台的数据存取

学习目标

✧ 掌握C语言的标识符和关键字；
✧ 掌握C语言的基本数据类型；
✧ 掌握不同数据类型的转换；
✧ 掌握C语言基本数据类型在x86平台与鲲鹏平台的差异；
✧ 掌握各种运算符的使用方法及其优先级和结合性；
✧ 掌握字符数据输入输出函数getchar和putchar的用法；
✧ 掌握格式输入输出函数scanf和printf的用法。

2.1 C语言的标识符和关键字

2.1.1 标识符

C语言简洁、紧凑，使用方便、灵活，程序书写形式自由。标识符是对变量名、函数名、标号和其他各种用户定义的对象命名。C语言合法的标识符由字母、数字、下划线组成，且必须以字母或下划线开头，但用户标识符一般不以下划线开头。例如，a、score、student_num、_boy、student_1为合法标识符；&ab、if、3student为非法标识符。

C语言标识符大小写敏感，也就是严格区分大小写，如sum、Sum和SUM是三个不同的标识符。

虽然C语言规定标识符最长可达255个字符，但标识符的有效长度取决于具体的C编译系统，如早期的Turbo C规定为32个字符，而现在各大编译器都支持超过32个字符。

标识符的书写一般采用具有一定实际含义的单词进行组合，若标识符由多个单词组成，可采用驼峰式命名法，该命名规范要求第一个单词首字母小写，后面其他单词首字母大写，如myAge、myName等，以提高程序的可读性。标识符不能与C语言的关键字同名，也不能与自定义函数或C语言库函数同名。

特别说明：

✧ C 语言标识符命名时，一般对变量名用小写，符号常量名用大写。

✧ C 语言标识符命名时应做到“见名知意”，如长度（length），求和、总计（sum），圆周率（pi）。

2.1.2 关键字

关键字是一类具有固定名字和特定含义的特殊标识符，也称保留字，不允许程序设计者将它们另作别用。C 语言的所有命令、系统函数名等，即是 C 语言的关键字。

ANSI C 标准 C 语言共有 32 个关键字、9 种控制语句。根据 C 语言 32 个关键字的作用，可将其分为数据类型关键字、控制语句关键字、存储类型关键字和其他关键字四类。表 2-1 是 C 语言的 32 个关键字名称。

表 2-1　C 语言的 32 个关键字

关键字作用	关键字名称
数据类型关键字（12 个）	char，double，enum，float，int，long，short，struct，union，unsigned，void，signed
控制语句关键字（12 个）	break，case，continue，default，do，else，for，goto，if，return，switch，while
存储类型关键字（4 个）	auto，extern，register，static
其他关键字（4 个）	sizeof，typedef，volatile，const

2.2 常量与变量

2.2.1 常　量

在程序运行过程中不能改变的量称为常量，常量可分为字面常量和符号常量。字面常量即为直接可以看到数据的常量，如`-3`、`2`、`1.25`、`'a'`；而符号常量是用一个标识符代表一个常量。各种 C 数据类型都有对应的常量，根据编程需要设置常量值。

使用符号常量时，用`#define`指令，指定一个符号名称代表一个常量值，如：

```
#define PRICE 30
```

在程序进行编译前，预处理器先对 PRICE 进行处理，把程序中所有 PRICE 全部置换为 30。在预编译后，程序中符号常量就已全部变成字面常量 30。使用符号常量的优点如下：

（1）常量表示的含义清晰，提高了程序的可读性。如在写与圆有关的代码时，圆周率值 3.141 592 6 是频繁使用的一个常量值，若定义符号常量 PI 代替它，程序可读性就可大大提高，并且能保证在本程序中所用到的圆周率值是一个定值。注意：应使用“见名知意”的符号常量名。

（2）在需要改变程序中多处用到的同一个常量时，用符号常量就可一改全改。如在定义数组长度时，若用#define N 10 定义数组长度，程序中凡涉及数组长度都用 N，若需要修改长度，仅需要改动符号常量的定义这一个地方即可。

例 **2-1** 符号常量的使用。

```
1 #define PRICE 30 /*宏定义命令,PRICE 代表 30*/
2 #include <stdio.h>
3 int main(void)
4 {
5     int sum, num;              /*定义变量 sum 和 num 为 int 类型*/
6     num = 5;                   /*使 num 的值为 5*/
7     sum = num * PRICE;         /*计算 sum 的值为 num 与 PRICE 的乘积*/
8     printf("sum=%d\n", sum);  /*输出 sum=150*/
9     return 0;
10 }
```

程序运行结果：

```
[root@swjtu-kp chpt-2]# ./chpt2-1
sum=150
```

程序说明：

（1）程序中第 1 行用#define 命令行定义 PRICE 代表常量 30，在后面的程序中凡出现的 PRICE 都代表 30，与常量的用法完全相同。

（2）程序中第 6 行的 5 为字面常量。

2.2.2 变　量

在程序运行过程中其值可改变的量叫变量，它的作用是用来存放数据，因此必须在内存中占据一定的存储单元。C 语言规定，对程序中用到的所有变量，都必须先定义、后使用。

定义变量，包括给变量命名、指定数据类型以及赋初值等。而定义的实质就是告诉编译系统在内存中为该变量分配足够的内存空间。定义变量的一般形式为

　　数据类型说明符　变量名列表;

如：

```
int sum, num;            /*定义变量 sum 和 num 为 int 类型*/
float x;                 /*定义变量 x 为 float 类型*/
```

任何一个变量，由三要素组成，即变量名、变量数据类型和变量值。

1. 变量名

一个变量必须有一个名字，以便引用，可以通过变量名，修改变量中存放的数据。C 语言要求变量名必须是合法的标识符。程序运行时，编译系统为程序中定义的变量分配内存空间，用于存放对应类型的数据，因此变量名就是对应的内存空间的命名。变量名实际上是一个符号地址，它指出了变量在内存中存放的位置，而在相应内存中存放数据的值就是变量的值。

说明：

- ✧ 定义变量时，不能把 C 语言中具有固定含义的关键字（如 int、char 等）作为变量名。
- ✧ 同一个函数内所定义的变量不能同名。
- ✧ C 语言“大小写敏感”，即字母大小写代表不同的变量标识。例如，变量 Student、变

量 student 和变量 STUDENT 分别表示三个不同的变量标识。

2. 变量的数据类型

定义变量时，必须指出其数据类型，即此变量可以存放何种类型的数据。C 语言系统的基本数据类型以及所占用内存字节数和取值范围，将在后面章节分别介绍。用户在程序中使用的变量类型应根据实际需要设定。对于以下定义：

```
int sum=90.5;
```

代码执行后，变量 sum 实际接收到的数据为 90。

3. 变量值

变量定义后，若没有给它赋值，不是没有值或 0 值，而是一个不确定数（通常称为“垃圾数据”）。因此，参加运算的变量一定要有确定值。

在 C 语言中，要求对所有用到的变量作强制定义，即变量要“先定义、后使用”，这样在编译时可为每个变量按其定义的类型分配相应的存储单元，并检查该变量的运算是否合法。

为变量赋初值的常用方法如下：

（1）在定义变量的同时为这个变量赋值，称为变量的初始化，如表 2-2 中的①所示。

（2）使用赋值运算为变量赋值，并且在其尾部加上分号后就成为赋值语句，如表 2-2 中的②和③所示。

（3）使用输入语句为变量赋初值。后面章节详细介绍。

表 2-2　变量的初值

语法格式	示　例

① 数据类型　变量名 = 初值;	① int number = 0;
	float average = 0.0f;
	double score=0.0;
	char grade ='';

② 数据类型　变量名; 变量名 = 初值;	② int number; number = 1001; char sex; tag = 'F';
③ 数据类型　变量名 1,变量名 2,...,变量名 n; 变量名 1 = 初值; 变量名 2 = 初值; …… 变量名 n = 初值;	③ int a,b,c; a=100; b=a; c=90;

说明：

✧ 数据正负属性问题：整型和字符型数据，可以是有符号数（即考虑数据的正或负属性），也可以是无符号数。由于“有符号数编码的最高位用于表示符号位，余下各位用于表示数值大小；而无符号数编码的所有的位都用于表示数值大小”，因此它们能够表示的数据范围是不一样的。

✧ 变量的初值可以来源于键盘或数据文件等，这些将在后面相关章节学习。

✧ C 语言中，如果定义时不给变量提供初值，则该变量的值通常是其所在内存单元被释放前存储的数据，是一个不确定的垃圾数据。因此，规范的编程风格要求定义变量时要进行变量初始化。

例 **2-2** 变量的定义及使用。

```
1 #include <stdio.h>
2 int main(void)
3 {
4     int a = 5, b = 6, total = 0; // 定义变量 a, b, total 为 int 型，并赋初始值
5     tatal = a + b;
6     printf("total=%d\n", total); // 以十进制整数形式输出 total 值
7     return 0;
8 }
```

程序说明：

第 5 行错把 total 写成 tatal，程序编译时，会报告 tatal 未定义标识符，如图 2-1 所示。

未定义标识符 "tatal" C/C++(20)

查看问题　快速修复... (Ctrl+.)

`tatal = a + b;`

图 2-1　未定义标识符

2.2.3　常变量

现在的 C 语言编译器都支持 C99 标准，而 C99 标准中允许使用常变量，其定义形式为

```
const  数据类型 变量名=常量值;
```

如：`const int n=10;` 定义 n 为一整型变量，指定其值为 10，而且在变量 n 存在期间其值不能被改变。

const 修饰的常变量虽然拥有不能被改变的属性，但是它本质上仍然是一个变量。常变量与常量的区别如下：

- ✧ 常变量具有变量的基本属性，即有数据类型，占用存储单元，只是不允许改变其值。
- ✧ 常变量是有名字的不变量，在程序中通过名字就可引用其值。
- ✧ 常量是没有名字的不变量，只有被定义为符号常量，才能通过符号常量名使用这个常量值。

```
#define N 10        // 预编译指令，在预编译时进行简单字符替换
const int n = 10; // n 占用内存单元，变量值为 10，只是不可改变
```

2.3　C 语言的基本数据类型

C 语言变量的数据类型决定着变量分配的存储空间、能进行的运算操作以及数据的取值范围。例如：int 整型一般是分配 4 个字节存储空间，double 双精度浮点型分配 8 个字节的存储空间。变量的数据类型同时决定着该变量能存取哪些值和进行哪些运算，如整数类型只能取整数值，实数类型可以表示小数，整数和实数都可以进行加减乘除数学运算。

C 语言 C89 标准的数据类型通常分为四类：基本类型、构造类型、空类型和指针类型。其中，基本类型包括字符型、整型、实型、枚举类型，而构造类型包括数组类型、结构体类型和共用体类型。构造类型和指针类型都属于复杂数据类型。C89 标准使用的数据类型如图 2-2 所示。

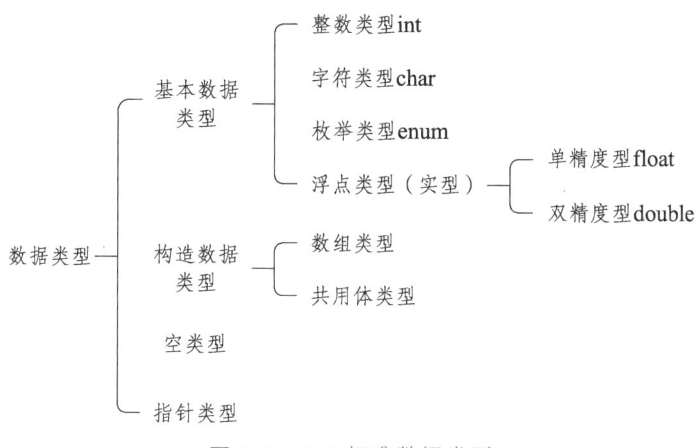

图 2-2　C89 标准数据类型

2.3.1　基本数据类型

C 语言中基本数据类型大体上可以分为四大类，即字符型、整数型、枚举型和实数型。而字符类型、枚举类型本质也是整数类型。因此，归纳起来，C 语言中，最基本的数据类型只有四种，它们分别由如下标识符进行定义：

`int` 整型　　　　　　　`char` 字符型

`float` 单精度实型　　　`double` 双精度实型

如果根据数据内容在程序执行过程中是否可以改变来划分，C 语言的数据类型又可分为常量和变量。其中，常量是指在程序执行的过程中其值不能被改变的量，而变量则是在程序执行的过程中其值可以改变的量。

下面详细介绍整型常量和变量、实型常量和变量、字符型常量和变量的使用。

2.3.2　整型数据

1. 整型常量

整型常量就是整常数，在 C 语言中有 3 种表示形式。

（1）十进制整型常量：若整型常量的最高位非 **0**，即为十进制整型常量。如 250、-12 等，十进制整数的每个数字位可以是 0~9。

（2）八进制整型常量：若整型常量的最高位为 **0**，即是以八进制形式表示的整型常量。如十进制的 128，用八进制表示为 0200。八进制数中的每个数字位必须是 0~7。

（3）十六进制整型常量：如果整型常量以 **0x** 或 **0X** 开头，就是用十六进制形式表示整型常量。如十进制的 128，用十六进制表示为 0x80 或 0X80。十六进制的每个数字位可以是 0~9 和 A~F。

实际编程应用时，八进制和十六进制整型常量经常用于表示计算机的内存编号。

2. 整型变量

用于存储并处理整型数据的变量，就是整型变量。整型变量包括有符号整型变量和无符号整型变量。

1）整型变量的分类

C 语言中整型变量分为以下类型，编程时根据需要使用。

✧ 基本型：int。

✧ 短整型：short int 或 short。

✧ 长整型：long int 或 long。

✧ 无符号型：unsigned int、unsigned short、unsigned long。

对于整型变量的取值范围，在 C 语言中由系统确定各类型数据所占内存的字节数，一般以一个机器字（word）存放一个 int 型数据，而 long int 型数据的字节数应不小于 int 型，short 型应不大于 int 型。给整型变量赋值时应注意变量的取值范围。

编译系统分配给 int 型数据 2 字节或 4 字节（由具体的 C 编译系统决定），现在主流的编译器中，32 位机器和 64 位机器中的 int 型都是 4 字节（如 GCC 编译器）。

鲲鹏平台下的 DevKit 编译插件，采用 GCC 编译器。表 2-3 列出了 GCC 编译器（32 位编译环境）中各类整型变量的字节长度和取值范围。

表 2-3　GCC 编译器中各类整型变量的字节长度和取值范围

数据类型	所占位数/bit	数的取值范围
int	32	-2^{31}~$2^{31}-1$ (−2 147 483 648~2 147 483 647)
short int	16	-2^{15}~$2^{15}-1$ (−32 768~32 767)
long	32	-2^{31}~$2^{31}-1$ (−2 147 483 648~2 147 483 647)
unsigned int	32	0~$2^{32}-1$ (0~4 294 967 295)
unsigned short	16	0~$2^{16}-1$ (0~65 535)
unsigned long	32	0~$2^{32}-1$ (0~4 294 967 295)

例如：整数 39 在内存中实际存放的情况，如图 2-3 所示。

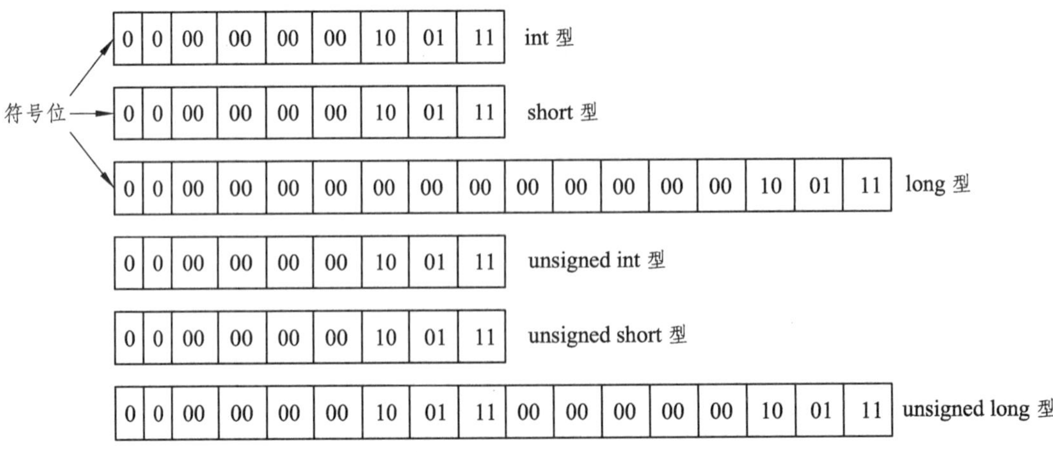

图 2-3　整数 39 在内存中实际存放的情况

说明：

整数类型数据，根据实际使用情况，如存储电话号码、身份证号、学生学号等信息时，采用无符号数更方便，表示的正数范围也更大。

short int 型实际存储的最大数为 32 767，如图 2-4 所示。

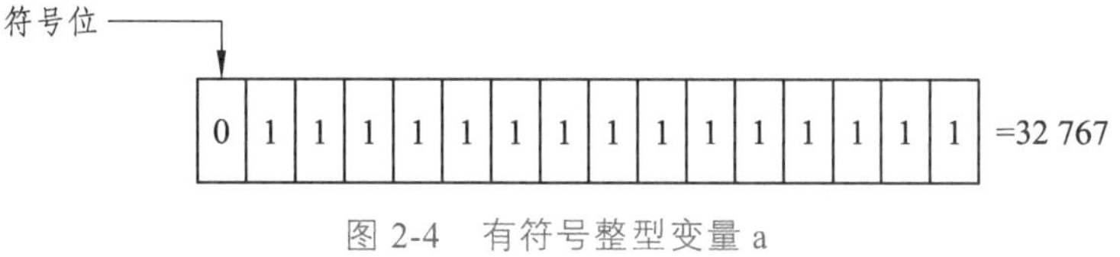

图 2-4　有符号整型变量 a

unsinged short 型实际存储的最大数为 65 535，如图 2-5 所示。

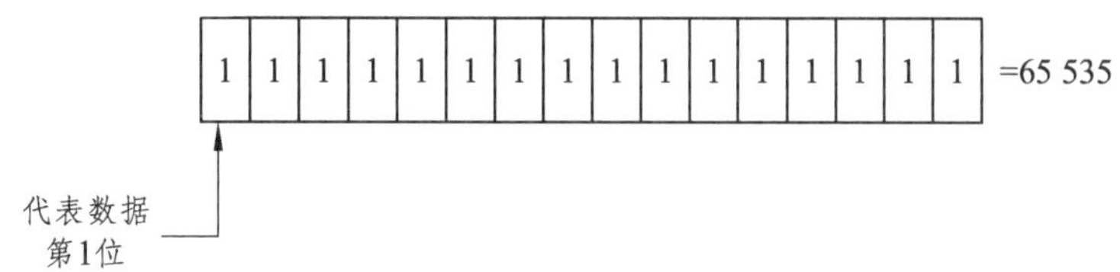

图 2-5　无符号整型变量 b

2）整型变量的定义及初始化

定义变量及初始化（在定义变量的同时给变量赋初值的方法）的一般形式为

类型说明符 变量 1[=值 1],变量 2[=值 2],……;

说明：

✧ 类型说明符可以是表 2-3 所列的任何一种类型，类型说明符与变量名之间至少要有一个空格间隔。

✧ 在一个类型说明符后，可定义多个相同类型的变量，但变量间要用逗号间隔。

✧ 最后一个变量名后必须用“;”结束，表示变量定义语句。

✧ [ ]为可选项，即定义变量，同时对变量初始化。

例如：

```
int a, b, c;                /*定义 a,b,c 为整型变量*/
short x = 8;                /*定义 x 为短整型变量，且赋初值为 8*/
unsigned long m = 65538, n; /*定义 m,n 为无符号长整型变量，并为 m 赋初值为 65538*/
```

3）整型数据的溢出

每一种数据类型都有各自的有效范围，在确定变量类型时，应考虑运算过程中数据是否会出现溢出的问题。数据大小超出了该类型变量可表示的范围，称为溢出。数据溢出分为上溢出和下溢出，上溢出是数据大于变量能表示的最大值，下溢出数据是小于变量能表示的最小值。需要注意的是，当程序中出现数据溢出时，程序运行结果可能是错误的，但程序运行时并不报错。

例 **2-3** 整型数据的溢出。

```
#include <stdio.h>
int main(void)
{
```

```
    short m, n; // 定义变量m, n为短整型变量
    m = 32767;
    n = m + 2;
    printf("m=%d,n=%d\n", m, n);
    return 0;
}
```

程序运行结果：

```
[root@swjtu-kp chpt-2]# ./chpt2-3
m=32767,n=-32767
```

程序说明：

由于 short int 型数据占 2 个字节，而两个字节能够存储数的范围为-32 768~32 767，这样 m+2 后值超过了 short int 型范围。为什么 n 值是-32 767 呢？系统对溢出数据的处理，就好像 24 小时制的时钟一样，当到达 24 点时又变为 0 点。

解决数据溢出的办法：将存放此数据的变量类型定义为具有更大存储范围的类型，比如可将 short 型改为 int 型。因此，在实际使用中要选择合适的数据类型。

2.3.3 实型数据

1. 实型常量

实型也叫浮点型，实型常量也叫实数或浮点数。C 语言中，实数只用十进制表示，有两种表示形式。

（1）十进制数表示：由数字和小数点组成，如 3.141 59、-7.2、9.9 等都是用十进制数形式表示的浮点数。

（2）指数法形式：指数法又称为科学记数法，是为方便计算机对浮点数的处理而提出的。指数形式为

$$m\times10^{e}$$

其中，m 为尾数（或小数）部分，e 为指数（或阶码）部分。

指数形式在 C 语言中语法表示为

mEn

用指数形式表示浮点数时，字母 **e** 或 **E** 之前（即尾数部分）必须有数字，且 e 后面的指数部分必须是整数，如 e-3、9.8e2.1、e5 等都是不合法的指数表示形式。

说明：

✧ 实型常量默认是 double 型，在实型字面常量值后面加 **f** 才表示 float 型。任何一个实型常量，既可赋给 float 型变量，也可赋给 double 型变量。但由于 float 型变量和 double 型变量所能表示数的精度不同，因此在赋值时，将根据变量的类型来截取相应的有效位数。

✧ C 语言中有标准化指数形式和规范化指数形式两种表现形式。

①“标准化指数形式”用于存储。

所谓“标准化指数形式”，是指这样的指数：尾数部分是一个小数，小数点前的数字是零，小数点后的第一位数字不是零。一个实数可以有多种指数表示形式，但只有一种属于标

准化指数形式。标准化指数形式只需存小数部分，这样在占用相同字节的情况下，可容纳更大精度的浮点数。

实型数据在存储时，按标准化指数形式存储，仅存储尾数和指数，如 **3.14159*10^1** 存储如图 2-6 所示。

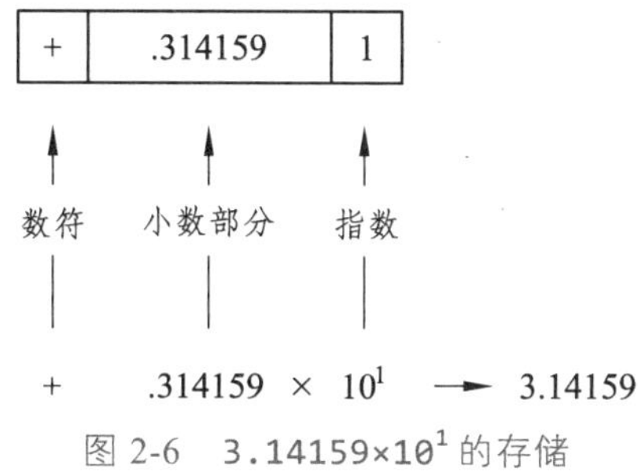

图 2-6　3.14159×10^1 的存储

②“规范化的指数形式”用于输出。

C 语言中一个实数用指数形式输出（%e 格式）时，是按规范化的指数形式输出的。所谓“规范化指数形式”，是指尾数部分的小数点前必须有且只有 1 位非零数字，即 **1≤尾数<10**。指数部分占 5 列，其中 e 占 1 列，指数符号占 1 列，指数占 3 列。如指定实数 5689.65 按指数形式输出，输出的形式只能是 **5.68965e+003**，而不会是 0.568965e+004 或 56.8965e+002。

2. 实型变量

1）实型变量分类

实型变量分为单精度（float 型）、双精度（double 型）、长双精度（long double 型）三类。

鲲鹏平台下的 DevKit 编译插件采用 GCC 编译器。表 2-4 列出了 GCC 编译器中实型变量的字节长度和取值范围。

表 2-4　实型变量字节长度和取值范围

数据类型	字节长度	取值范围（绝对值）	有效位
float	4	0 以及 1.2×10^{-38}~3.4×10^{38}	6~7
double	8	0 以及 2.3×10^{-308}~1.7×10^{308}	15~16
long double	16	0 以及 $3.4\times10^{-4\,932}$~$1.1\times10^{4\,932}$	18~19

单精度实型变量和双精度实型变量之间的差异，仅仅体现在所表示数的精度上，如果单精度实型所提供的精度不能满足要求时，则可以考虑使用双精度实型。也就是说，两种类型的实型变量都可用于存放同一个实型数据，只是截取的有效位数不同，但 double 型比 float 型精度高。

2）实型变量的定义及初始化

定义实型变量的同时给变量赋值，即为实型变量的初始化。但由于数据有效位数字问题，不同编译系统的实型数据，默认有效数字位数有所不同。

通常情况下，float 有效数字为 6~7 位，double 有效数字为 15~16 位，long double 有效数字可达 19 位。

例 **2-4** 实型数据定义及有效性问题。

```c
#include <stdio.h>
int main(void)
{
    float x = 123456789.456789;
    double y = 123456789.456789;
    printf("x=%f\n", x);
    printf("y=%f\n", y);
    return 0;
}
```

程序运行结果：

```
[root@swjtu-kp chpt-2]# ./chpt2-4
x=123456792.000000
y=123456789.456789
```

程序说明：

由于 x 为单精度型变量，被赋值为 15 位，但只接收前 7 位有效位，后面数字仅能表示位数，而不能精确表示数的大小。而 y 为双精度型变量，它能接收全部 15 位数字并存储起来。

3）实型数据的舍入误差

实型变量由有限的存储单元组成，能提供的有效数字位数有限，这样就存在舍入误差。

例 **2-5** 实型数据的舍入误差。

```c
#include <stdio.h>
int main(void)
{
    float x = 4.56789e10, y;
    y = x + 11;
    printf("%f\n", y);
    return 0;
}
```

程序运行结果：

```
[root@swjtu-kp chpt-2]# ./chpt2-5
45678899200.000000
```

程序说明：

✧ 显然 y 的值是有问题的，这是由于 float 型的变量只能保留 6~7 位有效数字，变量 y 加的 11 被舍弃了。因此，要避免将一个很大的数和一个很小的数直接加减，否则由于有效位数的原因会导致小数丢失。

✧ 解决实型数据舍入误差的办法：将存放此数据的变量类型定义为具有更高精度的数据类型，如可将 float 型改为 double 型。在实际编程时为满足数据精度要求，一般选择精度更高的 double 型。

例 2-5 可修改为

```
#include <stdio.h>
int main(void)
{
    double x = 4.56789e10, y;
    y = x + 11;
    printf("%f\n", y);
    return 0;
}
```

将变量 x 和 y 修改为 double 型后，程序运行结果：

```
[root@swjtu-kp chpt-2]# ./chpt2-5
45678900011.000000
```

2.3.4 字符型数据

1. 字符型常量

1）普通字符常量

C 语言的普通字符常量，是使用一对单引号括起来的单个可见字符。可见字符包括数字、字母、标点符号、空格等。如，'A'、'*'和'8'等是合法的字符型常量；但是，'good'、'OK'是不合法的。

2）转义字符常量

C 语言的转义字符常量，即以反斜杠字符'\'开头的字符序列。转义字符常量能表示控制字符等不可见的字符以及其他一些特殊字符。表 2-5 所示为 C 语言常用转义字符常量。

表 2-5 C 语言转义字符及功能

字符形式	功 能	ASCII 码名	ASCII 码值（十六进制）
\n	换行符，相当于按 Enter 键，包括回车、换行	NL（LF）	D、A
\t	横向跳格（跳到下一个输出区），相当于按 Tab 键	HT	9
\v	竖向跳格	VT	B
\b	退格，相当于按 Backspace 键	BS	8
\r	回车（Return）	CR	D
\f	走纸（feed）换页	FF	C
\a	响铃（alert）	BEL	7
\\	反斜杠字符		5C
\'	单引号字符		27
\"	双引号字符		22
\ddd	1~3 位 8 进制数所代表的字符		
\xhh	1~2 位 16 进制数所代表的字符		

说明：

（1）字符常量是用单引号括起来的单个字符或转义字符。

（2）C 语言允许在字符'\'后面紧跟 **1~3** 位八进制数或在'\'后面紧跟 **1~2** 位十六进制数来表示相应系统中所使用的字符的编码值。使用这种表示方法，可以表示字符集中的任一字符，包括某些难以输入和显示的“控制字符”，ASCII 码表中编码值小于 0x20 的字符就属于这一类字符。如响铃字符（bell），在 ASCII 码表中的编码值为 7。在程序处理过程中，为了发出响铃声音，可通过输出'\7'（'\07'或'\007'）获得响铃效果。

（3）由'\'开头的称为转义字符，是将'\'后的字符转换为另外的字符，不同于字符原有的含义，每个转义字符仅代表一个可见字符或控制字符。

例 **2-6** 转义字符的使用。

```
1 #include <stdio.h>
2 int main(void)
3 {
4     printf("good\'OK\'  \t\better\n");
5     printf("best\n");
6     return 0;
7 }
```

程序运行结果：

```
[root@swjtu-kp chpt-2]# ./chpt2-6
good'OK'        etter
best
```

程序说明：

用 printf()函数直接输出双引号中各个字符。程序第 4 行输出语句中有 5 个转义字符；

✧ `\'`作用是输出一个单引号；

✧ `\t` 作用是跳到下一个输出区（注：一个输出区为 8 个字符位，即下一个输出位为第 9 列，或第 17 列，或第 25 列，……）；

✧ `\b` 作用是输出时让光标位置向后退一格（因此输出结果不是 better，而是 etter）；

✧ `\n` 作用是输出时将光标换到下一行，要注意的是，回车时将光标移到本行开头。

在显示屏和打印机上，空格是不会显示出来的，只是留空格位置。

2. 字符变量

C 语言中一个字符型变量在内存中占一个字节，用于存放一个字符的 ASCII 码值。附录 I 给出了标准 ASCII 码字符集，其中前 32 个（ASCII 码值 0~31）为控制字符，32 为空格，大写字母 A 的 ASCII 码为 65，小写字母 a 的 ASCII 码为 97，这些在以后的编程中都会用到。

字符型数据与整数的存储形式相同，因此，C 语言规定，字符型数据和整型数据之间在字符数据的范围内可以通用（即在 0~255 之间可以通用）。字符型数据可以像整型数据那样使用，可以用来表示特定范围内的整数。字符型变量定义形式如下：

```
char c1,c2;  /* 定义 c1，c2 为字符型变量 */
```

对于字符型变量，在 x86 架构下默认为 signed char（有符号字符型），在鲲鹏平台默认为

unsigned char（无符号字符型）。编译器提供了编译选项，以 GCC 为例，`-fsigned-char` 指定字符变量为有符号字符类型。

GCC 编译器中，字符型数据的字节长度和取值范围如表 2-6 所示。

表 2-6　字符型数据及取值范围

数据类型	字节长度	取值范围
char	1	0~255 的整数或所对应字符

字符数据既可以用字符形式输出，也可以用整数形式输出。

✧ 以字符形式输出时，首先将存储单元中的 ASCII 码值转换成相应字符，然后输出。

✧ 以整数形式输出时，直接将 ASCII 码值作为整数输出。

例 **2-7** 字符型与整型数据的相互赋值。

```
#include <stdio.h>
int main(void)
{
    int m;
    char c;
    m = 'A'; /*字符赋值给整型变量*/
    c = 65;  /*整数赋值给字符变量*/
    printf("%c,%d\n", m, m);
    printf("%c,%d\n", c, c);
    return 0;
}
```

程序运行结果：

```
[root@swjtu-kp chpt-2]# ./chpt2-7
A,65
A,65
```

C 语言中，允许对字符变量赋整型值，输出时，允许把字符变量按整数输出；也允许对整型变量赋字符值，把整型量按字符量输出，但由于字符量存放的是单字节，因此当整型量按字符量处理时，只有低 8 位参与处理。

3. 字符串常量

字符串常量是由一对双引号括起来的字符序列，如"string"、"Happy!"、"1234"就是合法的字符串常量。

C 语言规定，每一个字符串的结尾，系统都会自动加一个字符串结束标志`'\0'`，以便系统据此判断字符串是否结束。`'\0'`代表 ASCII 值为 0 的 NULL 空操作符，它不会做任何操作，也不会显示到屏幕上。因此，字符串常量实际占用存储空间比字符串中字符个数多 1。

例如，字符串"I am a student"在内存中存储的形式如图 2-7 所示。

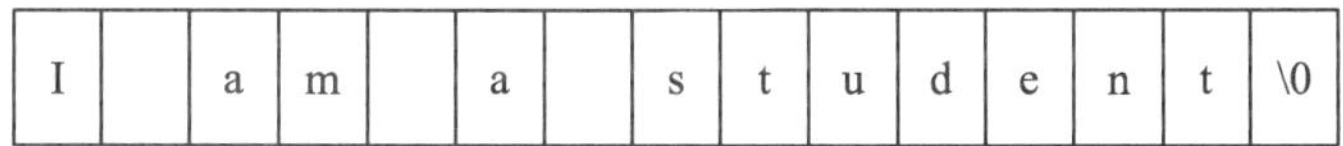

图 2-7　字符串在内存中的存储形式

字符串"I am a student"的实际占用存储空间不是 14，而是 15，最后一个字符为'\0'。但输出时不输出，系统在遇到它后就停止输出。

说明：

✧ 在写字符串时不用加上'\0'。

✧ 字符串"a"与字符'a'是不同的两个常量。前者是由字符'a'和'\0'构成的字符串常量，占两个字节，而后者仅由字符'a'构成的字符常量，占一个字节。

✧ 不能将字符串常量赋给一个字符变量。C 语言中没有专门的字符串变量，如果要保存字符串常量，需要用一个字符数组来存放，字符数组将在后面章节中介绍。

2.3.5 数据类型的转换

除了字符型数据和整型数据间可以通用之外，不同类型的数据在同一表达式中可以进行混合运算，运算时需要进行类型转换。这种类型转换方式有两种：一种是自动类型转换；另一种是强制类型转换。

1. 自动类型转换

自动类型转换又称隐式转换，是在运算时由系统自动进行转换。C 语言允许整型、单精度实型和双精度实型数据之间进行混合运算。由于字符型数据可以和整型数据通用，所以下列表达式是合法的：

```
100+'A'-3.6*27
```

显然，在进行混合运算时，不同类型的数据首先要转换成同一类型，然后才能进行运算。而这种转换最终都归结为整数和实数之间的转换。

自动类型转换的规则：低精度数据类型向高精度数据类型转换，赋值号右边数据类型向赋值号左边数据类型转换。具体如图 2-8 所示。

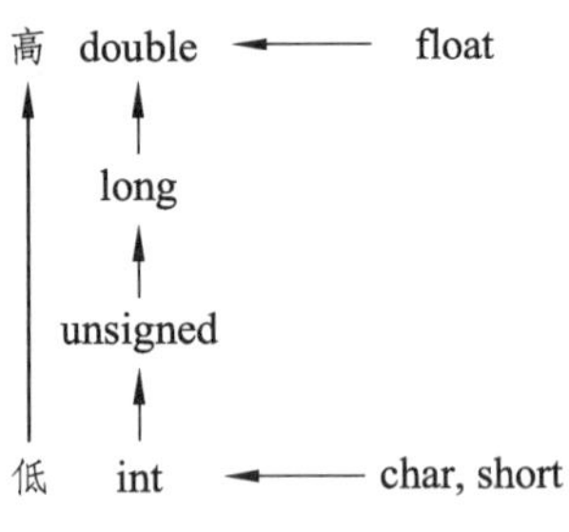

图 2-8 数据类型的转换

（1）横向向左箭头表示必定转换。如 char 型转换为 int 型，short 型转换为 int 型，float 型转换成 double 型。这种转换可以提高表达式的运算精度，如两个 float 型数据相加，会默认先转换成 double 型，然后再相加。

（2）纵向向上箭头表示当运算对象为不同类型时转换的方向。如 int 型与 double 型数据进行运算，先将 int 型的数据转换成 double 型，然后在两个同类型（double）数据间进行运算，结果为 double 型。

说明：

✧ 箭头方向只表示数据类型精度级别的高低，由低向高转换。不能理解为 int 型要先转换为 unsigned 型，再转换为 long 型，然后转换为 double 型。如果一个 int 型数据与一个 double 型数据进行运算，是直接将 int 型转换成 double 型。同理，一个 int 型数据与一个 long 型数据进行运算，先将 int 型转换成 long 型数据，再进行运算。

✧ 如果有两个数参加运算，其中一个数据是 float 型或 double 型，则另一个数据要先转换成 double 型，结果为 double 型。如果两个数据中最高级别为 long 型，则另一数据先转换为 long 型，结果为 long 型，其他依此类推。

假设已定义 i 为整型变量，f 为 float 型变量，d 为 double 型变量，e 为 long 型变量，有如下表达式：

```
10+'a'+i*f-d/e
```

运算顺序：

（1）进行 `i*f` 的运算。先将 i 与 f 都转换成 double 型，运算结果为 double 型。

（2）将变量 `e` 转换成 double 型，d/e 结果为 double 型。

（3）进行 `10+'a'` 的运算，先将'a'转换成整数 97，运算结果为 107。

（4）整数 `107` 与 `i*f` 的积相加。先将整数 107 转换成双精度数（小数点后加若干个 0，即 107.00000…00），结果为 double 型。

（5）将 `10+'a'+i*f` 的结果与 `d/e` 的商相减，结果为 double 型。

另外必须注意的是，在一个赋值表达式中，赋值号右边的表达式完成计算后，其结果的数据类型要先转换成赋值号左边的变量数据类型，再完成赋值操作。若右边的类型是浮点型，而左边变量是整型，则转换成整型时，将只截取整数部分。例如：

```
int a;
a=2.8+3;
```

变量 a 的类型为整型，而赋值号右边的表达式结果为实型，此时将赋值号右边的表达式结果强制转换为与 a 相同的类型（即整型），再赋值给变量 a，这样 a 的值为 5，相当于：

```
a=(int)(2.8+3);
```

2. 强制类型转换

当自动类型转换达不到目的时，可以利用强制类型转换。例如，当除法运算符“/”的两个运算对象都是整型数据时，其运算将按照整型运算规则进行，即截取结果的整数部分。如果希望按照浮点型运算规则运算，就必须首先把其中某个运算对象的数据类型强制转换为浮点型，然后再进行运算。

强制类型转换的一般形式为

```
(类型名)(表达式)
```

例如：

`(double)a`	将变量 a 的值强制转换为 double 类型
`(int)(x+y)`	将 x+y 的运算结果强制转换为 int 类型
`(float)(5%3)`	将 5%3 的运算结果强制转换为 float 类型
`(float)x/y`	将 x 的值强制转换成 float 类型后，再与 y 进行除法运算

说明：

✧ 需要转换的表达式应该用括号括起来。如表达式`(int)x+y`，则只将 x 转换成整型，然后再与 y 相加。

✧ 进行强制类型转换时，得到的是一个所需类型的中间变量，原来变量的类型并未发生改变。如`(int)x`，如果 x 原来为 float 类型，强制转换运算后得到一个 int 型的中间值，为 x 的整数部分，而 x 的类型不变（仍为 float 类型）。

2.3.6 C 语言基本数据类型在 x86 平台与鲲鹏平台的差异

随着硬件的升级换代，64 位的操作系统已成为目前的主流，为适应操作系统的变化，C 语言编译系统也随之发生变化。不同版本下的 C 语言编译器所支持的数据范围也有所不同。表 2-7 列出了各版本操作系统对应 C 语言编译器中 int 型和 long 型的数据范围。

表 2-7 各版本操作系统对应编译器下 int 型和 long 型的数据范围

操作系统版本	数据类型	所占位数/bit	数的取值范围
16 位操作系统	int	16	$-2^{15}\sim2^{15}-1$ (−32 768~32 767)
	long	32	$-2^{31}\sim2^{31}-1$ (−2 147 483 648~2 147 483 647)
32 位操作系统	int	32	$-2^{31}\sim2^{31}-1$ (−2 147 483 648~2 147 483 647)
	long	32	$-2^{31}\sim2^{31}-1$ (−2 147 483 648~2 147 483 647)
64 位操作系统 **32 位编译系统**	int	32	$-2^{31}\sim2^{31}-1$ (−2 147 483 648~2 147 483 647)
	long	32	$-2^{31}\sim2^{31}-1$ (−2 147 483 648~2 147 483 647)
64 位操作系统 **64 位编译系统**	int	32	$-2^{31}\sim2^{31}-1$ (−2 147 483 648~2 147 483 647)
	long	64	$-2^{63}\sim2^{63}-1$

特别说明：

鲲鹏平台服务器上使用的是 GCC 64 位编译器，编译出来的目标代码默认是 64 位的。

由于鲲鹏 SoC 只支持 64 位运行模式，因此只要是在鲲鹏的架构上进行编译，即使编译时命令中没有指定目标代码的位数参数，也会自动把位数参数添加上去，然后编译生成 64 位目标代码。

1. 双精度浮点型转整型时数据溢出在 x86 平台与鲲鹏平台的差异

例 **2-8** 以下采用华为提供的代码，验证双精度浮点型转整型数据溢出时，在 x86 平台与鲲鹏平台的差异。

```
#include <stdio.h>
#include <limits.h>//某种特定类型可以容纳的最大值或最小值
int main(void)
{
    long test_aa = (long)0x7fffffffffffffff; //赋初值为能存放的最大值
    long test_bb;
    printf("test_aa = %ld\n", test_aa);      // 用格式控制符%ld 输出
    test_bb = (long)(test_aa * (double)10); // 将 test_aa 乘以 10
    printf("test_bb = %lf\n", test_bb);
```

```
    printf("LONG_MAX = %ld\n", LONG_MAX);    // 输出 long 型能容纳的最大值
    printf("LONG_MIN = %ld\n", LONG_MIN);    // 输出 long 型能容纳的最小值
    printf("sizeof long = %ld\n", sizeof(long)); // 输出 long 型所占字节数
    return 0;
}
```

鲲鹏平台下程序运行结果（**GCC** 编译器，**64** 位编译）：

```
[root@swjtu-kp chpt-2]# ./chpt2-8
test_aa = 576460752303423487
test_bb = 576460752303423488 0.000000
LONG_MAX = 9223372036854775807
LONG_MIN = -9223372036854775808
sizeof long = 8
```

x86 平台下程序运行结果（**GCC** 编译器，**64** 位编译）：

```
[root@swjtu-x86 chpt-2]# ./chpt2-8-x86
test_aa = 576460752303423487
test_bb = 0.000000
LONG_MAX = 9223372036854775807
LONG_MIN = -9223372036854775808
sizeof long = 8
```

Visual Studio 2010 下程序运行结果（**Visual** 编译器，**32** 位编译）：

```
test_aa = -1
test_bb = 0.000000
LONG_MAX = 2147483647
LONG_MIN = -2147483648
sizeof long = 4
```

程序说明：

鲲鹏平台与 x86 平台，是两套 CPU 架构，其中算数逻辑单元的实现会有差异，操作系统也会有所不同。

✧ x86 指令集中的浮点型到整型的转换指令，定义了一个 indefinite integer value——不确定整数值（64bit：0x8000000000000000），大多数情况下 x86 平台都遵循这个原则，但是在从 double 向无符号整型转换时，又出现了不同的结果。

✧ 基于 ARM 架构的鲲鹏处理器的处理则非常清晰和简单，在上溢出或下溢出时，保留整型能表示的最大值或最小值。这样开发者就不会面对不确定或无法预期的结果。

✧ 要判断某种特定类型可以容纳的最大值或最小值，一种简便的方法是使用 ANSI 标准头文件 limits.h 中的预定义值。该文件包含一些很有用的常量，它们定义了各种类型所能容纳的值。

因此，对于 C 语言的 double 型也需要着重对 indefinite integer value 做溢出检查。表 2-8 是 double 型数据向 long 转换的结果对照表。

表 2-8　double 型数据向 long 转换的结果对照

CPU	double	转为 long	变量保留值说明
x86	正值超过 long	范围 0x8000000000000000	indefinite integer value
x86	负值超过 long	范围 0x8000000000000000	indefinite integer value
ARM	正值超过 long	范围 0x7FFFFFFFFFFFFFFF	变量赋值最大的正数
ARM	负值超过 long	范围 0x8000000000000000	变量赋值最小的负数

2. char 类型在 x86 平台与鲲鹏平台之间的差异

-1 的二进制原码是 `10000001`，它的补码是除了符号外取反加 1，最后-1 的补码表示就是 `11111111`。在 x86 架构下，char 默认是有符号的，打印时输出为-1；但是在 ARM 架构下 char 默认是无符号的，这个二进制的 `11111111` 正好就是无符号的 255。

出现这种情况的原因就是 x86 架构和 ARM 架构对 char 的默认处理不一样，x86 默认有符号的 char 类型，ARM 默认无符号的 char 类型。

例 **2-9** 采用华为提供的代码，验证 char 类型在 x86 平台与鲲鹏平台之间的差异。

```
#include <stdio.h>
int main(void)
{
    unsigned char ch1 = -1;
    char ch2 = -1;
    signed char ch3 = -1;
    printf("unsigned char ch1 = 0x%x, %d ", ch1, ch1);
    printf("\n");
    printf("          char ch2 = 0x%x, %d ", ch2, ch2);
    printf("\n");
    printf("  signed char ch3 = 0x%x, %d ", ch3, ch3);
    printf("\n");
    return 0;
}
```

鲲鹏平台下程序运行结果（**GCC** 编译器，**64** 位编译）：

```
[root@swjtu-kp chpt-2]# ./chpt2-9
unsigned char ch1 = 0xff, 255,
         char ch2 = 0xff, 255,
  signed char ch3 = 0xffffffff, -1,
```

x86 平台下程序运行结果（**GCC** 编译器，**64** 位编译）：

```
[root@swjtu-x86 chpt-2]# ./chpt2-9-x86
unsigned char ch1 = 0xff, 255
         char ch2 = 0xffffffff, -1
  signed char ch3 = 0xffffffff, -1
```

Visual Studio 2010 下程序运行结果（**Visual** 编译器，**32** 位编译）：

```
unsigned char ch1 = 0xff, 255
         char ch2 = 0xffffffff, -1
  signed char ch3 = 0xffffffff, -1
```

程序说明：

char 变量在不同 CPU 架构下默认符号是不一致的。

✧ x86 体系结构中默认的是 `signed char`；

✧ arm 体系结构中默认的是 `unsigned char`，移植时需要指定 char 变为 `signed char`。

2.4 运算符和表达式

每个程序中，数据及对数据的加工处理是必不可少的，也就是所有程序都需要对数据进行运算和操作。C 语言中，由运算符和表达式共同完成对数据的处理。

1. C 语言运算符

运算符是描述数据运算、体现数据之间运算关系的符号，也称为操作符。C 语言提供了十分丰富的运算符，保证了各种操作的方便实现。

运算符按所要求的操作数的个数，分为单目运算符、双目运算符和三目运算符。单目运算符只需要一个操作数，双目运算符需要两个操作数，三目运算符需要 3 个操作数。

按运算符的运算性质又可以将运算符分为算术运算符、关系运算符、逻辑运算符和位运算符。

2. C 语言表达式

C 语言表达式是一种有值的语法结构，是计算求值的基本单位，它由运算符将常量、变量、函数调用等结合而成。表达式是由运算符和数据连接起来的表达运算的式子，又称为运算式。

表达式可以是一个单独的常量、变量，常量、变量的值就是表达式的值，一个表达式的值又可以参加运算构成更复杂的表达式。

如 `2+3` 就是一个算术表达式，`x=5` 是一个赋值表达式。

3. 运算符优先级

C 语言运算符的优先级表示不同运算符参与运算时的先后顺序。若一个表达式中包含多个运算符，先进行优先级高的运算，再进行优先级低的运算，运算符的优先级决定了表达式的哪部分被处理为某个运算符的操作数。

4. 运算符结合性

如果表达式中出现多个优先级相同的运算符，运算顺序就取决于运算符的结合性。所谓结合性，是指操作数左、右两边运算符的优先级相同时，操作数优先和哪个运算符结合起来进行运算。C 语言运算符的结合性有两种，分为左结合性和右结合性。左结合性是指在运算符优先级相同的情况下，左边的运算符优先与操作数结合起来进行运算，右结合性是指在运算符优先级相同的情况下，右边的运算符优先与操作数结合起来进行运算。C 语言规定了运算符的结合性，结合性的概念也是其他高级语言中没有的。

C 语言运算符的优先级和结合性参见附录Ⅲ。

2.4.1 算术运算符和算术表达式

算术表达式是最常用的表达式，又称为数值表达式。它是通过算术运算符来进行运算的数学公式。C 语言中的算术运算符有：

1. 基本的算术运算符

+（加法运算符，或正值运算符。如 2+9=11，+6）

-（减法运算符，或负值运算符。如 9-5=4，-5）

*（乘法运算符。如 4*8=32）

/（除法运算符。如 7/2=3，两个整数相除结果为整数，舍去小数）

%（模运算符，或称求余运算符，要求两侧均为整型数。如 9%2=1）

算术运算符的优先关系：*、/、%的优先级高于+和-的优先级，C 语言中算术运算符都是左结合性。

（1）算术运算符为双目运算符，即运算对象为两个。

（2）两整数相除，结果仍为整数。若不为整数，则采用“向零靠拢取整”的方法。即取整后向零靠拢。

7/2 值为 3，而非 4；7/-2 的值为-3，而非-4。

（3）参加运算的两个数中若有一个为 float 或 double 型，则结果为 double 型。

（4）%为模运算符或求余运算符，其作用是求两个整数相除后的余数，因此，要求参加运算的两个数必须是整数，运算结果的符号与被除数的符号相同。

```
7%2=1        7%4=3        7%(-4)=3
-7%2=-1      -7%4=-1      -7%(-4)=-3
```

算术表达式是由算术运算符和圆括号将运算对象连接起来的式子。在表达式中，使用圆括号()可以改变运算的先后顺序，当圆括号出现嵌套时，内层的优先级最高。

例 **2-10** 算术运算符解决实际问题：鸡兔同笼，共有 30 个头，88 只脚。求笼中鸡兔各有多少只？

```
#include <stdio.h>
int main(void)
{
    int chicken, rabbit; // 定义变量
    chicken = (4 * 30 - 88) / 2;
    rabbit = 30 - chicken;
    printf("鸡有%d 只, 兔有%d 只\n", chicken, rabbit);
    return 0;
}
```

程序运行结果：

```
[root@swjtu-kp chpt-2]# ./chpt2-10
鸡有16只，兔有14只
```

例 **2-11** 算术运算符解决实际问题：将整数 6 798 从低位到高位依次取出，并输出到屏幕。

```
#include <stdio.h>
int main(void)
{
    int m = 6798, m1, m2, m3, m4;
    m1 = m % 10;        // 取出 6798 的个位
    m2 = m / 10 % 10;   // 取出 6798 的十位
    m3 = m / 100 % 10;  // 取出 6798 的百位
    m4 = m / 1000;      // 取出 6798 的千位
    printf("%d 对应各位为: %d %d %d %d\n", m, m4, m3, m2, m1);
    return 0;
}
```

程序运行结果：

```
[root@swjtu-kp chpt-2]# ./chpt2-11
6798对应各位为: 6 7 9 8
```

程序说明：

✧ **%**求余运算，两个操作数必须是整数。

✧ /运算符的两个操作数为整数时，结果也为整数。因此/运算可能造成数据丢失。

2. 自增和自减运算符（++、--）

++（自增）、--（自减）运算符也称为增 1、减 1 运算符，是 C 语言中使用方便且效率很高的两个运算符，多用于循环语句中，让循环变量的值自增 1 或自减 1。

++、--运算符都是单目运算符，其作用是使变量的值增 1 或减 1。这两个运算符既可作为前置运算符，如++i，--i；也可作为后置运算符，如 i++，i--。一般语法格式为

```
++变量名 / --变量名
变量名++ / 变量名--
```

无论是前置还是后置，这两个运算符的作用都是使操作数的值增 1 或减 1，但对由操作数和运算符组成的表达式的值的影响是完全不同的。

1）前置形式使用分析

```
int i = 3, j = 5, m, n;
m = ++i; // i 先加 1, 再赋给 m(i=4, m=4)
n = --j; // j 先减 1, 再赋给 n(j=4, n=4)
```

“++i，--i”的作用是先让 i 的值增 1 或减 1（相当于 i=i+1 或 i=i-1），再使用 i。即先加减，后使用。

2）后置形式使用分析

```
int i = 3, j = 5, m, n;
m = i++; // i 先赋给 m(m=3), 再加 1(i=4)
n = j--; // j 先赋给 n(n=5), 再减 1(j=4)
```

“i++,i--”的作用是先使用 i 的原值参与运算,之后再让 i 的值增 1 或减 1(相当于 i=i+1

或 i=i-1）。即先使用，后加减。

因此，在使用增 1 和减 1 运算符时，必须注意变量的值和表达式的值在程序上下文中的效果。例如，若先假定 `int i=3;`则

```
printf("%d", i++); // 打印出 3，然后 i 为 4
printf("%d", ++i); // 打印出 5，i 也为 5
j = --i;           // j 的值为 4，i 也为 4
j = i--;           // j 的值为 4，然后 i 为 3
```

说明：

✧ ++和--运算符只能用于变量，而不能用于常量或表达式。如`(i+j)++`或 `5--`是不合法的。

✧ ++和--的结合方向是“自右至左”。如 i=4，则`-i--`相当于`-(i--)`，结果为-4，而 i 的值为 3。

✧ 在较复杂的表达式中，运算符的组合原则是尽可能多地自左而右将若干个字符组成一个运算符。如 `a+++b` 等价于`(a++)+b`，而不是 `a+(++b)`。

✧ 在只需对变量本身进行增 1 或减 1，而表达式的值无关紧要的情况下，前置形式和后置形式的效果完全相同。

例 **2-12** 增 1 和减 1 运算符举例。

```
1 #include <stdio.h>
2 int main(void)
3 {
4     int i = 10, j, m = 20, n;
5     j = -i++;
6     n = m++ * 5;
7     printf("i=%d, j=%d\n", i, j);
8     printf("m=%d, n=%d\n", m, n);
9     return 0;
10 }
```

程序运行结果：

```
[root@swjtu-kp chpt-2]# ./chpt2-12
i=11, j=-10
m=21, n=100
```

程序说明：

✧ 程序第 5 行中，i 两侧的运算符优先级一样，结合性为右结合，因此 i 原值先被求负，即-10 赋给 j，最后 i 再加 1。

✧ 程序第 6 行中，++运算对 m 是后置，因此先用 m 原值进行运算，然后 m 再加 1。若将第 6 行代码修改为

```
n = -m++ * 5;
```

程序运行结果：

```
[root@swjtu-kp chpt-2]# ./chpt2-9
i=11, j=-10
m=21, n=-100
```

由例 2-12 可以知道，++和--运算符对变量本身，其作用都是值加 1 或减 1，但其前置或后置形式，对整个表达式的影响是不同的。

合理使用增 1、减 1 运算符，对编写高质量的 C 语言程序是非常有用的，它的简洁表示形式，对以后要介绍的流程控制语句及指针等将带来很大的方便。

2.4.2 赋值运算符和赋值表达式

1. 赋值运算符

C 语言的赋值运算符是“=”，它不是数学意义上的等号，其作用是将赋值运算符右边的表达式的值赋给其左边的变量。如：

`x=12;`作用是执行一次赋值操作（运算），将常数 12 赋给变量 x。

`a=5+x;`作用是将表达式 5+x 的运算结果赋给变量 a，计算时 x 必须有确定值。

说明：

（1）赋值运算符的优先级低于算术运算符，结合方向是自右向左（右结合性），参见附录Ⅲ。

（2）在赋值号“=”的左边只能是变量，不能是常量或表达式，如不能写成：

`2=x;` 或 `x+y=a+b;`

（3）`i=i+1;`在 C 语言中是合法的语句（取出 i 的原值在运算器中加 1 后再存入 i 中），在数学中却是无意义的等式。

2. 复合赋值运算符

C 语言规定，凡是双目运算符都可以与赋值符“=”一起组成复合赋值运算符，一共有 10 种，即：

+=　-=　*=　/=　%=　<<=　>>=　&=　|=　^=

其中，后五种是有关位运算的。

例如：a+=5　　等价于 a=a+5

x*=y+8　　等价于 x=x*(y+8)

a%=2　　等价于 a=a%2

x%=y+8　　等价于 x=x%(y+8)

C 采用这种复合的赋值运算符有两个优点：一是可以简化程序，使程序精练；二是为了提高编译效果，可以产生质量更高的目标代码。

3. 赋值表达式

由赋值运算符将一个变量和一个表达式连接起来的式子称为赋值表达式。赋值表达式的一般语法格式为

变量名=表达式

赋值表达式的作用：将赋值运算符右侧的“表达式”的值赋给左侧的变量。同时，整个赋值表达式的值也就是被赋值变量的值。

例如：

`x=5`　　　　　　　　　赋值表达式“x=5”的值为 5，x 的值也为 5。

`x=7%2+(y=5)`　　　　　赋值表达式的值为 6，x 的值也为 6，y 的值为 5。

`a=(b=6)`或`a=b=6`　　赋值表达式的值为 6，a、b 的值均为 6。

`a+=a*(a=5)`　　　　　相当于`a=5+5*5`，赋值表达式的值为 30，a 的值最终也是 30。

由上可见，赋值表达式中可以包含另一个赋值表达式，赋值运算符也可以是复合的赋值运算符。同时，赋值运算符采用自右至左的顺序执行运算（右结合性）。

赋值表达式加上一个分号则可构成赋值语句，即

　　变量=表达式;

C 语言规定：可以在定义变量的同时给变量赋值，称为变量初始化。

例如：`int a=4,b,c;`（定义变量 a，b，c，同时将 a 的值初始化为 4）。

说明：

（1）C 语言程序中允许多重赋值。

如`a=b=c=10;`等价于`a=10; b=10; c=10;`

但是，在变量定义语句中不允许采用多重赋值。

如`int a=b=c=10;`将产生语法错误，除非在此语句前，对变量 b 和 c 已经定义。

（2）赋值语句不是赋值表达式。因为表达式都是有确定值的，可以用在其他语句或表达式中，而语句只能作为一个单独的语句使用。

例如：`if((x=a%b)>0)  t=a;` 其作用是先将 a%b 的值赋予 x，然后判断 x 是否大于 0，若大于 0，则执行 t=a。在 if 语句中，“x=a%b”是赋值表达式而不是赋值语句。如果写成：

```
if((x=a%b;)>0) t=a;
```

就错了，在 if 语句中不能有赋值语句。

由此可见，赋值表达式不仅可以出现在赋值语句中，还可以出现在其他语句中，以提高编程的灵活性。

特别说明：

✧ 赋值表达式和赋值语句的区别：`a=5` 这是一个赋值表达式，注意后边没有分号，而 `a=5;` 这是一个赋值语句。

✧ 赋值运算符的优先级较低，只比逗号运算符高，结合方向为从右到左（右结合性）。

2.4.3　关系运算符和逻辑运算符

关系运算主要用于比较运算，即对两个运算对象进行比较。而对于比较复杂的条件，需要将若干个关系表达式组合起来判断，C 语言提供的逻辑运算就是用于实现这一目的。关系运算和逻辑运算是计算机实现逻辑判断的前提。

1. 关系运算符

C 语言中的关系运算符共有 6 种：

```
> >= < <= == !=
```

关系运算符属于双目运算符，其结合方向是自左至右。关系运算的结果是一个逻辑值，要么为真（C 语言中用 1 表示），要么为假（用 0 表示）。

2. 逻辑运算符

C 语言提供了三种逻辑运算符：

!（逻辑非） **&&**（逻辑与） **||**（逻辑或）

&&和**||**是双目运算符，其结合方向是自左至右（左结合性）。**!**是单目运算符，其结合方向是自右至左（右结合性）。

算术运算符、逻辑运算符和关系运算符三者间的优先级关系为

! →算术运算符 →关系运算符 →**&&**，**||** →赋值运算符

（高）————————→（低）

C 语言中没有逻辑型数据，用 **0** 表示假，非 **0** 表示真。具体的关系和逻辑运算见后续章节。

2.4.4 逗号运算符和逗号表达式

在 C 语言中，逗号“,”的用法可分为两种：一种是作为分隔符使用，另一种是作为运算符使用。

1. 逗号作为分隔符使用

在变量说明语句中，逗号是作为变量之间的分隔符使用，如：

```
float f1,f2,f3;
```

在函数调用时，逗号是作为参数之间的分隔符使用，如：

```
scanf("%f%f%f",&f1,&f2,&f3);
```

除作为分隔符使用之外，逗号还可作为运算符使用。

2. 逗号运算符

将逗号作为运算符使用的情况，通常是将若干个表达式用逗号运算符连接成一个逗号表达式。逗号表达式的一般语法格式为

表达式 **1**,表达式 **2**,……,表达式 **n**

求解过程是：先求解表达式 1，再求解表达式 2，……，最后求解表达式 n，此逗号表达式的值就是最右边“表达式 n”的值。如：

```
5+5,10+10,15+15
```

就是一个逗号表达式，其值为 15+15，即 30。

逗号表达式的结合方向是自左至右（左结合性），它起到了把若干个表达式“串联”起来的作用，所以逗号运算符又被称为“顺序求值运算符”。

可以将逗号表达式的值赋给一个变量。如语句 `x=(y=10,y+12);`是将 22 赋给变量 x。

说明：

（1）逗号运算符的优先级是所有运算符的优先级中最低的。所以，下面两个表达式的作用是不同的：

① `x=5+5,10+10`

② `x=(5+5,10+10)`

第①个表达式是逗号表达式，x 的值为 10，整个表达式值为 20；而第②个表达式为赋值表达式，它是将一个逗号表达式`(5+5,10+10)`的值赋给变量 x，由于此逗号表达式的值是

`10+10`，所以 x 的值为 20。

（2）并不是任何地方出现的逗号都是逗号运算符，有时必须加上括号以示区别。

例如：

```
printf("%d,%d,%d\n", x, y, z);          /* 逗号不是运算符，而是分隔符 */
printf("%d,%d,%d\n", (x, y, z), y, z); /* (x,y,z)中的逗号是运算符，其余不是 */
```

（3）在许多情况下，使用逗号表达式的目的仅仅是为了得到各个表达式的值，而不是一定要得到和使用整个逗号表达式的值。例如，可用逗号表达式语句 `t=a, a=b, b=t;`交换 a 和 b 两个变量中的数值。

2.4.5　条件运算符

C 语言中唯一的三目运算符是条件运算符“**?:**”，要求有三个运算对象，每个运算对象的类型可以是任意类型的表达式（包括任意类型的常量、变量和返回值为任意类型的函数调用）。由它形成的条件表达式为

表达式 1 ?表达式 2:表达式 3

其中，“表达式 1”通常是一个关系表达式或逻辑表达式，即条件；表达式 2 和表达式 3 可以是具体的数据值，也可以是 C 语言表达式。

执行过程：首先计算“表达式 1”的值，如果“表达式 1”值为非 0，即条件为真，取“表达式 2”作为整个条件表达式的值；否则，取“表达式 3”作为整个条件表达式的值。

说明：

（1）条件运算符的优先级高于赋值运算符，低于逻辑关系运算符，结合方向是自右向左（右结合性）。

（2）实际编程时，常常用条件表达式构成一个赋值语句。如：

x=表达式 1?表达式 2:表达式 3;

这是一条赋值语句，表示当表达式 1 的值为“真”时，将表达式 2 的值赋给变量 x；当表达式 1 的值为“假”时，将表达式 3 的值赋给变量 x。

例 **2-13** 输入两个整数，并将其中的较大者显示出来。

```
#include <stdio.h>
int main(void)
{
    int a, b, max;
    printf("请输入两个整数, 以逗号间隔: ");
    scanf("%d,%d", &a, &b); // %d,%d 表示用逗号隔开输入两个整数给 a 和 b
    max = (a > b) ? a : b;
    printf("MAX=%d\n", max);
    return 0;
}
```

程序运行结果：

```
[root@swjtu-kp chpt-2]# ./chpt2-13
请输入两个整数，以逗号间隔: 200,600
MAX=600
```

（3）条件运算符也可以嵌套使用。如语句 `grade = (score>=90) ? 'A' : (score<=70) ? 'C' :' B' ;`表示当 score>=90 时，将字符'A'赋给变量 grade；当 score<=70 时，将字符'C'赋给变量 grade；否则，将字符'B'赋给变量 grade。

2.4.6 sizeof 运算符

在程序设计过程中，有时需要知道一个变量或某种数据类型在内存中所占的字节数，可以使用 sizeof 运算符计算其所占内存的字节数。sizeof 运算符有两种用法：

1. sizeof（表达式）

运算结果：表达式的运算结果所属数据类型占用的内存空间字节数。

例如，当 x 是整型变量时，现在主流编译器中 `sizeof (x)`的值都是 4。

2. sizeof（类型名）

运算结果：某种数据类型所占用的内存空间字节数。

例如，`sizeof(char)`的值是 1；`sizeof(float)`的值是 4；`sizeof(double)`的值是 8。

sizeof 运算符可以出现在表达式中，如：

```
x=sizeof(float)-2;
printf("%d\n",sizeof(double));
```

2.5 数据的输入输出

2.5.1 C 语言的输入输出

人机交互是程序开发的必须环节。从计算机向外部输出设备（如显示器、打印机）输出数据为输出，从输入设备（如键盘、扫描仪）向计算机输入数据为输入。输入输出（I/O）是程序的基本组成部分，程序运行所需的数据通常从外部设备输入，而程序运行的结果通常也要输出到显示器或保存到文件。

C 语言没有专门的输入输出语句，其输入输出操作是由 C 语言标准库 stdio.h 中的函数实现的。stdio 是 standard input & output 的缩写，包含了与标准 I/O 库有关的变量定义和宏定义以及对函数的声明。如字符输入输出主要使用 putchar 和 getchar 实现，基本类型数据的输入主要通过 scanf 实现，基本类型数据的输出主要通过 printf 实现。

如果程序中要使用上述输入输出函数，必须在程序的开头加上下列代码：

```
# include <stdio.h>
```

其目的是将含有标准输入输出函数的头文件 stdio.h 包含到本程序中。

2.5.2 字符数据的输入输出

1. getchar 函数

getchar 函数的功能是从键盘输入一个字符，若函数调用成功，返回输入的字符，否则返回 EOF。如：

```
c = getchar();
```

程序执行时，读取一个从键盘输入的字符，并赋给变量 c。

2. putchar 函数

putchar 函数的功能是向显示器输出一个字符，若函数调用成功，返回输出的字符，否则返回 EOF。

例 **2-14** 从键盘输入一个字符，并输出该字符及其后续字符。

```
#include <stdio.h>
int main(void)
{
    char c;
    c = getchar();  /*从键盘读入字符*/
    putchar(c);     /*在屏幕上输出读入的字符*/
    putchar(c + 1); /*在屏幕上输出读入字符的后续字符*/
    putchar('\n');  /*输出换行*/
    return 0;
}
```

程序运行结果：

```
[root@swjtu-kp chpt-2]# ./chpt2-14
M
MN
```

程序说明：

putchar 函数不仅可以输出能在屏幕上显示的字符，也能输出转义字符，如 putchar('\n')输出一个换行符。

2.5.3 用 printf 函数输出数据

C 语言程序中，完成输入和输出功能的主要是 printf 函数和 scanf 函数，它们是格式化输入输出函数。使用 printf 函数和 scanf 函数时，必须根据数据的不同类型，指定输入输出数据的不同格式。

1. printf 函数概述

printf 函数的功能是向显示器输出若干个任意类型的数据，一般语法格式为

```
printf(格式控制串,输出项表列);
```

格式控制串是用双引号括起来的字符串，也称“格式转换控制字符串”，它包括格式说明和普通字符。格式说明由“%”和格式字符组成，可有 0 个或多个，且要和输出项表列中的数据项从左到右一一对应。格式控制串中的普通字符在输出时原样输出，而格式说明在输出时将由输出项表列中的数据替换。输出项表列中的多个数据项之间用逗号分隔，每个数据项可为常量、变量或能计算出值的表达式。若格式控制串中没有格式说明，则输出项表列可省略。

图 2-9 是 printf 函数的例子。

普通字符 `a=`原样输出；第一个`%d`是格式说明，其含义是将输出项表列中的第一个表达式 `2+3` 转换成十进制数 5，也即在输出时用 5 代替第一个`%d`。同样的，普通字符`, b=`原样输出；第二个格式说明`%d`，是将输出项表列中的第二个表达式 `10*20` 转换成十进制数 200，输出时

用 200 替换第二个`%d`。最后输出转义字符`'\n'`。printf 函数的输出结果为`a = 5, b= 200`，并换行。

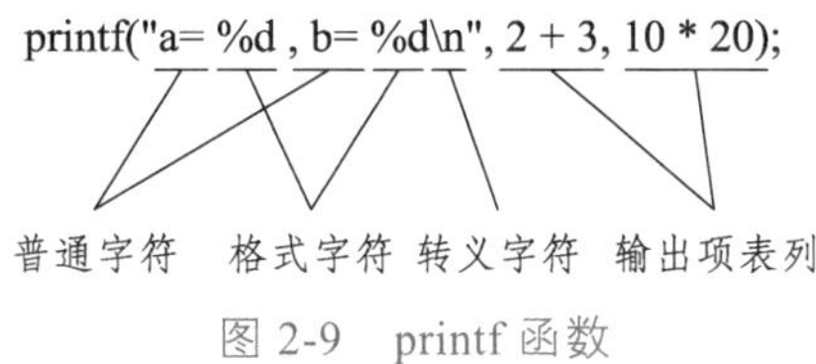

图 2-9　printf 函数

2. printf 函数的格式说明

printf 函数的格式说明非常丰富，用于转换并输出 C 语言的基本数据类型，格式控制串的每个格式说明都是由%开始，依次由标志字符、宽度指示符、精度指示符、格式修饰符和格式字符组成（见表 2-9~表 2-13），其一般语法格式为

```
%[flags][width][.prec][h|I|L]格式字符
```

表 2-9　printf 格式字符

格式字符	说　明	举　例	输出结果
d 或 i	以带符号的十进制形式输出整数（正数不输出符号）	printf(“%d” ,32); printf(“%i” ,32);	32 32
u	以无符号十进制形式输出整数	printf(“%u” ,32);	32
o	以八进制无符号形式输出整数	printf(“%o” ,32);	40
x 或 X	以十六进制无符号形式输出整数，用 x 时字母用 a~f, 用 X 时字母用 A~F	printf(“%x” ,255); printf(“%X” ,255);	ff FF
c	以字符形式输出一个字符	printf(“%c” ,’A’);	A
s	输出字符串	printf(“%s” , “hello”);	hello
e 或 E	以指数形式输出实数。默认精度 6 位小数。指数部分占 5 位(如 e+005)，其中 e 占 1 位，指数符号占 1 位，指数占 3 位。数值规范化（小数点前有且仅有 1 位非零数字）	printf(“%e” ,123.4567); printf(“%E” ,123.4567);	1.234567e+002 1.234567E+002
f	以小数形式输出实数，默认精度 6 位小数	printf(“%f” ,123.4567);	123.456700
g 或 G	选用%f 和%e 格式中输出宽度较短的一种格式，不输出无意义的 0	printf(“%g” ,123.4567);	123.4567
p	以无符号十六进制整数输出变量的地址	int a=10; printf("%p",&a);	0012FF7C
%	输出%	printf(“%%”);	%

表 2-10 printf 宽度指示符

宽度指示符	说明	举例	输出结果
n	输出至少占 n 个字符，若不足 n 个，则左边空位用空格填充（若有标志字符 ‘-’ 时，表示输出左对齐，右边填空格）	printf(“%5d” ,123); printf(“%-5d” ,123);	□□123 123□□
0n	输出至少占 n 个字符，若不足 n 个，则左边填 0	printf(“%05d” ,123); printf(“%-05d” ,123);	00123 123□□

表 2-11 printf 精度指示符

精度指示符	说明	举例	输出结果
无	默认精度		
.0	对 d、i、o、u、x 格式符为默认精度，对 e、E、f 格式符则不输出小数点	printf(“%.0d” ,10); printf(“%.0f” ,10.5)	10 11
.n	对实数，表示输出 n 位小数；对字符串，表示截取的字符个数	printf(“%.2f” ,1.234); printf(“%.2s” , “hello”);	1.23 he
.*	在待转换数据前的数据中指定待转换数据的精度。右例中意思为待转换数据 1.5 的转换精度为 3 位小数	printf(“%.*f” ,3,1.5);	1.500

表 2-12 printf 格式修饰符

格式修饰符	说明	举例	输出结果
h	表示 short，输出 short int 和 short unsigned int 型数据	short int i=100; printf(“%hd” ,i);	100
l	表示 long，输出 long int 和 double 型数据	long i=32768; printf(“%ld” ,i);	32768
L	用于输出 long double 型数据		

表 2-13 printf 标志符

标志符	说明	举例	输出结果
无	输出结果右对齐，左边填空格或零	printf(“%5d” ,32);	□□□32
-	输出结果左对齐，右边填空格	printf(“%-5d” ,32);	32□□□
+	带符号的转换，结果为非负以正号（+）开头，否则以负号（-）开头	printf(“%+5d” ,32); printf(“%-+5d” ,-32);	□□+32 -32□□
空格	结果为非负数，输出用空格代替正号，否则以符号开头	printf(“%⊔ 5d” ,32); printf(“%⊔ 5d” ,-32);	□□□32 □□-32

3. printf 函数在鲲鹏平台下的使用

1）有符号数和无符号数的输出

```
int a = -1;
```

```
printf("%d,%u,%x,%o", a, a, a, a);
```

输出结果：

```
-1,4294967295,ffffffff,37777777777
```

说明：

✧ -1 在内存中以补码形式存放，且最高位为符号位，即：

11111111	11111111	11111111	11111111

✧ d 格式字符输出有符号十进制数，u 格式字符输出无符号十进制数，x 和 o 格式字符分别输出无符号十六进制数和无符号八进制数。

2）输出数据宽度

```
int a = 123, b = 12345;
printf("%d,%4d,%4d", a, a, b);
```

输出结果：

```
123,□123,12345
```

3）浮点数的输出

```
float x = 111111.111, y = 222222.222;
printf("%f,%10f,%10.2f,%-10.2f,%.2f", x + y, x, x, x, x);
```

输出结果：

```
333333.328125,111111.109375，□111111.11,111111.11□，111111.11
```

说明：

✧ 第一个格式说明 **%f** 为默认精度，第一个数据项 x+y 的整数部分全部输出，并输出 6 位小数。由于单精度数据的有效位数一般为 7 位（双精度数据一般为 16 位），因此输出数据的后 5 位小数是无意义的。

✧ 第二个格式说明 **%10f**，输出宽度至少 10 个字符位，默认精度 6，因此第二个数据项 x 的整数部分全部输出，并输出 6 位小数，实际输出占 13 个字符位。

✧ 第三个格式说明 **%10.2f**，输出宽度至少 10 个字符位，指定精度 2，因此第三个数据项 x 的整数部分全部输出，并输出 2 位小数，实际输出为 9 个字符位，不足 10 个，故左边补一个空格。

✧ 第四个格式说明为 **%-10.2f**，输出左对齐，宽度至少占 10 个字符位，指定精度 2，因此第四个数据项 x 的整数部分全部输出，并输出 2 位小数，实际输出为 9 个字符位，不足 10 个，故右边补一个空格。

✧ 第五个格式说明 **%.2f**，没有指定宽度，指定精度 2，因此第五个数据项 x 的整数部分全部输出，输出 2 位小数，实际输出为 9 个字符位（仅指定小数位数的输出格式控制方式，实际编程经常使用）。

4）字符数据的输出

```
char c = 'a';
printf("%c,%d", c, c);
```

输出结果：

```
a,97
```

5）字符串的输出

```
printf("%3s,%6.3s,%-6.3s,%.3s\n", "hello", "hello", "hello", "hello");
```

输出结果：

```
hello, □□□hel,hel□□□,hel
```

说明：

✧ 第一个格式说明**%3s**，指定输出字符串占 3 列，由于字符串本身长度大于 3，因此将字符串全部输出（若串长小于 3，则左边补空格）。

✧ 第二个格式说明**%6.3s**，指定输出字符串占 6 列，但只取字符串中左边的 3 个字符，输出字符串右对齐，左边补空格。

✧ 第三个格式说明**%-6.3s**，指定输出串占 6 列，但只取字符串中左边的 3 个字符，输出字符串左对齐，右边补空格。

✧ 第四个格式说明**%.3s**，取字符串左边 3 个字符，并输出字符串也只占 3 列。

6）浮点数规范化指数形式输出

```
float x = 123.456;
printf("%e,%10e,%10.2e,%-10.2e,%.2e\n", x, x, x, x, x);
```

输出结果：

```
1.234560e+002，1.234560e+002，□1.23e+002，1.23e+002□，1.23e+002
```

说明：

✧ 第一个格式说明**%e**，默认精度 6，第一个数据项 x 的尾数部分输出 1 位整数、1 个小数点和 6 位小数，指数部分输出 1 个 e、1 位指数符号和 3 位指数，输出共占 13 个字符位。

✧ 第二个格式说明**%10e**，输出宽度至少 10 个字符位，默认精度 6，输出结果与第一个数据项相同。

✧ 第三个格式说明为**%10.2e**，输出右对齐，宽度至少占 10 个字符，用指定精度 2，第三个数据项 x 的尾数部分输出 1 位整数、1 个小数点和 2 位小数，指数部分输出 1 个 e、1 位指数符号和 3 位指数，实际输出为 9 个字符，不足 10 个，故左边补一个空格。

✧ 第四个格式说明**%-10.2e**，输出左对齐，宽度至少占 10 个字符，用指定精度 2，第四个数据项 x 的尾数部分输出 1 位整数、1 个小数点和 2 位小数，指数部分输出 1 个 e、1 位指数符号和 3 位指数，实际输出为 9 个字符，不足 10 个，故右边补一个空格。

✧ 第五个格式说明**%.2e**，没有指定宽度，用指定精度 2，因此第五个数据项 x 的尾数部分输出 1 位整数、1 个小数点和 2 位小数，指数部分输出 1 个 e、1 位指数符号和 3 位指数，实际输出为 9 个字符。

2.5.4 用 scanf 函数输入数据

1. scanf 函数概述

scanf 函数的功能是从键盘上按指定的格式输入数据，并将输入数据的值赋给相应的变量。其一般格式为

```
scanf("格式控制字符串",输入项地址表列);
```

其中，“格式控制字符串”规定了数据的输入格式，内容包括普通字符和格式说明。格式控制

字符串中的普通字符在输入时要原样输入，格式说明要与输入项表列中的数据项依次一一对应。“输入项地址表列”由一个或多个变量地址组成，有多个时，各变量地址之间用逗号“,”分隔。例如：

```
int a, b;
scanf("%d%d", &a, &b);
```

&a 和&b 为变量 a 和 b 在内存中的地址，"%d%d"表示按十进制整数形式输入两个数据。运行时从键盘输入下列字符序列：

2□3↙

则将 2 赋给变量 a，3 赋给变量 b。

说明：

✧ 输入语句为 scanf("%d%d", &a, &b);

格式控制字符串%d%d 间无字符分隔，则在输入数据时，在数据之间可用一个或多个空格，也可用回车键或制表键（Tab 键）分隔，如下面的输入均为合法：

（1）2□□□□3↙

（2）2↙

3↙

（3）2（按 Tab 键）3↙

✧ 输入语句为 scanf("%d,%d", &a, &b);

输入数据格式只能为

2,3

即在 scanf 函数的格式控制串%d 和%d 间用所需字符作为数据间的分隔。一旦在 scanf 函数的格式控制串中用指定的字符作为输入数据间的分隔，则在实际输入数据时必须在数据间原样输入指定的分隔字符，否则将出错。

2. scanf 函数的格式说明

与 printf 函数中的格式说明相似，scanf 函数的格式说明以%开始，以一个格式字符结束，中间可插入附加字符，其一般语法格式为

%[*][width][h|l]格式字符

其中，*表示本输入项在输入后不赋给任何变量，width 表示输入为正整数时，指定其输入数据所占宽度，h|l 表示修饰其后的格式字符。

表 2-14 和表 2-15 分别为 scanf 格式字符和 scanf 格式修饰符。

表 2-14　scanf 格式字符

格式字符	说　明
d	输入有符号的十进制整数
i	输入有符号的八、十或十六进制整数
u	输入无符号的十进制整数
o	输入无符号的八进制整数
x	输入无符号的十六进制整数

续表

格式字符	说　明
c	输入单个字符
s	输入字符串，将字符串送到一个字符数组中，输入时以非空白字符开始，以第一个空白字符结束，字符串以串结束标志'\0'作为其最后一个字符
f	输入实数，可以用小数或指数形式输入
e，E，g，G	与 f 作用相同，e 与 f、g 可相互替换（大小写作用相同）

表 2-15　scanf 格式修饰符

格式修饰符	说　明
l	输入长整型数据（可用%ld、%lo、%lx、%lu、%li）以及 double 型数据（用%lf 或%le）
L	输入 long double 型数据（用%Lf 或%Le）
h	输入短整型数据（可用%hd、%ho、%hx、%hi）
width	指定输入数据所占宽度（列数），域宽应为正整数
*	表示本输入项在读入后不赋给相应的变量

3. scanf 函数在鲲鹏平台下的使用说明

（1）输入有符号十进制数可以用格式字符 **d**，对于 unsigned 型变量所需要的数据，可以用格式字符 **u**、**d**、**o** 或 **x**。

（2）可以指定输入数据所占的列数，系统自动按它截取所需的数据宽度。例如：

```
scanf("%3d%d",&a,&b);
```

运行时若输入数据：

```
12345↙
```

系统自动将 123 赋给变量 a，将剩下的 45 赋给变量 b。此方法也适用于字符型，但这种方法输入数据时容易出错，建议少用。

（3）输入有符号八进制、十进制、十六进制整数可用格式字符 **i**。例如：

```
scanf("%i",&a);
```

输入数据按哪种进制转换取决于运行时的输入。若输入为 011，则输入为八进制数；若输入为 11，则为十进制数；若输入为 0x11，则为十六进制数。

（4）输入 float 型的数据时，可用格式字符 **f** 或 **e**；对于 double 型数据，则要用格式字符 **lf** 或 **le**。例如：

```
float x;
double y;
scanf("%f", &x);
scanf("%lf", &y);
```

（5）输入实数时，可以规定输入宽度，但不能规定输入的精度。例如：

```
float x;
```

```
scanf("%5f", &x);
```

若输入为 12.3456，系统自动截取前 5 个字符，即 12.34 赋给变量 x。而以下语句则是不合法的：

```
scanf("%5.2f", &x);
```

若输入为 123456，企图使用上述语句使变量 x 的值为 123.45 是错误的。

（6）输入字符时，用格式字符 c，而且在输入字符时，空格字符和转义字符都作为有效字符输入。例如：

```
scanf("%c%c%c",&c1,&c2,&c3);
```

若运行时输入为

```
a□b□c↙
```

则字符'a'赋给变量 c1，空格字符'□'赋给变量 c2，字符'b'赋给变量 c3。

（7）附加说明符“*”表示跳过它指定的列数。例如：

```
scanf("%d%*d%d", &a, &b);
```

若运行时输入为

```
12□34□56↙
```

则系统将 12 赋给变量 a，%*d 表示读入的整数 34 不赋给任何变量，最后读入的整数 56 赋给变量 b。

（8）在输入数据时，遇到以下情况时表示数据输入结束。

✧ 遇空格、回车、跳格（Tab）时；

✧ 按指定的宽度结束，如“%3d”，只取 3 列；

✧ 遇非法输入，如要输入十进制数，而输入数据中含有字符“a”“b”等；

✧ 遇文件结束符 **EOF**（Dos、Windows 操作系统为 Ctrl+Z，Unix 操作系统为 Ctrl+D）。

2.6　本章小结

本章首先介绍了 C 语言中的常量、变量、基本的数据类型以及变量的定义，然后介绍了 C 语言的运算符号和表达式，同时还介绍了表达式中数据类型的自动转换和强制转换，以及各种类型在鲲鹏平台与 x86 平台下的存取及使用差异。数据的输入输出是本章的重点也是难点，C 语言的输入输出是由调用系统提供的函数完成的，其中要特别注意 printf 函数和 scanf 函数的使用，这需要不断地进行编程实践才能熟练掌握。

第 3 章 结构化程序设计

学习目标

- ✧ 理解结构化程序设计的思想；
- ✧ 掌握 if 语句的多种使用方法；
- ✧ 掌握 switch 语句的用法；
- ✧ 掌握 for 循环；
- ✧ 掌握 while 和 do while 循环；
- ✧ 掌握 continue 语句和 break 语句；
- ✧ 了解 goto 语句和语句标号的使用；
- ✧ 掌握循环的嵌套使用。

3.1 结构化程序设计

结构化程序设计（structured programming）是为了使程序具有合理的结构，以保证程序正确性而规定的一套程序设计方法，是人们多年来研究与实践的结晶，其概念最早由 E.W.Dijikstra 在 1965 年提出。结构化程序设计是软件发展的一个重要里程碑，主要是采用自顶向下、逐步求精的程序设计方法；使用三种基本控制结构构造程序，任何程序都可由顺序、选择、循环三种基本控制结构组成。

常用的详细描述处理过程的工具是图形、表格和语言。图形有程序流程图、N-S 图、PAD 图；表格有判定表；语言是指所有支持过程化的设计语言（PDL），包括 C 语言。

1. 结构化程序设计原则和方法的应用

掌握和了解基于结构化程序设计的原则、方法以及结构化程序的基本构成，在结构化程序设计的具体实施中，要注意把握如下要素：

（1）使用程序设计语言中的顺序、选择、循环等有限的控制结构表示程序的控制逻辑。

（2）选用的控制结构只允许有一个入口和一个出口。

（3）程序语句组成容易识别的块，每块只有一个入口和一个出口。

（4）复杂结构应该用嵌套的基本控制结构进行组合嵌套来实现。

（5）语言中没有的控制结构，应该采用前后一致的方法来模拟。

（6）严格控制 goto 语句的使用，其意思是指以下情况可以使用：

✧ 用一个非结构化的程序设计语言去实现一个结构化的构造；

✧ 若不使用 goto 语句，会使功能模糊；

✧ 在某种可以改善程序性能而不损害程序可读性的情况下。

2. 结构化程序设计的目的

通过设计结构良好的程序，以程序的静态良好结构保证程序动态执行的正确，使程序易理解、易调试、易维护，以提高软件开发的效率，减少出错率。

3. 结构化程序设计的三个基本步骤

1）分析问题

在这一步，确定要产生的数据，定义表示输入、输出的变量。

2）画出程序的基本轮廓

研制一种算法，画出程序的基本流程。对于一个简单的程序来说，可直接写出代码；然而，对于复杂程序，要把程序分割成若干个模块来完成，列出每个模块要实现的功能，程序的轮廓也就有了，称之为主模块。

3）编写源码程序

在这一步，将模块的功能用语句实现。编写过程中可反复调试程序段，以测试程序的运行情况，查找错误。

3.2 算法与流程图

3.2.1 算法的概念

一个程序通常包括数据结构和算法，数据结构是对数据的描述（如数据的类型和其组织形式），算法是对指定数据的操作方法和步骤。数据结构是程序的核心，而算法是程序的灵魂。

例 **3-1** 从键盘输入三个数，按从大到小的顺序输出这三个数。请给出解决这个问题的算法。

算法步骤：

S1：输入三个数，其值分别赋给三个变量 a，b，c；

S2：将 a 和 b 比较，若 a 小于 b，则将 a、b 值交换；

S3：将 a 和 c 比较，若 a 小于 c，则将 a、c 值交换；

S4：将 b 和 c 比较，若 b 小于 c，则将 b、c 值交换；

S5：输出 a、b、c 的值。

在上面的算法步骤中，第 2 步到第 4 步可详细描述，改进后的算法步骤如下：

S1：输入三个数，其值分别赋给三个变量 a，b，c；

S2：将 a 和 b 比较，若 a<b，则 t=a，a=b，b=t；

S3：将 a 和 c 比较，若 a<c，则 t=a，a=c，c=t；

S4：将 b 和 c 比较，若 b<c，则 t=b，b=c，c=t；

S5：输出 a、b、c 的值。

这样，通过算法语言的描述，可以很方便地使用某种程序设计语言来实现。

注意：**S1**、**S2**…表示步骤 **1**、步骤 **2**…，**S** 为 **step** 的简写。

3.2.2 算法的特性

算法一般具有以下特点。

（1）有穷性：任何算法必须在合理的时间内执行有限条指令后结束，也即一个算法的操作步骤必须是有限的。

（2）有效性：算法的每一个步骤都应是可执行的，正确的算法原则上都能精确地运行，并能得到正确的结果。

（3）确定性：算法中的每一个步骤都必须是确定的，不能有歧义。

（4）输入：算法一般都有一些输入的数据或初始条件，因此每个算法可能有零个或多个输入，如例 3-1 中输入的数据 a，b，c。

（5）输出：每个算法都有一个或多个输出，如例 3-1 中输出的数据 a，b，c，没有输出的算法是无意义的。

3.2.3 算法的描述

算法的描述有多种方法，常用的描述方法有自然语言、流程图、伪代码等。

1. 自然语言

自然语言是指人们日常使用的语言，可以是汉语、英语或其他语言。用自然语言描述的算法通俗易懂，简单明了，如例 3-1。但如果算法中含有多种分支或循环操作时，自然语言就很难表述清楚，且冗长、容易产生歧义。

例 **3-2** 判断从 1900—2000 年中的每一年是否为闰年，并将结果输出。

判断一个年份是否为闰年，满足以下两个条件之一均可：

（1）能被 4 整除，但不能被 100 整除的年份；

（2）能被 400 整除的年份。

假设 y 为年份，算法描述如下：

S1：将 1900 赋值给 y；

S2：若 y 能被 400 整除，则输入 y“是闰年”，然后转到 S5；

S3：若 y 不能被 400 整除，但 y 能被 4 整除，同时不能被 100 整除，则输出 y“是闰年”，然后转到 S5；

S4：若 y 不能被 4 整除，则输出 y“不是闰年”，然后转到 S5；

S5：将 y 的值加上 1 后重新赋值给 y；

S6：当 y 的值小于或等于 2000 时，转到 S2 继续执行，否则算法结束。

这个算法中采用了循环与多次判断，与例 3-1 相比，根据这个算法编写程序难度会有所增加，因此，除了那些很简单的算法外，程序的算法一般不用自然语言描述。

2. 流程图

使用图形表示算法的思路是一种极好的方法，因为千言万语不如一张图。流程图在汇编语言和早期的 BASIC 语言环境中得到应用。相关的还有一种 PAD 图，对 C 语言也极适用。

以特定的图形符号加上说明，表示算法的图，称为流程图或框图。用流程图来描述算法直观形象，易于理解。用于流程图的特定符号采用美国国家标准化协会（ANSI）规定的一些常用的流程图符号，其符号及其具体含义如表 3-1 所示。

表 3-1　常用算法的流程图符号及其含义

流程图符号	名　称	含　义
	起止框	算法的开始或结束，一个独立的算法只有一对起止框
	处理框	算法中的指令或指令序列，即对数据进行处理
	判断框	对给定条件进行判断，若条件满足，转向一个出口，否则转向另一出口
	输入输出框	算法中数据的输入或输出
	连接点	用于将画在不同地方的流程线连接起来，避免流程线的交叉或过长，如当一流程图在一页不能画完时，用它表示对应的连接处，用中间带数字的小圆圈表示，如①
	流程线	算法中流程的走向，连接上面的各种图形框
	注释框	不是流程图的必要部分，不反映流程和操作，只是对流程图中某些框的操作做补充说明，帮助理解流程图

一般来说，流程图完全可用表 3-1 中的符号表示，流程线将各框图连接起来，它们的有序组合就构成了不同的算法描述。而对于结构化的程序，所有符号构成的流程图只包含 3 种基本结构：顺序结构、分支结构和循环结构，一个完整的算法可由这 3 种基本结构有机构成。

1）顺序结构

顺序结构是最简单的一种基本结构，根据流程线的方向按顺序执行各指定操作。其结构如图 3-1 所示，表示执行完 A 框中的操作后，必然紧接着执行 B 框中的操作，然后再执行 C 框中的操作，其执行顺序为从上到下，即 A—B—C。

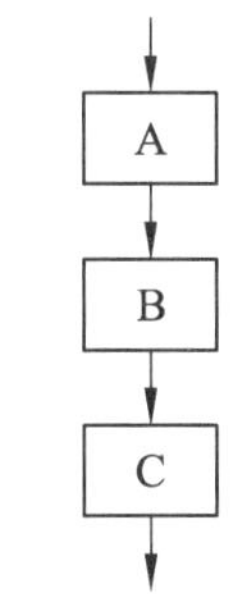

图 3-1　顺序结构流程图

2）选择/分支结构

选择/分支结构中必须包含一个判断框，根据其给定的条件 P 进行判断，由 P 结果的真（T）或假（F）来确定执行 A 分支还是 B 分支，其中 A 或 B 中可以有一个为空。该流程图的基本形状有两种，如图 3-2 所示。

3）循环结构

循环结构是在条件为真的情况下，反复执行某一操作，其基本结构有两种，即先判断条件还是先执行循环体。因此流程图的基本形状有两种，如图 3-3 所示。

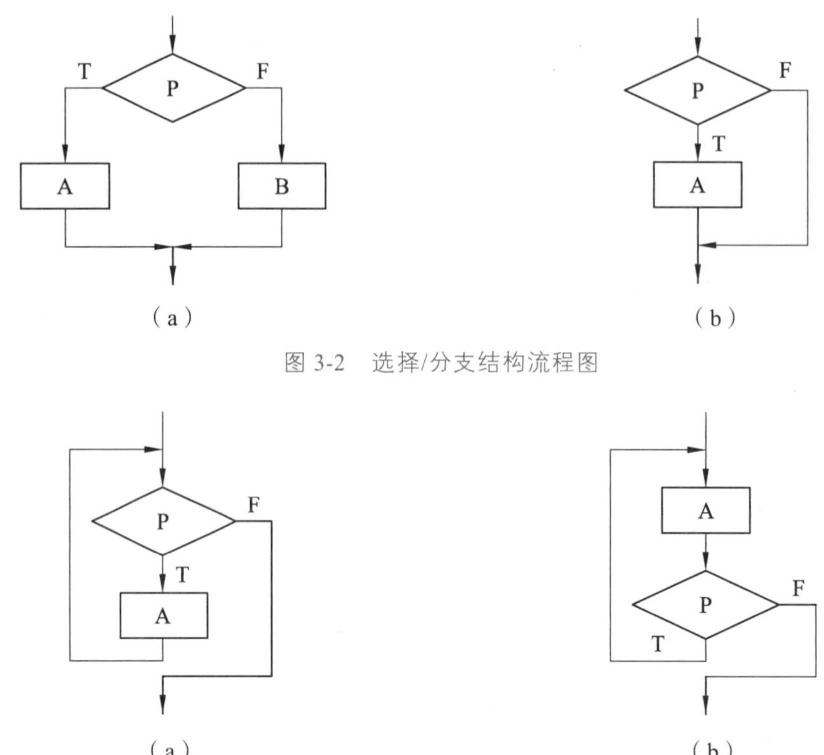

图 3-2 选择/分支结构流程图

图 3-3 循环结构流程图

✧ 当型循环结构。

如图 3-3（a）所示，其执行顺序为：先判断条件 P 是否成立，如果条件 P 成立，结果为真（T），执行 A，然后再判断条件 P，若 P 还是为真，继续执行 A，如此反复执行 A，一旦条件 P 为假（F），立即结束循环。

✧ 直到型循环结构。

如图 3-3（b）所示，其执行顺序为：先执行 A，再判断条件 P 是否成立，若条件 P 成立，结果为真（T），则继续执行 A，然后再判断条件 P，若 P 还是为真，则反复执行 A，直到给定的条件 P 为假（F）为止，即条件 P 一旦为假，立即结束循环。

例 **3-3** 将例 3-2 所描述的问题用流程图来表示，如图 **3-4** 所示。

3. N-S 流程图

1972 年，美国学者 I.Nassi 和 B.Shneiderman 提出了一种在流程图中完全去掉流程线，全部算法写在一个矩形框内，在框内还可以包含其他框的流程图形式。即由一些基本的框组成一个大的框，这种流程图又称为 N-S 结构流程图（以提出者名字首字母命名）。N-S 流程图包括顺序、选择和循环三种基本结构，如图 3-5 所示。

4. 伪代码

伪代码是一种接近程序语言的算法描述方法，用介于自然语言和计算机语言之间的文字和符号描述算法。伪代码既可用英文，也可以用中文，还可中英文混用，没有固定的语法规则，只要便于书写和阅读，且把意思表述清楚即可。

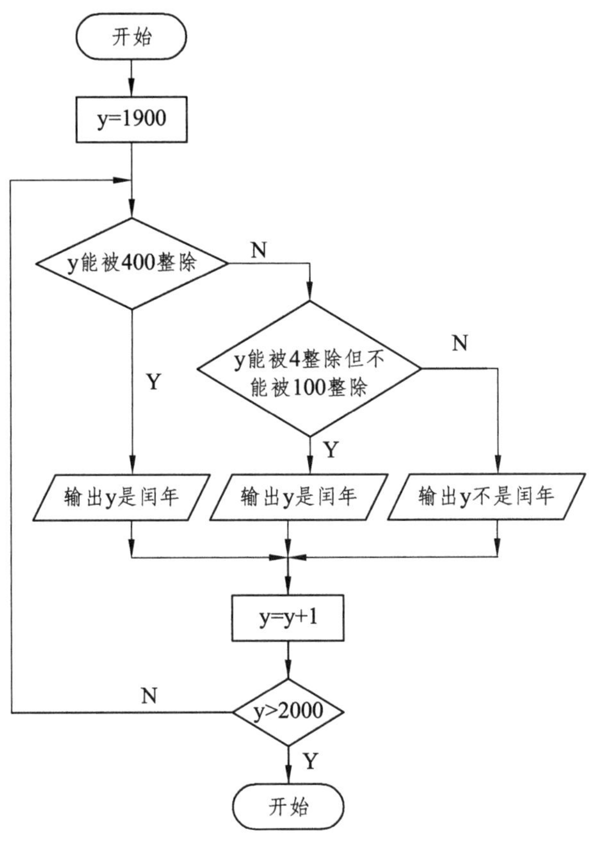

图 3-4 例 3-2 流程图

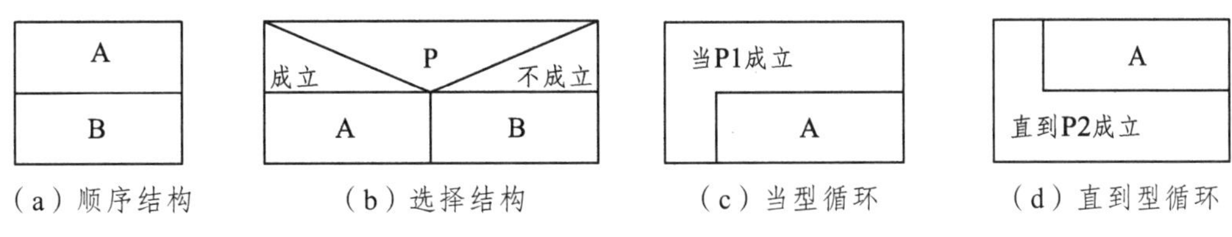

（a）顺序结构 （b）选择结构 （c）当型循环 （d）直到型循环

图 3-5 N-S 流程图

例 **3-4** 将例 3-2 的算法用伪代码表示。

```
begin                             /*算法开始*/
1900=>y
while (y≤2000)
{
    if y 能被 400 整除
            print y"是闰年"
    else
        if y 能被 4 整除但不能被 100 整除
            print y"是闰年"
        else
```

```
            print y"不是闰年"
        end if
end if
    y+1=>y
}
end                              /*算法结束*/
```

3.3 顺序结构

顺序结构是最简单的程序结构，也是结构化程序设计中最常用的程序结构，只要按照解决问题的顺序写出相应的语句就行，它的执行顺序是自上而下，依次执行。

例 **3-5** 从键盘上输入一个 4 位正整数，然后逆序输出，如输入 1234，输出为 4321。

基本思路：整数拆分的关键在于如何拆分出正整数的各个数位上的数字。将输入的正整数整除 1 000 得到千位上的数字，再将余数整除 100 得到百位上的数字，再将余数整除 10 得到十位上的数字，此时余数即个位上的数字。最后输出逆序排列的结果。

```c
#include <stdio.h>
int main(void)
{
    int a, b, c, d, num;
    printf("请输入一个 4 位正整数:\n");
    scanf("%d", &num);
    a = num / 1000;
    num = num % 1000;
    b = num / 100;
    num = num % 100;
    c = num / 10;
    d = num % 10;
    printf("逆序输出为%d%d%d%d\n", d, c, b, a);
    return 0;
}
```

程序运行结果：

```
[root@swjtu-kp chpt-3]# ./chpt3-5
请输入一个4位正整数:
1234
逆序输出为4321
```

3.4 选择结构

选择结构也叫分支结构，是结构化程序设计的 3 种基本结构之一，其作用是根据给定的条件是“真”还是“假”，决定后面的操作或做进一步判断。比如有下面的要求：

任意输入一个整数，判断这个数是不是位于 30 到 100 之间的一个奇数，如果是，则在屏幕上输出“通过验证”；如果不是，则在屏幕上输出“该数不合法”。

这是一个典型的用选择结构来处理的问题，那么其中的条件“30 到 100 之间的一个奇数”如何用语句来描述呢？在 C 语言中要借助关系表达式和逻辑表达式来实现。假设这个数是 x，这个条件为 `x>=30&&x<=100&&x%2==1`，如果 x 满足条件，整个表达式的结果就为真；如果不满足条件，整个表达式的结果就为假。

下面详细介绍关系运算符、逻辑运算符和条件运算符的应用。

3.4.1　关系运算符与关系表达式

在程序中经常需要比较两个量的大小关系，以决定程序下一步的工作。比较两个量的运算符称为关系运算符。C 语言提供了<、>、<=、>=、==、!=六种关系运算符。用关系运算符将两个操作数或表达式连接起来的式子，称为关系表达式。

1. 关系表达式的值

（1）关系表达式的结果为逻辑值，即“真”或“假”。

（2）在 C 语言中没有逻辑型数据，它用 **0** 表示“假”，**1** 表示“真”。因此，关系运算和逻辑运算的结果只可能是 0 或 1。

2. 关系运算符的优先级与结合性

（1）6 种关系运算符优先级如表 3-2 所示。

表 3-2　关系运算符优先级

运算符	含　义	优先级	
<	小于	优先级相同	高
<=	小于或等于		
>	大于		
>=	大于或等于		
==	等于	优先级相同	低
!=	不等于		

（2）与其他运算符优先级的关系：

算术运算符→关系运算符→赋值运算符（→表示高于）

例如：

✧ 算术运算符优先级高于关系运算符，则 `c<a+b` 等效于 `c<(a+b)`。

✧ 关系运算符优先级高于赋值运算符，则 `a=b<c` 等效于 `a=(b<c)`。

（3）关系运算符的结合性。

优先级相同时，从左往右计算，即左结合性。

例如：

`a>b>c==d` 等效于 `((a>b)>c)==d`

注意这个式子不是 a 大于 b 大于 c，而是从左到右依次判断两个操作数的关系是否成立。

3. 关系运行符使用举例

若 `int a=3,b=2,c=1,f ;`，则运算结果如表 3-3 所示。

表 3-3 关系运算结果

表达式	结 果	说 明
a>b	结果为 1，表示真	a 大于 b，关系成立，即为真
a>b==c	结果为 1，表示真	先判断 a>b，结果为真，即为 1； 再判断 1==c，关系成立，结果为真
f=a>b>c	f=0	先判断 a>b，结果为真，即为 1； 再判断 1>c，关系不成立，结果为假，即为 0； 最后将 0 赋给 f
printf("%d", 1<2);	输出结果为：0	1<2 关系不成立，结果为假

3.4.2 逻辑运算符与逻辑表达式

逻辑运算又称布尔运算，逻辑运算符常与关系运算符结合使用，用于描述复杂条件。C 语言提供了**!**、**&&**、**||**三种逻辑运算符，分别称为**逻辑非**、**逻辑与**、**逻辑或**。用逻辑运算符连接起来的式子成为逻辑表达式。

1. 逻辑表达式的值

（1）逻辑表达式计算的结果为逻辑值，即“真”或“假”。表 3-4 为三种逻辑表达式的结果。

表 3-4 逻辑表达式的值

表达式	结 果
!a	当 a 为假时，结果为真；当 a 为真时，结果为假
a&&b	当 a 和 b 都为真时，结果为真；其他情况都为假
a||b	当 a 和 b 都为假时，结果为假；其他情况都为真

（2）在 C 语言中表示逻辑运算结果，**1** 代表“真”；**0** 代表“假”。

（3）判断一个量是否为“真”时，非 0 为“真”；0 为“假”。

2. 逻辑运算符的优先级和结合性

（1）3 种逻辑运算符的优先级：

逻辑非！→逻辑与&&→逻辑或||（→表示高于）

（2）与其他运算符的优先级关系：

!→算术运算符→关系运算符→&&→||→赋值运算符（→表示高于）

例如：

`a=!b+2>=3||c+1<3` 等效于 `a=((((!b)+2)>=3) || ((c+1)<3))`

设 `b=3`，`c=1`，则运算后 `a=1`。

（3）逻辑运算符的结合性。

优先级相同时：**&&**和**||**结合方向为从左向右算，即左结合性；**!**为单目运算符，是右结合性。

3. 逻辑运行符使用举例

用 C 语言表达式表示下列条件：

（1）x 的取值区间为[a,b]。

表达式：`(x>=a&&x<=b)==1` 或 `(x>=a&&x<=b)`

说明：由于关系运算符优先级高于逻辑运算符，所以先算 x>=a 和 x<=b；&&运算要求 x>=a 和 x<=b 同时成立时，结果才为真，也就是 1，因此该表达式可以理解为 x 大于等于 a，并且 x 小于等于 b。

（2）变量 c 不是数字字符。

表达式：`(c<'0'||c>'9')==1` 或 `(c<'0'||c>'9')`

说明：数字字符的范围在数字“0”到数字“9”之间，字符常量表示时，要求写在一对单引号之间，或者用对应的 ASCII 码表示。此题还可写成(c<48||c>57)==1。||运算，只要 c<'0' 和 c>'9'其中任意一个为真，结果即为真，也就是 1。因此该表达式可理解为 c 小于字符 0（即 c 的 ASCII 码小于 48），或者 c 大于字符 9（即 c 的 ASCII 码大于 57）。

（3）a 是大于 30，且不大于 100 的奇数。

表达式：`(a>30&&a<=100&&a%2!=0)==1` 或 `(a>30&&a<=100&&a%2!=0)`

说明：a 大于 30 且不大于 100，即为 a>30&&a<=100；a 为奇数，a 不能被 2 整除，即 a 除以 2 的余数不为 0，a%2!=0；&&运算，优先级相同时从左往右算，上述式子相当于((a>30&&a<=100) && a%2!=0)==1，相当于三个条件都为真时，结果才为真。

（4）year 为闰年。

表达式：`((year%4==0&&year%100!=0)||(year%400==0))==1` 或
`(year%4==0&&year%100!=0)||(year%400==0)`

说明：闰年的条件是符合下面二者之一：该年能被 4 整除，但不能被 100 整除，如 2012；或者能被 400 整除，如 2000。该表达式的运算顺序：有括号先算括号内的；括号内先算算术运算，即%，再算关系运算，即==和！=，最后算逻辑运算，即&&。

4. 逻辑表达式计算优化

“逻辑表达式计算优化”指的是在逻辑表达式求值过程中，一旦能确定整个逻辑表达式的结果，就不再计算后续表达式的值，将其称为短路与和短路或。

例如：

设 `int a=0,b=2,c=1;`求下列表达式的值及各变量的值：

（1）`a&&b++&&--c`。

结果：表达式的值为 0，a=0，b=2，c=1。

说明：&&运算，只要有一个操作数为 0，则结果为 0。

所以本题中因 a 的值为 0，可直接确定整个表达式的值为 0。此时不再做 b++和 c--的计算，从而 b 和 c 的值不变。

（2）`a||b--||c++`。

结果：表达式的值为 1，a=0，b=1，c=1。

说明：||运算，只要有一个操作数为 1，则结果为 1。

本题中先算 a||b--，a 值为 0，b--值为 1，则表达式结果为 1。此时不再做 c++计算，从而 c 的值不变。

（3）x=a<b||c++。

结果：x=1，a=0，b=2，c=1。

说明：先算 a<b，其值为 1，则 x=1，c 不变。

3.4.3 条件运算符和条件表达式

1. 条件表达式

条件运算符?:是 C 语言中唯一的三目运算符，它要求有三个操作对象。其构成的条件表达式形式为

表达式 1? 表达式 2: 表达式 3

该表达式的求解顺序如下：

（1）先求解表达式 1；

（2）若其值为真（非 0），则将表达式 2 的值作为整个表达式的值；若其值为假（0），则将表达式 3 的值作为整个表达式取值。

例如：

求两个数 a、b 的最大值，将较大的数赋给 max。

表达式为 max=(a>b)? a:b。

2. 条件运算符的优先级和结合性

1）优先级

条件运算符优先级高于赋值、逗号运算符，低于其他运算符。

例如：

✧ `m<n ? x : a+3` 等效于`(m<n) ?(x) :(a+3)`

✧ `a++>=10 && b-->20 ? a : b` 等效于`(a++>=10 && b-->20) ? a : b`

✧ `x=3+a>5 ? 100 : 200` 等效于 `x= (( 3+a>5 ) ? 100 : 200 )`

2）结合性

当一个表达式中出现多个条件运算符时，结合方向为自右至左，即应该将位于最右边的问号与离它最近的冒号配对，并按这一原则正确区分各条件运算符的运算对象。

例如：

```
w<x ? x+w : x<y ? x : y
```

等效于

```
(w<x)?(x+w):( x<y?x:y)
```

3.4.4 if 语句

if 语句也称为条件语句，是用来判定所给的条件是真还是假，然后决定执行给出的两种操作之一。

C 语言提供了三种基本形式的 if 语句：单分支、双分支和多分支，这三种形式可单独使用。如果 if 语句（基本型）中又包含一个或多个 if 语句（基本型），则称为 if 语句的嵌套。

1. if 单分支语句

（1）语法格式：

if(条件) 语句

（2）说明：

✧ 执行过程。当条件为“真”时，执行语句；当条件为“假”时，跳过语句，而直接执行整个 if 语句后的其他语句，如图 3-6 所示。

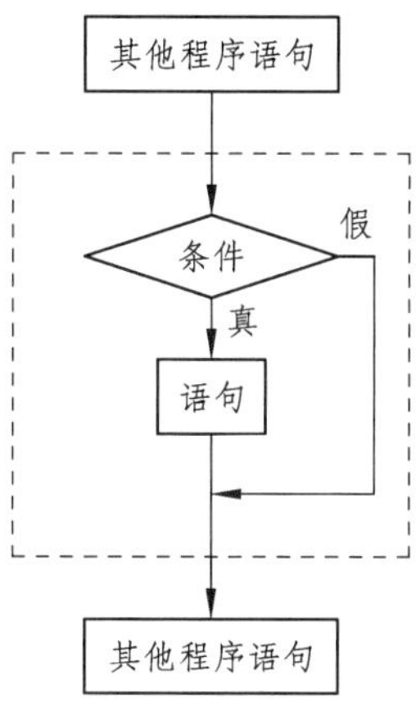

图 3-6 if 单分支语句

✧ 条件表达式的结果为逻辑值。

✧ 语句如果有多条语句，要用一对花括号“{}”将其括起来，成为一个复合语句。

（3）if 单分支语句应用举例。

例 **3-6** 比较 a、b 两个数的大小，将较大数赋给 max。

方法一基本思路：该方法思路较明确，接近人们平时的思维模式。下面的程序用自然语言描述就是：如果 a 大于等于 b，将 a 赋给 max；如果 a 小于 b，将 b 赋给 max。

```
#include <stdio.h>
int main(void)
{
    int a, b, max;
    a = 1;
    b = 2;
    if (a >= b)
        max = a;
    if (a < b)
         max = b;
     printf("%d", max);
     return 0;
}
```

方法二基本思路：假设 max=a，判断 if 后的条件，如果 a<b，则执行 max=b，输出的 max 为 b 的值；如果 a>b，则跳过 max=b，直接执行 print，输出 max 为 a 的值。

```c
#include <stdio.h>
int main(void)
{
    int a, b, max;
    a = 1;
    b = 2;
    max = a;
    if (a < b)
        max = b;
    printf("%d", max);
    return 0;
}
```

例 **3-7** 输入一个三位数，求其各位上数字能组成最大的三位数。例如，输入 263，则输出为 632。

基本思路：① 输入一个三位数，存入变量 x；② 然后将这个三位数的各位数字分离出来，个位赋给 x0，十位赋给 x10，百位赋给 x100；③ 用 if 语句比较三个数的大小，三条 if 语句执行完后，最大的放在 x100 中，次大的放在 x10 中，最小的放在 x0 中；④ 重新组合 x100、x10 和 x0，然后将结果赋给 max，最后输出 max 的值。

```c
#include <stdio.h>
int main(void)
{
    int x0, x10, x100, x, t, max;
    printf("请输入一个三位数：");
    scanf("%d", &x);
    x0 = x % 10, x10 = x % 100 / 10, x100 = x / 100;
    if (x100 < x10)
        t = x100, x100 = x10, x10 = t;
    if (x100 < x0)
        t = x100, x100 = x0, x0 = t;
    if (x10 < x0)
        t = x10, x10 = x0, x0 = t;
    max = 100 * x100 + 10 * x10 + x0;
    printf("%d\n", max);
    return 0;
}
```

程序运行结果：

```
[root@swjtu-kp chpt-3]# ./chpt3-7
请输入一个三位数：123
321
```

2. if 双分支语句

（1）语法格式：

if(条件)语句 1　else 语句 2

（2）说明：

✧ 执行过程。当条件结果为“真”时，执行语句 1；当条件结果为“假”时，执行语句 2。if 语句的双分支形式如图 3-7 所示。

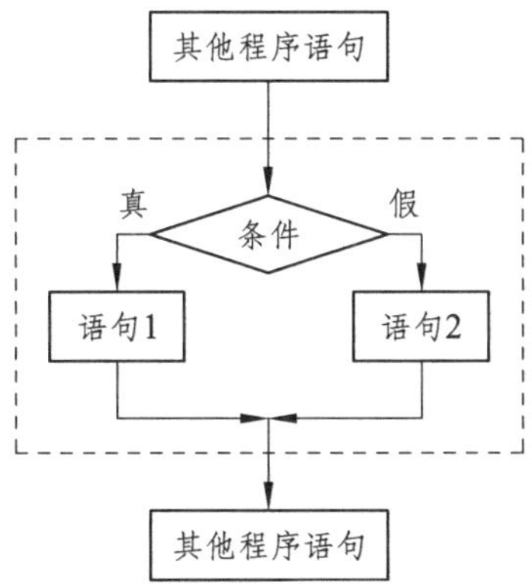

图 3-7　if 双分支语句

✧ 语句 1 和语句 2 都可以是复合语句。

（3）if 双分支语句应用举例。

例 **3-8** 比较 a、b 两个数的大小，将较大值赋给 max。

```
#include <stdio.h>
int main(void)
{
    int a, b, max;
    a = 1;
    b = 2;
    if (a > b)
        max = a;
    else
        max = b;
    printf("%d", max);
    return 0;
}
```

注意：C 语言书写时，形式比较自由，可将多条语句写在一行；也可将一条语句写成多行。一般为了认读方便，特别是语句较多时，会分多行书写，还会做些缩进，以体现语句的层次结构。如例 3-8 中第 7～10 行是一个双分支语句，可写成如表 3-5 所示的 3 种形式。

表 3-5　单行多行写法比较

写法 1（单行书写）	写法 2（多行书写）	写法 3（多行书写，有缩进，使语句更容易识别）

`if(a>b) max=a;else max=b;`	`if(a>b)ax=a;`
	`else max=b;`
		`if(a>b)`
		`    max=a;`
		`else`
		`    max=b;`

程序说明：

该程序可用“条件运算”“单分支 if”“双分支 if”三种方法来做，表 3-6 所示为这几种语句的部分程序，请读者比较其语法结构上的区别。

表 3-6　三种做法

用条件运算符	用 if 单分支	用 if 双分支
`max=(a>b)? a:b`	`max=a;` `if(a<=b) max=b;`	`if(a>b) max=a;` `else max=b;`

例 **3-9** 判断用变量 year 表示的某年是否为闰年。

```
#include <stdio.h>
int main(void)
{
    int year;
    printf("请输入年份：");
    scanf("%d", &year);
    if ((year % 4 == 0&& year % 100 != 0) || year % 400 == 0)
        printf("是闰年\n");
    else
         printf("不是闰年\n");
     return 0;
}
```

程序运行结果：

```
[root@swjtu-kp chpt-3]# ./chpt3-9
请输入年份：2008
是闰年
```

3. if 多分支语句

（1）语法格式：

```
if(条件 1) 语句 1
```

```
else if(条件 2) 语句 2
else if(条件 3) 语句 3
……
else if(条件 n) 语句 n
else 语句 n+1
```

（2）说明：

✧ 执行过程。当条件 **1** 成立时，执行语句 **1**；当条件 **1** 不成立时，判断条件 **2**；当条件 **2** 成立时，执行语句 **2**；当条件 **2** 不成立时，判断条件 **3**；以此类推。如果一直到条件 **n** 都不成立，就执行语句 **n+1**，如图 3-8 所示。

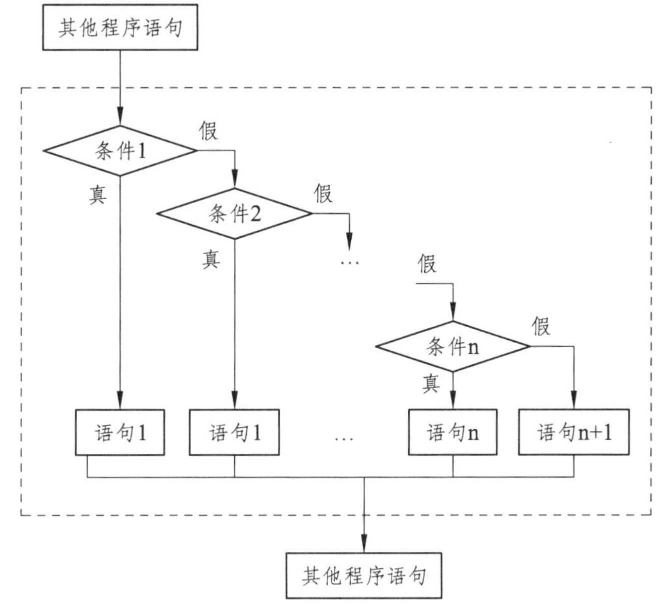

图 3-8　if 多分支语句

特别说明：

条件的判断有层级关系，是在前面条件不成立的情况下才会判断后面的条件，比如当条件 1 成立后，执行语句 1，然后就直接跳出 if 语句，执行后面的其他程序语句，条件 2、3 等根本就不会被执行到。

✧ 语句 1……语句 n+1 都可为复合语句。

（3）if 多分支语句应用举例。

例 **3-10** 比较 a、b、c 三个数的大小，将最大值赋给 max。

基本思路：① 如果 `a>b` 并且 `a>c`，那么 a 就是最大的，将它赋给 max；② 在前一个条件不成立的情况下，如果 `b>a` 并且 `b>c`，那么最大的就是 b，将它赋给 max；③ 如果上述两个条件都不成立，则执行最后一个 else 后的语句 `max=c`。

```
#include <stdio.h>
int main(void)
{
```

```
    int a, b, c, max;
    printf("输入三个整数:");
    scanf("%d%d%d", &a, &b, &c);
    if (a > b && a > c)
        max = a;
    else if (b > a && b > c)
         max = b;
     else
         max = c;
     printf("最大数是: %d\n", max);
     return 0;
}
```

程序说明：

多分支的 if 语句，只执行某个条件成立后的语句，其他语句都不执行，也就是不管有多少分支，它只会执行其中一个分支。

设 `a=3,b=2,c=1`，那么在执行完 `max=a` 后就直接执行 printf 那一句，中间的 else 跳过不执行。

程序运行结果：

```
[root@swjtu-kp chpt-3]# ./chpt3-10
输入三个整数:3 2 1
最大数是: 3
```

设 `a=2,b=3,c=1`，那么由于第一个条件（a>b&&a>c）不成立，所以才判断第二个条件（b>a&&b>c），执行完 max=b 直接执行 printf 那一句，跳过最后一个 else。

程序运行结果：

```
[root@swjtu-kp chpt-3]# ./chpt3-10
输入三个整数:2 3 1
最大数是: 3
```

例 **3-11** 百分制成绩转换成五级计分制成绩。即用 A、B、C、D、E 分别表示 100~90、89~80、79~70、69~60、59~0。

```
#include <stdio.h>
int main(void)
{
    int score;  /*保存输入的百分制成绩*/
    char grade; /*保存五级计分制成绩*/
    printf("输入一个成绩: ");
    scanf("%d", &score);
    if (score >100 || score <0) /*对输入的成绩有效性进行判断*/
    {
        printf("输入百分制成绩无效\n");
```

```
11          return1;
12      }
13      if (score >= 90)
14          grade = 'A';
15      else if (score >= 80)
16          grade = 'B';
17      else if (score >= 70)
18          grade = 'C';
19      else if (score >= 60)
20          grade = 'D';
21      else
22          grade = 'E';
23      printf("%d 分，等级为%c\n", score, grade);
24      return 0;
25  }
```

程序运行结果：

```
[root@swjtu-kp chpt-3]# ./chpt3-11
输入一个成绩：89
89分，等级为B
```

程序说明：

✧ 程序首先判断输入的数据是否有效，若无效，则用 return 语句结束程序，输入有效再做后面的转换。

✧ 程序 13~22 行还可写成下面两种形式：

```
if(score<=100&&score>=90) grade='A';
else if(score<=89&&score>=80) grade='B';
else if(score<=79&&score>=70) grade='C';
else if(score<=69&&score>=60) grade='D';
else grade='E';
```

```
if(score<60) grade='E';
else if(score<70) grade='D';
else if(score<80) grade='C';
else if(score<90) grade='B';
else grade='A';
```

✧ 程序 13~22 行如果写成下面形式，为错误。因为这是 5 条单分支语句，每一条都会执行，所以不管输入多少分，都会执行最后一句 E。

```
if(score>=90) grade='A';
if(score>=80) grade='B';
if(score>=70) grade='C';
```

```
if(score>=60) grade='D';
if(score>=0) grade='E';
```

✧ 请读者考虑，如果把语句写成下面的形式，是否正确呢？

```
if(score>=0) grade='E';
if(score>=60) grade='D';
if(score>=70) grade='C';
if(score>=80) grade='B';
if(score>=90) grade='A';
```

4. if 语句嵌套

在 if 语句中又包含一个或多个 if 语句称为 if 语句的嵌套。

（1）语法格式：

```
if（条件）
    内嵌 if 语句
else
    内嵌 if 语句
```

（2）说明：

✧ 内嵌形式。“内嵌的 if 语句”可以为前面讲的三种基本形式（单分支、双分支、多分支）中的任意一种。

✧ 配对关系。if 语句的嵌套形式中，可能会出现多个 if 和多个 else 重叠的情况，这时要特别注意 if 和 else 的配对问题。C 语言规定，**else 总是与它前面最近的还没有配对的 if 配对**。注意表 3-7 中，即使没有任何缩进，读者也能准确判断出 if 和 else 的配对关系。表 3-7 中同时给出了正确的嵌套形式和错误的嵌套形式，两种理解的结果是不同的。

在书写程序语句时，如果有嵌套形式，最好用“{ }”限定内嵌语句的范围，以免出错。

表 3-7　嵌套形式比较

<table>
<tr><th>原　型</th><th>嵌套：正确理解</th><th>嵌套：错误理解</th></tr>
<tr><td><pre>m=0;
if(a<b)
if(a<c)
m=10;
else
m=20;
printf("m=%d",m);</pre></td><td><pre>m=0;
if(a<b)
    { if(a<c)
          m=10;
    else
          m=20;
    }
printf("m=%d",m);</pre></td><td><pre>m=0;
if(a<b)
  { if(a<c)
        m=10;
  }
else
        m=20;
printf("m=%d",m);</pre></td></tr>
<tr><td>当 a=2;b=1;c=3;时，结果：m=0</td><td>当 a=2;b=1;c=3;时，结果：m=0</td><td>当 a=2;b=1;c=3;时，结果：m=20</td></tr>
<tr><td>当 a=2;b=3;c=1;时，结果：m=20</td><td>当 a=2;b=3;c=1;时，结果：m=20</td><td>当 a=2;b=3;c=1;时，结果：m=0</td></tr>
<tr><td>当 a=1;b=2;c=3;时，结果：m=10</td><td>当 a=1;b=2;c=3;时，结果：m=10</td><td>当 a=1;b=2;c=3;时，结果：m=10</td></tr>
</table>

（3）if 语句的嵌套应用举例。

例 **3-12** 比较 a、b、c 三个数的大小，将最大值赋给 max。

方法一：用“if 语句的嵌套”形式实现。该题用这种方法做并不是最好的，但希望读者从这个例子中看出嵌套的结构特点。

```
#include <stdio.h>
int main(void)
{
    int a, b, c, min, max;
    scanf("%d%d%d", &a, &b, &c);
    if (a < b)
    {
        if (b < c)
            max = c, min = a;
        else
        {
            max = b;
            if (a < c)
                min = a;
            else
                min = c;
        }
    }
    else
    {
        if (a < c)
            max = c, min = b;
        else
        {
            max = a;
            if (b < c)
                min = b;
            else
                min = c;
        }
    }
    printf("max=%d,min=%d\n", max, min);
    return 0;
}
```

程序运行结果：

```
[root@swjtu-kp chpt-3]# ./chpt3-12
7 6 9
max=9,min=6
```

方法二：本题也可以用“if 语句单分支”形式来做，参考例 3-7。

3.4.5 switch 语句

C 语言中，switch 语句是开关语句，一般与 case、break、default 配合使用，对程序流程进行控制。

1. 语法格式

```
switch(表达式)
  {  case 常量表达式 1: [语句序列 1]; [break;]
     case 常量表达式 2: [语句序列 2]; [break;]
      …
     case 常量表达式 n: [语句序列 n]; [break;]
     [default:语句序列]
  }
```

2. switch 语句要点

（1）执行顺序：当表达式的值与某一个 case 后面的常量表达式的值相等时，就执行此 case 后面的语句；如果遇到 break 语句，就结束整个 switch 语句；若所有的 case 中的常量表达式的值都没有与表达式的值匹配的，就执行 default 后面的语句。

（2）switch 后括号内的表达式，为任意复合 C 语言语法规则的表达式，但其值只能是整型或字符型。

（3）在一个 switch 中可以有任意数量的 case 语句。每个 case 后是一个要比较的值和冒号。

（4）case 后的类型必须与 switch 中的变量具有相同的数据类型，且必须是一个整型常量或字符常量。

（5）每个 case 后的常量表达式的值必须互不相同，否则就会出现互相矛盾的现象。

（6）当被测试的变量等于 case 中的常量时，case 后跟的语句将被执行，直到遇到 break 语句才会停止。否则，从执行处接着往后执行，不会再判断条件。

（7）不是每一个 case 都需要包含 break。如果 case 语句不包含 break，控制流将会继续后续的 case，直到遇到 break 为止，控制流跳转到 switch 语句后的下一行。

（8）“default”和各个“case”出现的次序不影响执行结果；如果不需要，default 可省略不写。

3. switch 开关语句应用举例

例 **3-13** 输入年份，判断该年的生肖。

基本思路：假设已经知道 2008 年为鼠年，那么可以该年为基准，以 12 为周期进行推算。

```
#include <stdio.h>
int main(void)
```

```
{
    int year;
    scanf("%d", &year);
    if (year >= 2008)
        year = (year - 2008) % 12;
    else
        year = 12 - (2008 - year) % 12;
    switch (year)
    {
    case 0:
        printf("鼠");
        break;
    case 1:
        printf("牛");
        break;
    case 2:
        printf("虎");
        break;
    case 3:
        printf("兔");
        break;
    case 4:
        printf("龙");
        break;
    case 5:
        printf("蛇");
        break;
    case 6:
        printf("马");
        break;
    case 7:
        printf("羊");
        break;
    case 8:
        printf("猴");
        break;
    case 9:
        printf("鸡");
        break;
```

```
    case 10:
        printf("狗");
        break;
    case 11:
        printf("猪");
        break;
    }
    printf("\n");
    return 0;
}
```

程序运行结果：

```
[root@swjtu-kp chpt-3]# ./chpt3-13
2023
兔
```

程序说明：

如果去掉 case 8 和 case 9 后的 break;语句，那么当变量 year 的值为 8 时，程序将会输出猴鸡狗。因为 case 后如没有 break 语句，程序就不停止，一直执行到 break 才会停止，否则一直执行到整个 switch 语句结束。

例 **3-14** 判断输入字符是元音字符、空白字符还是其他字符。

```
#include <stdio.h>
int main(void)
{
    char c;
    printf("输入一个字符：");
    scanf("%c", &c);
    switch (c)
    {
    default:
        printf("这是其他字符\n");
        break;
     case'a':
     case'A':
     case'e':
     case'E':
     case'i':
     case'I':
     case'o':
     case'O':
```

```
    case'u':
    case'U':
        printf("这是元音字母\n");
        break;
    case' ':
    case'\n':
    case'\t':
        printf("这是空白符\n");
        break;
    }
    return 0;
}
```

程序运行结果：

```
[root@swjtu-kp chpt-3]# ./chpt3-14
输入一个字符：a
这是元音字母
```

程序说明：

✧ 注意 case 后的常量的写法。每个 case 后只能写一个常量，每种情况都要单独用一个 case 写出来。

✧ case ‘a’到 case ‘U’都共用 printf(“这是元音字母”)。

✧ case ‘ ’到 case ‘\t’都共用 printf(“这是空白符”)。

✧ 当变量 c 的值和所有 case 后列出的常量值都不相符的话，就执行 default 后的语句。

✧ **default** 位置不影响程序，放在所有 case 后面更符合通常的思维方式。

3.5 循环结构

在不少实际问题中有许多具有规律性的重复操作，在程序中就需要重复执行某些语句。一组被重复执行的语句称之为循环体，能否继续重复，取决于循环的终止条件。循环语句是由循环体及循环的终止条件两部分组成的。要使用循环语句，必须确定循环体和条件两个重要因素，即要重复执行哪些语句，重复到什么时候为止。

3.5.1 for 循环

1. 语法格式

for (①循环变量赋初值；②循环结束的条件；③循环变量值的改变)

④循环体语句

2. 说 明

（1）执行顺序。

for 循环结构语句执行流程如图 3-9 所示。

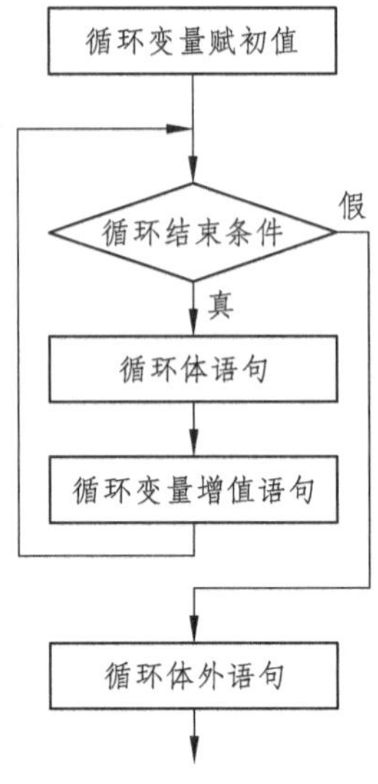

图 3-9　for 循环流程图

- ✧ 先执行①循环变量赋初值；
- ✧ 再判断②循环结束的条件；
- ✧ 如果条件成立，执行④循环体语句；
- ✧ 再返回上面执行③循环变量增值；
- ✧ 后面重复②④③语句；
- ✧ 直到条件不成立，跳出整个 for 循环。

（2）for 循环中的①循环变量赋初值可省略，但后面的 `;` 不能省略。如果省略，则要求循环变量在 for 之前已经赋值。另外，该处也可写与循环变量无关的其他表达式。

（3）for 循环中的②循环结束的条件可省略，但后面的 `;` 不能省略。

- ✧ 如果省略，即无循环结束的条件，循环将无终止地执行下去。
- ✧ 如果省略，还可用 break 语句替代其功能（在 3.5.6 节详细说明）。

该处可以是关系、逻辑、数值、字符表达式，只要值不为 0 就执行循环体。

（4）for 循环中的③循环变量值的改变可省略，但后面的;不能省略。如果省略，应在④循环体语句中设置变量值的改变，否则循环可能无法结束。另外，该处也可写与循环变量无关的其他表达式。

（5）for 循环中的①②③都可省略，如 `for( ; ; )`，表示无限循环。

（6）④循环体语句如果超过一句，应加上花括号“{}”构成复合语句。

3. for 循环语句应用举例

例 **3-15** 输入 10 个数，求这 10 个数的和，然后输出结果。

```
#include <stdio.h>
int main(void)
{
    float count, sum, x;
    printf("输入 10 个数：");
```

```
    for (count = 0, sum = 0; count <10; count++)
    {
        scanf("%f", &x);
        sum += x;
     }
     printf("结果为%g\n", sum);
     return 0;
}
```

程序运行结果：

```
[root@swjtu-kp chpt-3]# ./chpt3-15
输入10个数: 1 2 3 4 5 6 7 8 9 10
结果为55
```

程序说明：

（1）该例中，count=0,sum=0; 还可写为 count=sum=0。

（2）该例中，可省略①循环变量赋初值和③循环变量值的改变，即将①循环变量赋初值放在循环体之前进行，将③循环变量值的改变放在循环体中进行。修改后程序如下：

```
count = sum = 0;
for (; count <10;)
{
    scanf("%f", &x);
    sum += x;
    count++;
}
```

（3）循环结束时，**count** 的值为 **10**。注意循环的执行顺序：count 最后自增为 10 后，再判断 count<10 这个条件不成立，这时才跳出循环。

（4）循环体语句执行了 **10** 次。当 count=0 时，第 1 次执行循环体语句；当 count=9 时，第 10 次执行循环体语句；当 count=10 时，跳出循环。

例 **3-16** 求阶乘，编程求 10！。

```
#include <stdio.h>
int main(void)
{
    int i, s;
    for (i = 1, s = 1; i <= 10; i++)
        s *= i;
    printf("10!=%d\n", s);
    return 0;
}
```

程序运行结果：

```
[root@swjtu-kp chpt-3]# ./chpt3-16
10!=3628800
```

程序说明：

（1）跳出循环时，i=11；循环体共执行了 10 次。

（2）本题中，变量 i 也可从 2 开始。

（3）要计算更大数的阶乘，最好用 double 类型，否则可能出现运算结果错误。

（4）循环体语句只有一句 `s*=i;`所以可以不用加花括号。

例 **3-17** 求阶乘的和，编程求 1! +2! +……10!。

基本思路：本题把例 3-15 和例 3-16 的要求融合在一起，用循环实现累加和累乘。很多程序都是在累加和累乘的基础上实现的，请读者在初学时，多练习写相关的程序，以更好地理解程序设计中循环的解题思想。如求 100~200 间所有的奇数和；求 10~20 间所有偶数的乘积等。

```
#include <stdio.h>
int main(void)
{
    longint i, s, sum;
    for (i = 2, s = 1, sum = 1; i <= 10; i++)
    {
        s *= i;
        sum += s;
    }
     printf("1!+2!+3!+…+10!=%d\n", sum);
     return 0;
}
```

程序运行结果：

```
[root@swjtu-kp chpt-3]# ./chpt3-17
1!+2!+3!+…+10!=4037913
```

例 **3-18** 输出所有水仙花数。水仙花数为一个三位数，该三位数每位数字的立方和等于该数本身。编程求出所有三位水仙花数。

基本思路：三位数即表示范围在 100 到 999 之间，可以用 for 循环来表示，结构上非常清晰。该题也用 while 循环来实现，读者可以自己尝试写出程序，比较这两种循环表达上的差异。

```
#include <stdio.h>
int main()
{
    int i, a, b, c;
    for (i = 100; i <= 999; i++)
    {
        a = i % 10;
        c = i / 100;
```

```
        b = i % 100 / 10;
         if (i == a * a * a + b * b * b + c * c * c)
            printf("%d \n", i);
    }
    return 0;
}
```

程序运行结果：

```
[root@swjtu-kp chpt-3]# ./chpt3-18
153
370
371
407
```

例 **3-19** 输入任意字符，并将刚才输入的字符输出，如果想结束输入，则输入字母 t。

```
#include <stdio.h>
int main(void)
{
    char c;
    for (; (c = getchar()) != 't';)
        printf("%c", c);
    printf("\n");
    return 0;
}
```

程序说明：

（1）该题省略了循环变量赋初值和循环变量值的改变，只保留了中间一部分。

（2）循环体语句只有一句 `printf(“%c”,c);`，后面的 `printf("\n");`是循环外的语句，要在整个循环结束后才会执行。

（3）循环执行时，函数 getchar()获取从键盘上输入的字符，赋给变量 c，然后判断如果变量 c 不等于字母 t，则执行循环体语句。

（4）每输入一个字符，按回车键，程序运行结果：

```
[root@swjtu-kp chpt-3]# ./chpt3-19
a
a
s
s
t
```

（5）连续输入一串字符，最后一个输入 t，然后按回车键，程序运行结果：

```
[root@swjtu-kp chpt-3]# ./chpt3-19
ast
as
```

3.5.2 while 循环

1. 语法格式

while(循环条件)
　　循环体语句

2. 说　明

（1）执行顺序。

✧ 当循环条件为“真”，即值为非 0 时，执行循环体语句；

✧ 当循环条件为“假”，即值为 0 时，跳出循环，如图 3-10 所示。

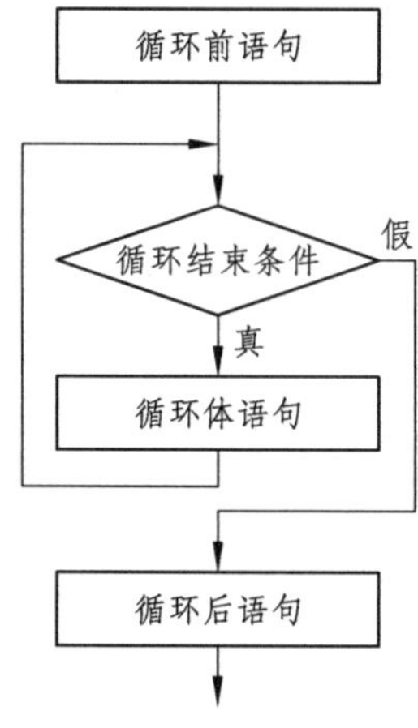

图 3-10　**while** 循环流程图

（2）循环体语句如果有一个以上的语句，应以一对花括号“{　}”括起来，为复合语句。

（3）循环体语句中应该有使循环趋于结束的语句。

（4）while 循环，首先就要判断条件，如果条件一开始就为假，循环体语句可能一次都不执行。

3. while 循环语句应用举例

例 **3-20** 求和（与例 3-15 的 for 循环比较）。

```
#include <stdio.h>
int main(void)
{
    float count = 0, sum = 0, x; /*变量赋初值*/
    printf("输入 10 个数：");
    while (count <10)
    {
        scanf("%f", &x);
        count++, sum += x;
     }
```

```
    printf("结果为%g\n", sum);
    return 0;
}
```

程序运行结果：

```
[root@swjtu-kp chpt-3]# ./chpt3-20
输入10个数: 1 2 3 4 5 6 7 8 9 10
结果为55
```

程序说明：

将本例与例 3-15 比较，我们发现：

（1）while 循环就是把 for 循环的循环体变量赋初值放到 while 之前；

（2）把 for 循环的循环体变量值的改变放到 while 的循环体内；

（3）条件判断部分是一样的。

通过分析可以看到 for 循环和 while 循环的功能基本相同，那么在使用时该选用哪一种呢？实际编程中一般选择表达方式简洁明确的：例 3-15~例 3-18 用 for 循环更好；而例 3-19 和例 3-20 使用 while 循环更好。

例 **3-21** 求阶乘（与例 3-16 的 for 循环比较）。

```
#include <stdio.h>
int main(void)
{
    longint i, s;
    i = 1, s = 1;
    while (i <= 10)
    {
        s *= i;
        i++;
    }
    printf("10!=%d\n", s);
    return 0;
}
```

程序运行结果：

```
[root@swjtu-kp chpt-3]# ./chpt3-21
10!=3628800
```

程序说明：

注意 while 中一定要有使程序趋于结束的语句，本例中是 `i++` 。如果没有这一句，那么 i 永远都不会超过 10，循环无终止地执行下去，成为死循环。

例 **3-22** 使用公式 $\pi/4\approx1-1/3+1/5-1/7+\cdots$ 求 π，直到最后一项的绝对值小于 10^{-8} 为止。

```
#include <stdio.h>
#include <math.h>
int main(void)
```

```
{
    double pi = 0, /*π/4 的近似计算公式的前 n 项的和，初值为 0*/
        t = 1,     /*π/4 的近似计算公式的当前项的值，初值为 1*/
        n = 1;     /*n 表示分母*/
    int s = 1;     /*s 表示符号*/
    while (fabs(t) >= 1E-8)
     {
         pi += t;
         n += 2;
         s = -s;
         t = s / n;
     }
     printf("π≈%.8f\n", pi * 4);
     return 0;
}
```

程序运行结果：

```
[root@swjtu-kp chpt-3]# ./chpt3-22
π≈3.14159263
```

程序说明：

（1）最后一项的绝对值小于 10^{-8}，即有效位数超过 7 位，已超出 float 型的精度范围，所以应定义为 double 型。

（2）该例中循环次数不明确，循环条件要通过计算才能得到。因此这种类型的程序，选择 while 循环实现要更清楚明确，读者可以尝试用 for 循环来实现。

3.5.3 do……while 循环

1. 语法格式

```
do
    循环体语句
while(循环条件)；
```

2. 说　明

（1）执行顺序。

✧ 先无条件执行一次 do 后的循环体语句；

✧ 然后判断循环条件，若值为“真”，返回 do 处，执行循环体语句；

✧ 如此反复，直到循环条件为“假”，跳出循环，如图 3-11 所示。

（2）无论条件是否成立，do while 循环的循环体语句至少执行一次；而 while 循环的循环体语句可能一次都不执行。

（3）do while 循环中，while 后的循环条件后有一个;，书写时不能遗漏。

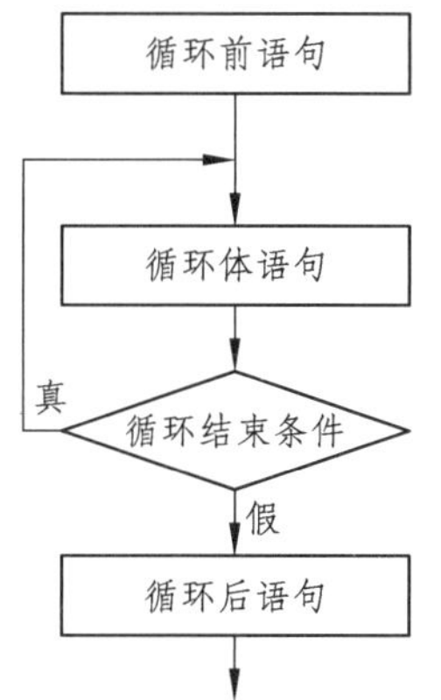

图 3-11　do while 循环流程图

3. do while 循环语句应用举例

例 **3-23** 求和（与例 3-20 的 while 循环比较）。

```
#include <stdio.h>
int main(void)
{
    float count = 0, sum = 0, x;
    printf("输入 10 个数：");
    do
    {
        scanf("%f", &x);
        count++, sum += x;
     } while (count <10);
     printf("结果为%g\n", sum);
     return 0;
}
```

程序运行结果：

```
[root@swjtu-kp chpt-3]# ./chpt3-23
输入10个数: 1 2 3 4 5 6 7 8 9 10
结果为55
```

程序说明：

如果 count 初值为 10，那么 do while 循环的循环体仍然要执行一次，若输入 x 值为 10，则 sum 的值为 10；如果是 while 循环，则循环体一次都不执行，最后 sum 值为 0。

例 **3-24** 统计字符个数，输入一串字符，分别统计数字字符、字母和其他字符的个数。

```
#include <stdio.h>
int main(void)
{
    int digit = 0,  /*统计数字字符的个数*/
```

```
        letter = 0, /*统计字母字符的个数*/
        other = 0;  /*统计其他字符的个数*/
    char c;
    printf("输入一行字符串：\n");
    do
     {
         scanf("%c", &c); /*或用 c=getchar();*/
         if (c >= '0'&& c <= '9')
             digit++;
         else if (c >= 'a'&& c <= 'z' || c >= 'A'&& c <= 'Z')
             letter++;
         else
             other++;
     } while (c != '\n');
     printf("\n 数字=%d，字母=%d，其他=%d\n", digit, letter, other);
     return 0;
}
```

程序运行结果：

```
[root@swjtu-kp chpt-3]# ./chpt3-24
输入一行字符串：
I am 18 years old.

数字=2，字母=11，其他=6
```

程序说明：

（1）其他字符有：空格、逗号、减号、乘号、除号、回车 6 种，回车符号屏幕上看不出来。

（2）本例可用 scanf 函数和 getchar 函数两种方式来接收输入的字符。读者可自行尝试。

例 **3-25** 任意输入两个数，求这两个数的最大公约数。

基本思路：首先，随机输入两个数 m、n（默认 m>n）。其次，将 m 除以 n 的余数赋给 k，如果 m 能被 n 整除，则 k 值为 0，n 即为这两个数的最大公约数；否则，将 n 赋给 m，k 赋给 n，重复以上过程，直到 k 值为 0。

```
 #include <stdio.h>
int main(void)
{
    int m, n, k, result;
    printf("Enter two numbers:");
    scanf("%d,%d", &m, &n);
    if (m >0&& n >0) /*限定 m 和 n 为正数*/
    {
        do
```

```
        {
            k = m % n;
            if (k == 0)
                result = n;
            else
            {
                m = n, n = k;
            }
        } while (k >0);

        printf("The greatest common divistor is:%d\n", result);
    }
    else
        printf("Nonpositive values not allowed\n");
    return 0;
}
```

程序运行结果：

```
[root@swjtu-kp chpt-3]# ./chpt3-25
Enter two numbers:72,27
The greatest common divistor is:9
```

3.5.4 goto 语句

1. 语法格式

goto 语句标号;

2. 说　明

（1）执行顺序：无条件跳转到语句标号所在行。

（2）语句标号用标识符表示，命名规则和变量名相同。

（3）可与 **if** 语句一起构成循环。

（4）滥用 goto 语句会使程序流程无规律，一般限制使用，只在需要从多层循环的内层跳到外层时才会用到。

3. goto 语句应用举例

例 **3-26** 求和。

```
#include <stdio.h>
int main(void)
{
    int i, sum = 0;
    i = 1;
```

```
loop:
    if (i <= 10)
    {
        sum = sum + i;
         i++;
         goto loop;
     }
     printf("%d\n", sum);
     return 0;
}
```

程序运行结果：

```
[root@swjtu-kp chpt-3]# ./chpt3-26
55
```

程序说明：该程序相当于 while 循环，当 `i<=10` 时，执行花括号内的循环体。

3.5.5 循环嵌套

一个循环体内又包含另一个完整的循环结构，称为循环嵌套。内嵌的循环中还可以嵌套循环，这就是多层循环。如表 3-8 中的 4 种形式都是合法的嵌套。

表 3-8 嵌套的多种形式

<table>
<tr>
<td>for()
    {…
        While()
        {…}
    }</td>
<td>for()
    {…
        for()
        {…}
    }</td>
<td>do()
    {…
        for()
        {…}
    }While();</td>
<td>While()
    {…
        for()
        {…}
    }</td>
</tr>
</table>

例 **3-27** 百钱买百鸡。现有 100 块钱，要买 100 只鸡，公鸡 5 块一只，母鸡 3 块一只，小鸡一块钱 3 只，问如何购买。

```
#include <stdio.h>
int main(void)
{
    int cock, hen, chick;
    for (cock = 0; cock <= 20; cock++)
        for (hen = 0; hen <= 33; hen++)
        {
            chick = 100 - cock - hen;
            if (cock * 15 + hen * 9 + chick == 300)
                printf("%d,%d,%d\n", cock, hen, chick);
         }
     return 0;
```

```
}
```

程序运行结果：

```
[root@swjtu-kp chpt-3]# ./chpt3-27
0,25,75
4,18,78
8,11,81
12,4,84
```

程序说明：

（1）100 块钱全部买公鸡，最多买 20 只，所以循环中 cock（公鸡）最大值取 20；取 100 也可以，但使循环多执行了很多次，程序效率较低。

（2）程序执行顺序。

① cock 从 1 到 20 一一取值；

② 对每一个固定的 cock 值，hen（母鸡）都要从 1 到 33 依次取一遍值；

③ 对每一个固定的 cock 值及每一个固定的 hen 值，按公式 `k=100-cock-hen` 取得 chick（小鸡）值；

④ 用 if 判断所取的一组 cock、hen、chick 是否满足条件；若满足，则输出这组解 cock，hen、chick，然后转到②；否则直接转②；

⑤ 当 cock 已取到 20，hen 也取到 33 时，整个任务就结束。

3.5.6 break 语句和 continue 语句

break 语句不但可以使程序流程跳出 switch 语句，还可以从循环体内跳出循环体，提前结束循环；而 continue 语句可以提前结束本次循环。

1. break 语句

（1）语法格式：

```
break;
```

（2）说明。

✧ 作用 1：使流程跳出循环，终止整个循环。

✧ 作用 2：使流程跳出 switch 结构。

✧ 不能用于循环语句和 switch 语句之外的任何其他语句。

例 **3-28** 判别所输入的一个大于 1 的正整数是否是素数。

基本思路：判断素数的方法是用这个数分别去除 2 到这个数的平方根，只要有一个数能被整除，则表明此数不是素数，如果没有一个数能被整除，则是素数。

```
#include <stdio.h>
#include <math.h>
int main(void)
{
    int x, i, j; /* x 存放所输入的正整数 */
    printf("输入一个大于 1 的正整数？");
    scanf("%d", &x);
```

```
    j = (int)sqrt(x);
    for (i = 2; i <= j; i++)
        if (x % i == 0)
            break;
    if (i > j)
        printf("%d 是素数! \n", x);
    else
        printf("%d 不是素数! \n", x);
    return 0;
}
```

程序运行结果：

```
[root@swjtu-kp chpt-3]# ./chpt3-28
输入一个大于1的正整数？59
59是素数!
```

程序说明：

✧ for 语句有两个结束条件，一个是当循环变量 i>j 时，因条件 i<=j 不成立，循环结束；还有一个是如果 x%i==0，遇到 break 提前结束 for 循环。

✧ i>j 时跳出，说明从 2 到 x 的平方根之间，没有一个能被 x 整除，这种情况判断出 x 是素数。

✧ `x%i==0` 时跳出，说明 x 有因子，不可能是素数，这时 i 还未取到终止 j。

✧ 如果不用 break，本案例程序可将 for 语句改成：

```
for(i=2,j=(int)sqrt(x);i<=j&&x%i;i++);
```

✧ 程序中调用了 math.h 头文件中的 sqrt 函数，编译时需链接 **math.h** 头文件，即

```
gcc -o chpt3-28 chpt3-28.cpp -lm
```

例 **3-29** 判断 101～200 之间有多少个素数，并输出所有素数，同时每输出 5 个数字换一行。

```
#include <stdio.h>
#include <math.h>
int main(void)
{
    int x, i, j, count = 0;
    for (x = 101; x <= 200; x++)
    {
        j = (int)sqrt(x);
        for (i = 2; i <= j; i++)
            if (x % i == 0)
                break;
        if (i > j)
        {
            count++; /*count 用来记录当前素数的个数*/
```

```
                printf("%d,", x);
                if (count % 5 == 0)
                    printf("\n");
            }
        }
        printf("\n");
        return 0;
}
```

程序运行结果：

```
[root@swjtu-kp chpt-3]# ./chpt3-29
101,103,107,109,113,
127,131,137,139,149,
151,157,163,167,173,
179,181,191,193,197,
199,
```

程序说明：

✧ 外层的 for 控制 x 的区间为 101~200 之间。

✧ 内存的 for 用来判断当前的 x 是否为素数。

✧ 当 i>j 时，当前的 x 为素数，这时程序执行 3 个动作：① 用变量 count 记录当前是第几个素数；② 输出这个数；③ 每当 count 为 5 的倍数就输出一个换行符，即'\n'。

2. continue 语句

（1）语法格式：

```
continue;
```

（2）说明。

✧ 作用：结束本次循环，程序流程转到下一次循环。强调 continue 语句不终止整个循环。

✧ 与 break 语句的区别：break 语句不仅结束本次循环，而且还终止整个循环。

例 **3-30** 编程求 10～50 范围内能被 3 整除的所有整数。

```
#include <stdio.h>
int main(void)
{
    int x;
    for(x=10;x<=50;x++)
    {
        if(x%3) continue;
        printf("%3d",x);
    }
     printf("\n");
     return 0;
}
```

程序运行结果：

```
[root@swjtu-kp chpt-3]# ./chpt3-30
 12 15 18 21 24 27 30 33 36 39 42 45 48
```

程序说明：

如果执行到 continue，表示停止本次循环中后面的循环语句，而执行下一次循环。例如：

✧ 当 x 为 12 时，x%3 的值为 0，表示条件为假，则不执行 continue，那么接着顺序执行条件语句外的输出 x。

✧ 当 x 为 13 时，x%3 的值为 1，非 0 表示条件为真，执行 continue，从这里开始直接跳到下一次循环，即 x 自增为 14，则 13 是不输出的。

✧ 本题也可不用 continue 语句，可将 if 语句改为 `if(x%3==0)  printf("%3d",x);` 。

3. break 语句和 continue 语句的区别

break 语句是结束整个循环过程，执行循环体外的下一条语句；continue 语句只是结束本次循环，而不是终止整个循环，程序流程转去判断循环条件是否成立。二者区别如图 3-12 所示。

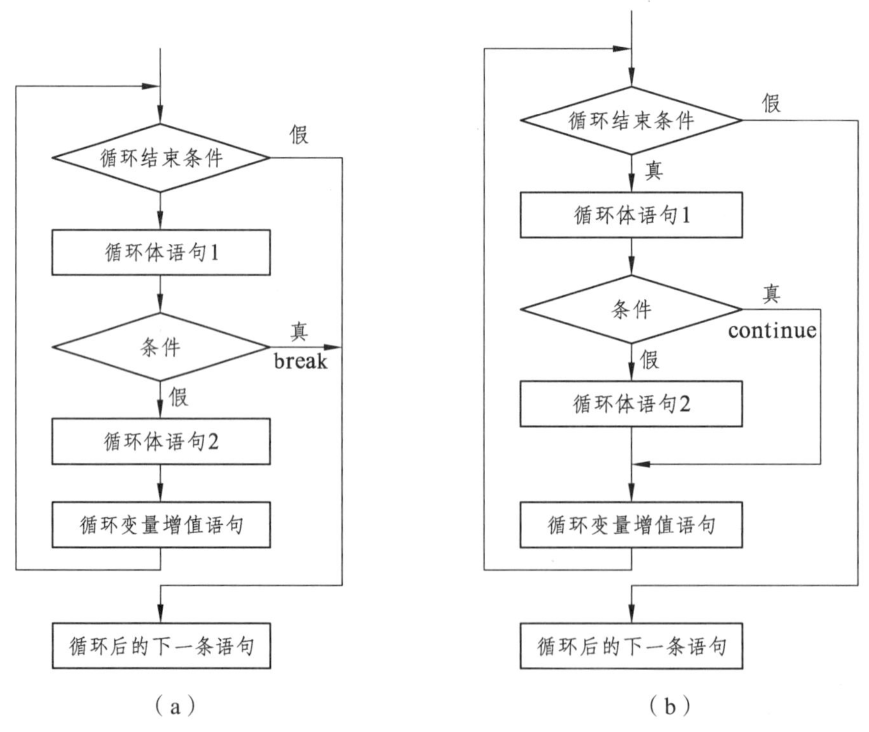

图 3-12　break 语句与 continue 语句的区别

break 语句和 continue 语句用在循环体内，但用一个 **if** 语句限制其执行的条件。限制条件为真：

✧ 执行的是 break 语句，则结束整个循环，程序流程转去执行循环后的下一条语句。

✧ 执行的是 continue 语句，则仅是结束本次循环，程序流程转去下一次循环条件的判断。

特别需要注意的是，若 for 循环中遇到 continue 语句，结束本次循环，程序流程转去执行 for 循环的表达式 **3**（即循环变量增值语句），更新循环变量，然后再进行循环条件的判断。

例 **3-31** 从键盘输入个数不确定的整数，统计输入的非 0 整数个数，以及其中正整数和负整数的个数。

基本思路：定义 positive、negative 两个变量保存正数和负数的个数，通过循环条件为 1（始终为真）使输入能一直进行，当输入为 0 时，用 break 语句跳出循环，结束输入；用 continue 语句结束本次循环，进入下一个整数的输入。

```
#include <stdio.h>
int main()
{
    int positive = 0, negative = 0; // 分别存放正数、负数的个数
    int total = 0;                  // 存放输入整数的总数
    int num;                        // 存放输入的整数
    while (1)                       // 保证能输入不确定个数的整数
    {
        printf("请输入整数：");
        scanf("%d", &num);
        if (num == 0)
            break; // 为0时结束输入
        total++;
        if (num >0)
        {
            positive++;
            continue; // 结束本次循环
        }
        negative++;
    }
    printf("输入整数%d 个，其中正数%d 个，负数%d 个\n", total, positive, negative);
    printf("\n");
    return 0;
}
```

程序运行结果：

```
[root@swjtu-kp chpt-3]# ./chpt3-31
请输入整数: 4
请输入整数: 5
请输入整数: -6
请输入整数: 3
请输入整数: -2
请输入整数: 0
输入整数5个，其中正数3个，负数2个
```

3.6　本章小结

本章介绍了结构化程序的基本概念和基本结构，详细介绍了关系运算和逻辑运算以及 C 语言的选择结构和循环结构。

1. C 语言的选择结构

根据某种条件的成立与否而采用不同的程序段进行处理的程序结构称为选择结构。选择结构又可分为简单分支（两个分支）和多分支两种情况。一般情况下，采用 if 语句实现简单分支结构程序，用 switch 和 break 语句实现多分支结构程序。虽然用嵌套 if 语句也能实现多分支结构程序，但用 switch 和 break 语句实现的多分支结构程序更简洁明了。

if 语句的控制条件通常用关系表达式或逻辑表达式构造，也可以用一般表达式表示。因为表达式的值非零为“真”，零为“假”。所以能计算出值的表达式均可作 if 语句的控制条件。

if 语句有简单 if 和 if-else 两种形式，它们可以实现简单分支结构程序。采用嵌套 if 语句还可以实现较为复杂的多分支结构程序。在嵌套 if 语句中，一定要清楚 else 与哪个 if 结合的问题。C 语言规定，else 总是与其前面最近的同一复合语句中还未配对的 if 结合。书写嵌套 if 语句往往采用缩进的阶梯式写法，目的是便于看清 else 与 if 结合的逻辑关系，但这种写法并不能改变 if 语句的逻辑关系。

switch 语句只有与 break 语句相结合，才能设计出正确的多分支结构程序。break 语句通常出现在 switch 语句或循环语句中，它能轻而易举地终止执行它所在的 switch 语句或循环语句。虽然用 switch 语句和 break 语句实现的多分支结构程序可读性好，逻辑关系一目了然。然而，使用 switch(k)的困难在于其中的 k 表达式的构造。

2. C 语言提供了三种循环语句

（1）for 语句主要用于给定循环变量初值、步长增量以及循环次数的循环结构。

（2）循环次数及控制条件要在循环过程中才能确定的循环可用 while 或 do-while 语句。

（3）三种循环语句可以相互嵌套组成多重循环，循环之间可以并列但不能交叉。

（4）可用转移语句把流程转出循环体外，但不能从外面转向循环体内。

（5）在循环程序中应避免出现死循环，即应保证循环变量的值在运行过程中可以得到修改，并使循环条件逐步变为假，从而结束循环。

3. C 语言的 goto 语句

goto 语句可以方便快速地转到指定的任意位置继续执行（注意，goto 语句与语句标号必须在同一函数中）。正是它的任意性破坏了程序的自上而下流程，可读性差，可维护性差，因而结构化程序设计中不提倡使用 goto 语句，甚至有人主张在程序设计语言中完全去掉 goto 语句。然而，在某些场合适当使用 goto 语句能提高程序的效率，但要用 if() goto 构成条件转移。

4. C 语言语句小结（见表 3-9）

表 3-9　C 语句小结

名　称	一般形式	说　明
简单语句	表达式语句;	如 a+=10;
空语句	;	只有一个分号，不执行任何操作
复合语句	{ 语句 }	用花括号将多条语句括起来，形成整体的语句块
条件语句	if(条件)语句;	单分支
	if(条件)语句 1; else 语句 2;	双分支
	if(条件 1)语句 1; else if(条件 2) 语句 2…else 语句 n;	多分支
	switch(表达式){ case 常量表达式: 语句…default: 语句; }	多分支
循环语句	while(条件)语句	
	do{语句}while(条件) ;	注意该语句条件后有一个分号
	for(表达式 1; 表达式 2; 表达式 3)循环体语句;	
	goto 语句标号;	
其他	break;	只能用于循环语句和 switch 语句
	continue;	只能用于循环语句

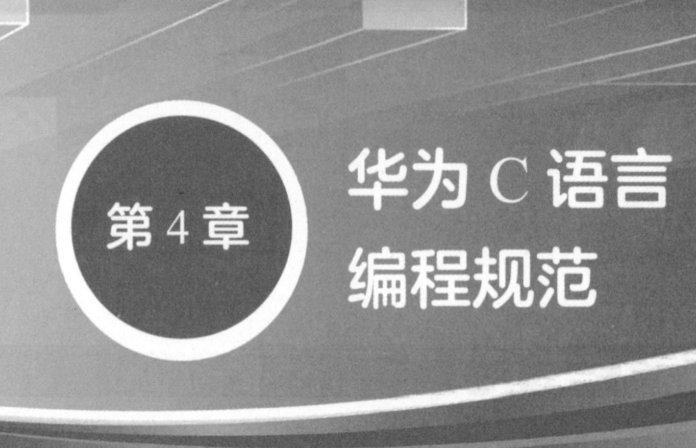

第4章 华为C语言编程规范

学习目标

✧ 掌握 C 语言代码的命名规范；
✧ 掌握 C 语言代码函数的使用规范；
✧ 掌握 C 语言代码编程总体规范并应用到实际编程开发中。

C++之父 Bjarne Stroustrup 这样定义“优秀的代码”：逻辑清晰，漏洞难以隐藏；依赖最少，易于维护；错误处理完全依据一个明确的策略；性能接近最佳化，避免代码混乱和无原则的优化；整洁的函数只做一件事。

4.1 什么样的代码才是优秀的代码

掌握编程规范写出优秀的代码之前，需要明白代码是写给谁的？什么样的代码才是优秀的代码？代码不规范会有什么问题？

4.1.1 代码是写给谁的?

随着科技与互联网的进步，现在我们可以很容易从事计算机相关工作，基本上只要简单懂一些计算机编程相关的内容，就可以写出让计算机理解和执行的代码，写出的代码虽然是需要计算机执行，但是大多数情况下，编写的代码是给人理解和阅读的。

既然代码更多是写给人看，而不是仅仅给计算机运行，那么在编写代码时就需要注意代码的规范问题。编程人员必须遵循“代码千万条，整洁第一条”。

4.1.2 代码风格规范的好处

写出的代码仅计算机可以理解，是远远不能满足要求的。唯有人类容易理解的代码，才是优秀的代码。

代码不规范导致的问题非常突出，同样代码规范也会带来很多好处，如写出的代码能得到别人夸赞，或者总是能够快速回到代码的思路中继续编程，即便项目很大、很复杂，总是能够很快发现问题。

代码风格规范带来的好处有：

✧ 发现潜在的漏洞，提高运行效率；
✧ 有助于代码审查，有利于代码安全；
✧ 有助于自身的成长，降低维护成本；
✧ 令人心情愉悦，利于团队合作。

4.1.3 优秀代码特征

程序员认为，好的代码，无须解释就能让别人明白。若代码能够做到不解自明，在大多数情况下，根本无须为其配备说明文档。优秀的代码一般具备可读性、便于维护、可复用、可扩展、强灵活性、健壮性、简洁性、效率性和可测试性等特性。

可读性：符合编码规范，命名见名知意；有注释，模块划分清晰，函数长度适中。

便于维护：在原有设计下能快速修改或添加代码，不会引入新的漏洞。要便于维护，需要高内聚低耦合，降低各功能代码块间的耦合度。

可复用：需要将各功能代码块进行封装，需要时直接调用。

可扩展：在不改动原有代码或少量修改的前提下，通过扩展增加新的代码，即预留位置。要可扩展，需要应用类的可继承性；或者配合使用工厂模式，让工厂根据不同的情形实例化不同功能的对象。

强灵活性：需要满足便于维护、可复用和可扩展三个特性，然后考虑实现跨平台、可移植性等。

健壮性：代码要多方面考虑各种异常情况，尽量使任何时候代码都能工作，否则抛出异常，保证代码搭建的服务继续运行。

简洁性：代码简洁、逻辑清晰。

效率性：尽可能获得最快的运行速度。

可测试性：易于单元测试。

4.2 华为 C 语言代码编程规范

遵循华为 C 语言代码编程规范，目的就是写出“好看”“安全”和“高效”的优秀代码。

4.2.1 规范代码总体原则

1. 清晰第一

清晰性是易于维护、易于重构的程序必须具备的特征。代码首先是给人读的，好的代码应当可以像文章一样发声朗诵出来。

目前，软件维护期成本占整个生命周期成本的 40%~90%。根据业界经验，维护期变更代码的成本，小型系统是开发期的 5 倍，大型系统（100 万行代码以上）可以达到 100 倍。业界的调查指出，开发组平均大约一半的人力用于弥补过去的错误，而不是添加新的功能来帮助公司提高竞争力。

一般情况下，代码的可阅读性高于性能，只有确定性能是瓶颈时，才应该主动优化。

2. 简洁为美

简洁就是易于理解并且易于实现。代码越长越难以看懂，也就越容易在修改时引入错误。写的代码越多，意味着出错的地方越多，也就意味着代码的可靠性越低。因此，提倡大家通过编写简洁明了的代码来提升代码的可靠性。

同时，废弃的代码（没有被调用的函数和全局变量）要及时清除，重复代码应该尽可能提炼成函数。

3. 选择合适的风格，与代码原有风格保持一致

产品所有人共同分享同一种风格所带来的好处，远远超出为了统一而付出的代价。在公司已有编码规范的指导下，审慎地编排代码以使代码尽可能清晰，是一项非常重要的技能。如果重构需要修改其他风格的代码时，比较明智的做法是根据现有代码的风格继续编写代码，或者使用格式转换工具将代码转换成公司内部风格。

华为 C 语言代码编程规范包括命名规范、变量规范、注释规范、函数规范、头文件、宏定义等，在代码编写时需规范使用。

4.2.2 统一的命名规范

标识符的命名要清晰、明了，有明确含义，符合阅读习惯，容易理解。

1. 命名规范

（1）标识符命名使用驼峰风格。

（2）函数的命名遵循阅读习惯。

（3）全局变量应增加“g_”前缀，函数内静态变量命名不需要加特殊前缀。

（4）局部变量应简短，且能够表达相关含义。

（5）避免滥用 typedef/#define 对基本类型起别名。

（6）避免函数式宏中的临时变量命名污染外部作用域。

（7）作用域越大，命名应越精确。

推荐使用表 4-1 给出的驼峰风格为代码的统一命名风格。驼峰风格（Camel Case）大小写字母混用，单词连在一起，不同单词间通过单词首字母大写来分开。按连接后的首字母是否大写，驼峰风格又分为大驼峰（Upper Camel Case）和小驼峰（Lower Camel Case）。

表 4-1　标识符驼峰风格命名

类　型	命名风格	形　式
函数，结构体类型，枚举类型，联合体类型，typedef 定义的类型	大驼峰，或带模块前缀的大驼峰	AaaBbb，XXX_AaaBbb
局部变量，函数参数，宏参数，结构体中字段，联合体中成员	小驼峰	aaaBbb
全局变量（在函数外部定义的变量）	带‘g_’前缀的小驼峰	g_aaaBbb
宏（不包括函数式宏），枚举值，goto 标签	全大写，下划线分割	AAA_BBB
函数式宏	全大写下划线分割，或大驼峰，或带模块前缀的大驼峰	AAA_BBB, AaaBbb, XXX_AaaBbb
常量	全大写下划线分割，或带‘g_’前缀的小驼峰	AAA_BBB，g_aaaBbb

2. 命名风格说明

（1）标识符命名要清晰简洁，采用丰富的英文词汇，以提高代码的阅读性。

```
//丰富的英文词汇，做到见名知意
score = GetScore(…);
ret = UpdateScore(&score, …);
ret = FillScore(xxInfo, …);// xxinfo->score
ret = ReadScore(&score, file);
// 不好的命名：使用了模糊的缩写或随意的字符
int nerr;
int n_comp_conns;
// 好的命名：见名知意
int errorNumber;
int numberOfCompletedConnection;
```

（2）代码编写中，对作用域与函数命名时，遵循“作用域越大，命名应越精确”的原则。

```
int GetCount();                    // Bad: 描述不精确
int GetActiveConnectCount();    // Good
```

（3）函数的命名遵循阅读习惯。表 4-2 是函数命名规范的相关说明。

表 4-2　函数命名规范说明

函数类型	函数命名结构	形　式
动作类函数名	动宾结构	AddTableEntry()
判断类函数名	形容词	DataReady() IsRunning()
数据型函数名		TotalCount()

4.2.3　排版风格

相比个人习惯，所有人共享同一种风格带来的好处，远远超出为统一而付出的代价。

（1）建议行宽不超过 120 个字符。

（2）建议使用空格进行缩进，每次缩进 4 个空格。

（3）使用 K&R 缩进风格。

（4）函数声明、定义的返回类型和函数名在同一行；函数参数列表换行时应合理对齐。

（5）函数调用参数列表换行时保持参数进行合理对齐。

（6）条件语句必须要使用大括号。

（7）禁止 if/else/else if 写在同一行。

（8）循环语句必须使用大括号。

（9）switch 语句的 case/default 要缩进一层。

（10）表达式换行要保持换行的一致性，操作符放行末。

常见的 C 代码编程缩进风格有 Allman 风格和 K&R 风格。

1. Allman 风格

换行时，函数左大括号另起一行放行首，并独占一行；其他左大括号跟随语句放行末。右大括号独占一行，除非后面跟着同一语句的剩余部分，如 do 语句中的 while，或者 if 语句的 else/else if，或者逗号、分号，如图 4-1 所示。

```
DoSomething1();
DoSomething2();
if (...)
{
    DoSomething3();
}
else
{
    DoSomething3();
}
```

图 4-1 Allman 风格

2. K&R 风格

代码更紧凑，阅读节奏感更连续，符合业界主流。《C Programming Language》《Modern C》《代码大全》《C99 标准》等权威书籍中都推荐或实际按照花括号“放行末”来写代码，如图 4-2 所示。

```
DoSomething1();
DoSomething2();
if (...)  {
    DoSomething3();
} else  {
    DoSomething3();
}
```

图 4-2 K&R 风格

4.2.4 注释原则

注释内容要简洁、明了、无二义性，信息全面且不冗余。

（1）文件头注释必须包含版权许可和功能说明。

（2）禁止空有格式的函数头注释。

（3）代码注释放于对应代码的上方或右边。

（4）注释符与注释内容间要有 1 个空格；右置注释与前面代码间至少有 1 个空格。

（5）不用的代码段直接删除，不要加以注释。

（6）正式交付的代码不能包含 TODO/TBD/FIXME 注释。

（7）case 语句块结束时如果不加 break/return，需要有注释说明（fall-through）。

C 代码编写时，要按需注释，以帮助阅读者快速读懂代码。若缺少必要注释，阅读者需要花费大量时间才能读懂代码；但若注释太多，也会影响代码阅读，同时也会削弱有用的注释，浪费资源。

好的注释有以下特征：

✧ 优秀的代码可以自我解释，不通过注释即可轻易读懂。

✧ 注释的内容要清楚、明了，含义准确，防止注释二义性。

✧ 注释解释代码难以直接表达的意图，而不是重复描述代码。

```
// BAD！注释与代码实际作用不一致
// 修改字符串
int InitString(char *buf, intlen);
// BAD！显而易见的代码，注释冗余
// 查找 element
auto iter = std::find(v.begin(), v.end(), element);
```

```
/*判断 m 是否为素数*/
/*返回值：1 是素数，0 不是素数*/
int p(int m)
{
    int k = sqrt(m);
    for (int i = 2; i <= k; i++)
      if (m % i == 0)
        break; /*整除，m 不为素数，结束遍历*/
    /*遍历中没有发现整除的情况，返回 1*/
    if (i > k)
      return 1;
    /*遍历中只要有整除的情况，返回 0*/
    else
      return 0;
}
```

```
根据代码规范修改后，不需要注释：
int IsPrimeNumber(int num)
{
    int sqrt_of_num = sqrt(num);
    for (i = 2; i <= sqrt_of_num; i++)
    {
        if (num % i == 0)
        {
            return false;
        }
    }
    return true;
}
```

4.2.5　头文件规范

C 语言程序中，头文件体现架构。在 C 语言中，头文件是程序各部分之间保证信息一致性的桥梁，是连接程序对象定义和使用的纽带。在用于指定模块接口的声明放在文件中时，文件名中应标明其预期用途。

头文件在编译时被文本替换展开，从而实现代码复用，使用同一套接口（声明），遵从相同的“约定”。

1. 头文件的作用

（1）头文件是模块或文件的对外接口。

（2）头文件中适合放置接口的声明，不适合放置实现（内联函数除外）。

（3）头文件应当职责单一。头文件过于复杂，依赖过于复杂还是导致编译时间过长的主要原因。

2. 使用头文件应遵循的原则

（1）每一个.c 文件都应该有相应的.h 文件，用于声明需要对外公开的接口。

（2）每一个功能模块都应该提供一个单独.h 文件，用于声明模块整体对外提供的接口。

（3）头文件的扩展名只使用.h，不使用非习惯用法的扩展名，如.inc。

（4）禁止头文件循环依赖。

（5）禁止包含用不到的头文件。

（6）头文件应当自包含。

（7）头文件必须编写#define 保护，防止重复包含。

（8）禁止通过声明的方式引用外部函数接口、变量。

（9）禁止在 extern "C"中包含头文件。

3. 使用头文件的注意事项

（1）使用头文件时，禁止头文件循环依赖。

头文件循环依赖，指 a.h 包含 b.h，b.h 包含 c.h，c.h 包含 a.h，任何一个头文件修改，都导致所有包含了 a.h/b.h/c.h 的代码全部重新编译一遍，如图 4-3 所示。

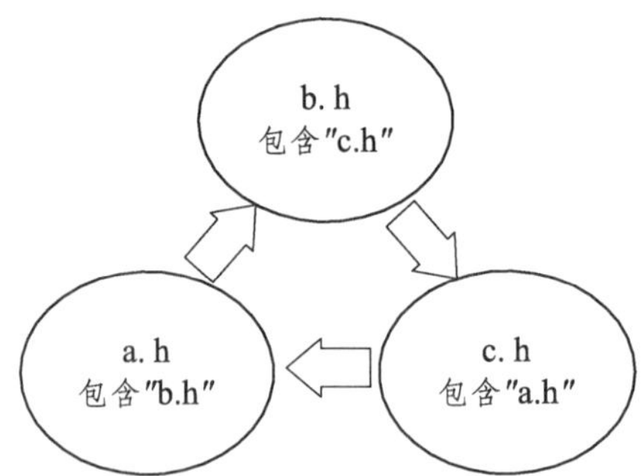

图 4-3　头文件循环依赖

（2）使用头文件时，多个头文件可使用单向依赖。

如 a.h 包含 b.h，b.h 包含 c.h，而 c.h 不包含任何头文件，则修改 a.h 不会导致包含了 b.h/c.h 的源代码重新编译，如图 4-4 所示。

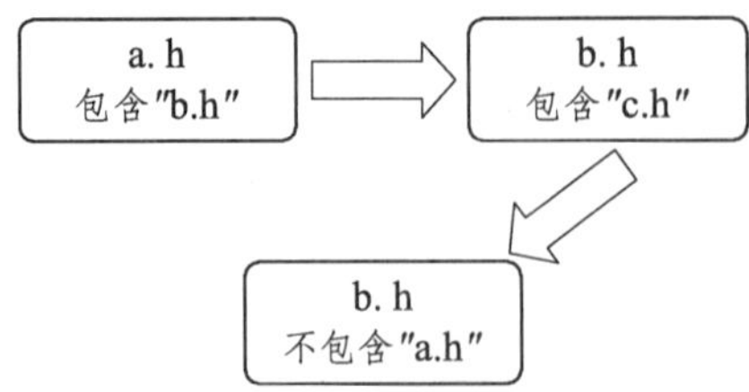

图 4-4　头文件单向依赖

（3）头文件应当自包含。

头文件自包含，是指任意一个头文件均可独立编译。如果一个文件包含某个头文件，还要包含另外一个头文件才能编译通过的话，那么就会引入编译依赖，这就给编译时间增加了无限可能，给这个头文件的用户增添了不必要的负担。

（4）C 语言编写代码时，禁止通过声明引用外部函数。

编写代码时，只能通过包含头文件的方式使用其他模块或文件提供的接口。通过 extern 声明的方式使用外部函数接口、变量，容易在外部接口改变时导致声明和定义不一致。同时这种隐式依赖，容易导致架构腐化。

```
a.c
extern int Foo();//Bad：通过
extern 的方式引用外部函数
void Bar()
{
    int i = Foo(); // 使用了外部接口 Foo...
}
```

```
a.c
#include<b.h>
void Bar()
{
    int i = Foo();
}
```

（5）C 语言编写代码时，禁止在 extern "C" 中包含头文件。

在 extern "C"中包含头文件，有可能导致 extern "C"嵌套，部分编译器对 extern "C"嵌套层次有限制，嵌套层次太多会编译错误。extern "C"通常出现在 C、C++混合编程的情况。在 extern "C" 中包含头文件，可能导致被包含头文件的原有意图遭到破坏，比如链接规范被不正确地更改。

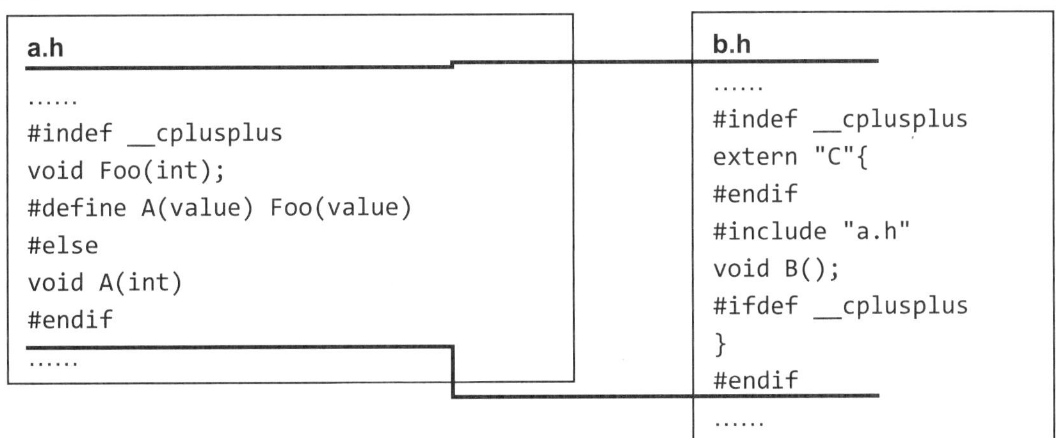

```
a.h
......
#indef __cplusplus
void Foo(int);
#define A(value) Foo(value)
#else
void A(int)
#endif
......
```

```
b.h
......
#indef __cplusplus
extern "C"{
#endif
#include "a.h"
void B();
#ifdef __cplusplus
}
#endif
......
```

4.2.6 函数规范

C 语言编写代码时，避免重复代码、增加可重用性；分层，降低复杂度、隐藏实现细节，使程序更加模块化，从而更有利于程序的阅读，维护。

函数设计的精髓是编写整洁函数，同时把代码有效组织起来。整洁函数要求代码简单直接、不隐藏设计者的意图、用干净利落的抽象和直截了当的控制语句将函数有机组织起来。

1. 函数规范原则

（1）避免函数过长，函数不超过 50 行（非空非注释）。

（2）避免函数的代码块嵌套过深，不要超过 4 层。

（3）对函数的错误返回码要全面处理。

（4）设计函数时，优先使用返回值而不是输出参数。

（5）使用强类型参数，避免使用 void *。

（6）模块内部函数参数的合法性检查，由调用者负责。

（7）函数的指针参数如果不是用于修改所指向的对象，就应该声明为指向 const 的指针。

（8）函数的参数个数不超过 5 个。

（9）内联函数不超过 10 行（非空非注释）。

（10）被多个源文件调用的内联函数要放在头文件中定义。

2. 小函数原则

在定义函数时，函数要小。小函数的优点如下：

✧ 逻辑分层，屏蔽细节。逻辑少了，临时变量、参数也就少了。

✧ 使用可见，可以更简洁地按需初始化，参数的使用一目了然。

✧ 类型定义在可见处，临时变量命名可以简短。

✧ 更方便地管理资源。

小函数原则就是每个函数只做一件事，不做重复动作，接近 50 行就考虑抽象分层，只包含同一层级抽象。

3. 重复代码应该尽可能提炼成函数

重复代码提炼成函数可以带来维护成本的降低。

重复代码是不良代码最典型的特征之一。在“代码能用就不改”的指导原则之下，大量的烟囱式设计及其实现充斥在各产品代码之中。新需求增加带来的代码拷贝和修改，随着时间的迁移，产品中堆砌着许多类似或者重复的代码。

现在软件开发项目组都要求使用代码重复度检查工具，在持续集成环境中持续检查代码重复度指标变化趋势，并对新增重复代码及时重构。当一段代码重复两次时，即应考虑消除重复，当代码重复超过 3 次时，应当立刻着手消除重复。

4.2.7 宏规范

宏缺乏类型检查，不如函数调用检查严格。宏展开可能会产生意想不到的副作用，如

```
#define SQUARE(a) (a) * (a)
```

这样的定义。以宏形式写的代码难以调试，难以设置断点，不利于定位问题。宏相当于代码展开，只是减少了代码编辑空间的时间，但不会减少编译后的代码空间。

因此，实际 C 语言编写代码时，对于常量建议使用 const 定义代替宏，尽量少用函数式宏。

1. 宏规范原则

（1）使用函数代替函数式宏。

（2）定义宏时，宏参数要使用完备的括号。

（3）包含多条语句的函数式宏的实现语句必须放在 do-while(0)中。

（4）不允许把带副作用的表达式作为参数传递给函数式宏。

（5）函数式宏定义中慎用 return、goto、continue、break 等改变程序流程的语句。

（6）函数式宏不超过 10 行（非空非注释）。

2. 使用宏时注意事项

（1）定义宏时，宏参数要使用完备的括号。

如定义两个参数求和的宏 SUM，正确定义形式为

```
#define SUM(a, b) ((a) + (b)) // 正确定义
```

以下定义形式都是错误的：

✧ **#define SUM(a, b) a + b**

求解：100 / SUM(2, 8)，预期结果 100 / (2 + 8) ，实际结果是(100 / 2) + 8。

✧ **#define SUM(a, b) (a + b)**

求解：SUM(1 << 2, 8)，预期结果(1 << 2) + 8，实际结果是 1 << (2 + 8)。

✧ **#define SUM(a, b) (a) + (b)**

求解：SUM(2, 8) * 10，预期结果(2 + 8) * 10，实际结果是(2) + ((8) * 10)。

（2）多条语句的函数式宏的实现。

宏本身没有代码块的概念。当宏在调用点展开后，宏内定义的表达式和变量融合到调用代码中，可能出现变量名冲突和宏内语句被分割等问题。通过 do-while(0)显式为宏加上边界，让宏有独立的作用域，并且与分号能更好地结合而形成单条语句，从而规避此类问题。

如：以下宏 FOO 的定义是正确的。

```
#define FOO(x)
do
{\
    (void)printf("arg is %d\n", (x));\
    DoSomething((x));\
} while (0)
```

若定义成下面形式，则是错误的。

```
#define FOO(x) \
    (void)printf("arg is %d\n", (x)); \
    DoSomething((x));
```

正确的 FOO 宏使用场景示例：

```
for (i = 1; i <10; i++)
    FOO(i);
```

（3）表达式作为参数传递给函数式宏问题。

由于宏只是文本替换，对于内部多次使用同一个宏参数的函数式宏，将带副作用的表达式作为宏参数传入会导致非预期的结果。因此，不允许把带副作用的表达式作为参数传递给函数式宏。

如以下宏的定义和使用是正确的。

```
#define  SQUARE(a) ((a) * (a))
int a = 5;
int b;
b = SQUARE(a);
```

```
5 a++;
```

程序运行结果，最后 a 值为 6，只自增了一次。

若把上述第 4 行和第 5 行代码合为一行，那 a 就不能得到预期的 6：

```
b = SQUARE(a++);
```

实际 a 自增加了 2 次，`SQUARE(a++)`展开后为`((a++)* (a++))`，变量 a 自增了两次，其值为 7，而不是预期的 6。

4.2.8 变量规范

变量在使用时，应始终遵循“职责单一”的原则。

1. 变量规范原则

（1）尽量不用或少用全局变量。

（2）模块间，禁止使用全局变量作为接口。

（3）严禁使用未经初始化的变量。

（4）禁止无效、冗余的变量初始化。

（5）不允许使用没有具体含义的数字。

2. 变量规范原则使用说明

（1）不用或者少用全局变量。

全局变量便于传递参数、数据共享，能够减少传递参数的时间，减少程序的运行时间，并且在程序运行期间内存地址固定，读写效率高。

但全局变量的缺点也是非常明显的：

✧ 破坏函数的独立性和可移植性，使函数对全局变量产生依赖，存在耦合。

✧ 降低函数的代码可读性和可维护性。当多个函数读写全局变量时，某一时刻其取值可能不是确定的，对代码的阅读和维护不利。

✧ 在并发编程环境中，使用全局变量会破坏函数的可重入性，需要增加额外的同步保护处理才能确保数据安全。

（2）严禁使用未经初始化的变量。

这里的变量，指的是局部动态变量，并且还包括内存堆上申请的内存块。因为它们的初始值都是不可预料的，所以禁止未经有效初始化就直接读取其值。

如果有不同分支，要确保变量在所有分支都得到初始化后才能使用。

4.2.9 数字规范

C 语言代码编写时，不允许使用没有具体含义的数字。这些数字直接影响代码的可读性和可维护性。

✧ 可读性：阅读会被中断或需要较多时间去理解。

✧ 可维护性：多点耦合，修改有遗漏风险。

实际编程时，对于单点使用的数字，可以增加注释说明；对于多处使用的数字，必须定义宏或 const 变量，并通过符号命名自注释。如：

```
const double pi = 3.1415925;
```

4.2.10 编程实践规范

遵循华为C语言代码编程规范，必须经过大量的编程实践，才能写出“好看”“安全”和“高效”的优秀代码。

1. 编程实践中必须遵循的规范

（1）表达式的比较，应当遵循左侧倾向于变化、右侧倾向于不变的原则。

（2）含有变量自增或自减运算的表达式中禁止再次引用该变量。

（3）用括号明确表达式的操作顺序，避免过分依赖默认优先级。

（4）赋值语句不要用作函数参数，不要用在产生布尔值的表达式里。

（5）switch 语句要有 default 分支。

（6）慎用 goto 语句。

（7）尽量减少没有必要的数据类型默认转换与强制转换。

2. 编程实践规范使用说明

1）表达式的比较

表达式比较应当遵循左侧倾向于变化、右侧倾向于不变的原则。

✧ 常量放右边，更符合人的阅读理解习惯。

```
if (score == 60)
{        Pass;    } // Good
if (60 == score)
{        Pass;    } // Bad
if (60<= score)
{        Pass;    } // Ugly
```

✧ 比较表达式中“==”误写成“=”会有工具告警。

2）变量自增或自减运算的表达式

✧ 含有变量自增或自减运算的表达式中禁止再次引用该变量。

✧ 含有变量自增或自减运算的表达式中如果再引用该变量，其结果在C标准中未明确定义。

✧ 各个编译器或者同一个编译器不同版本实现可能不一致。

如：

```
x = b[i] + i++; //  Bad: b[i]运算与 i++，先后顺序并不明确
```

正确的代码形式为

```
x = b[i] + i;
i++; // Good: 单独一行
```

3）赋值语句

赋值语句作为函数参数来使用，其结果可能非预期，而且可读性差。如果布尔值表达式需要赋值操作，那么赋值操作必须在操作数之外分别进行。这可以帮助避免“=”和“==”的混淆，从而静态地检查错误。

如以下代码段：

```
1 void Foo(...)
```

```
2 {
3     int a = 0, b;
4     if ((a == 0) || ((b = Fun1()) > 10))
5     {
6         //  Bad.
7         printf("a: %d\n", a);
8     }
9     printf("b: %d\n", b);
10 }
```

在代码第 4 行的 if 语句中，会根据条件依次判断，如果前一个条件已经可以判定整个条件，则后续条件语句不会再运行，所以可能导致期望的部分赋值没有得到运行。

4）慎用 goto 语句

goto 语句会破坏程序的结构性，所以除非确实需要，最好不使用 goto 语句。使用时，也只允许跳转到本函数 goto 语句之后的语句。

当一个函数需要统一的 return 出口处理结尾事务时，可以使用 goto 语句。

5）数据类型转换

当进行数据类型强制转换时，其数据的意义、转换后的取值等都有可能发生变化，而这些细节若考虑不周，就很有可能留下隐患。

如以下代码段：

```
1 signed char ch;
2 unsigned short int exam;
3 ch = -1;
4 exam = ch; // Bad: 编译器不产生告警，此时 exam 为 0xFFFF
```

代码执行到第 4 行时，编译器尽管不产生告警，但此时 exam 为 0xFFFF，可能造成后续程序运行结果是非预期的。

4.3 本章小结

《Code Complete》（代码大全）一书作者 Steve McConnell 说，“编写程序应该以人为本，计算机第二”。以华为 C 语言编程规范的标准要求自己，做到所写代码清晰第一、简洁为美，并选择合适的风格。

第5章 基于函数的模块化程序设计

学习目标

- ✧ 掌握库函数的正确调用；
- ✧ 掌握函数的定义方法；
- ✧ 掌握函数的类型和返回值；
- ✧ 掌握形式参数与实际参数，以及参数值的传递；
- ✧ 掌握函数的正确调用，以及嵌套调用和递归调用的应用；
- ✧ 掌握局部变量和全局变量；
- ✧ 掌握变量的存储类别（自动、静态、寄存器、外部）、变量的作用域和生存期；
- ✧ 了解内部函数与外部函数。

5.1　模块化程序设计

模块化程序设计是指在进行程序设计时将一个大程序按照功能划分为若干小程序模块，每个小程序模块完成一个确定的功能，并在这些模块之间建立必要的联系，通过模块的互相协作完成整个功能的程序设计方法。

日常生活中，当要完成某件复杂的事情，会将它分解为几个步骤来实现，每个步骤完成特定的“小功能”。在C语言程序中，“功能”可称为“函数”，即“函数”其实就是一段实现了某种功能的代码，并且可以供其他代码调用。因此，在设计较复杂的程序时，一般采用自顶向下的方法，将问题划分为几个部分，各个部分再进行细化，直到分解为能较好地解决问题为止。

一个程序，无论复杂或简单，总体上都是一个“函数”，这个函数就称为“main”函数，也就是“主函数”。比如我们要写一篇论文，那么“写论文”这个过程就是“主函数”；在主函数中，根据情况，可能还需要调用“写大纲、搜集资料、详细书写、文字排版”等子函数；并且还可反复调用这些子函数，比如可以先搜集一些资料，书写一些内容，再搜集，再书写。在程序设计中，这就是反复调用函数；而且在子函数中还可以调用其他子函数，如搜集资料时，可以从网上查，也可以在图书馆查。整个流程如图5-1所示。

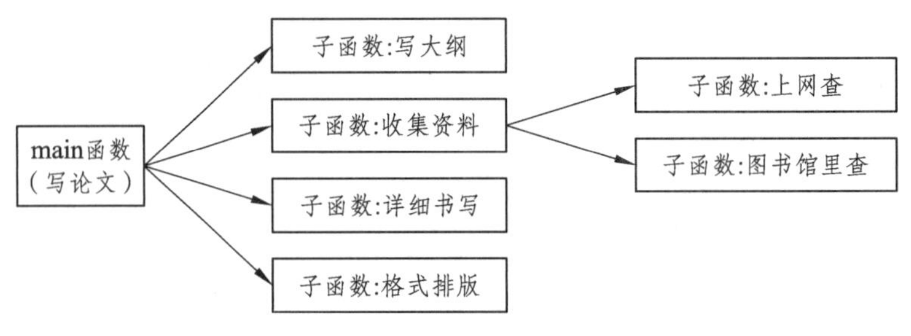

图 5-1　用写论文比喻函数

C 语言的特点就是把函数作为程序的构成模块。**main()**称为主函数，是所有程序运行的入口。其余函数均由 main()函数或其他一般函数调用。

一个完整的、可执行的 C 程序文件的一般结构如下：

[包含文件语句]
[预编译语句]
[宏定义语句]
[子函数 1]
[子函数 2]
……
[子函数 n]
主函数

以上每行表示一段语句或程序，[ ]中的内容表示可选。所谓可选，并不是说可有可无，而是要根据实际情况看是否需要它们。

C 语言提倡人们把一个大问题划分成一个个子问题，编制一个函数解决一个子问题。因此，C 语言程序一般是由大量的小函数组成的，即所谓“小函数构成大程序”。这样的好处是让各部分相互充分独立，并且任务单一。因此，这些充分独立的小模块也可以作为一种固定规格的小“构件”，用来构成新的大程序。模块化程序设计，简单地说就是程序的编写不是一开始就逐条录入计算机语句和指令，而是首先用主程序、子程序、子过程等框架把软件的主要结构和流程描述出来，并定义和调试好各个框架之间的输入、输出链接关系。逐步求解的结果是得到一系列以功能块为单位的算法描述。以功能块为单位进行程序设计，实现其求解算法的方法称为模块化。模块化的目的是降低程序复杂度，使程序设计、调试和维护等操作简单化。

利用函数，不仅可以实现程序的模块化，使得程序设计更加简单和直观，从而提高程序的易读性和可维护性，而且还可以把程序中经常用到的一些计算或操作编写成通用函数，以供随时调用。下面举一个函数调用的例子。

例 5-1 两数求和的函数。

```
#include <stdio.h>
int sum(int x, int y) /*函数定义*/
{
    return x + y; /*通过 return 将结果返回到主函数*/
}
```

```
int main(void) /*主函数*/
{
    int sum(int x, int y); /*函数原型声明*/
    int x, y, s;
     printf("输入两个整数（第一次）: ");
     scanf("%d%d", &x, &y);
     s = sum(x, y); /*函数调用,调用完后结果赋给 s*/
     printf("%d+%d=%d\n", x, y, s);
     printf("输入两个整数（第二次）: ");
     scanf("%d%d", &x, &y);
     s = sum(x, y); /*函数调用*/
     printf("%d+%d=%d\n", x, y, s);
     return 0;
}
```

程序运行结果：

```
[root@swjtu-kp chpt-5]# ./chpt5-1
输入两个整数（第一次）: 3 5
3+5=8
输入两个整数（第二次）: 7 9
7+9=16
```

程序说明：

例 5-1 中，函数 sum 被调用了 2 次。

由例 5-1 可以知道，C 程序实现的结构如下：

1. C 程序由函数构成

一个 C 程序至少要包括一个函数，即 main 函数，也可以包含一个 main 函数和若干个其他函数。因此，函数是 C 程序的基本单位。被调用的函数可以是系统提供的库函数，如 printf 和 scanf 函数，也可以是用户自定义的函数。C 程序的函数相当于其他语言中的子程序，用函数来实现特定的功能。C 语言的函数库十分丰富，Turbo C 提供 300 多个库函数。C 语言的这种特点易于实现程序的模块化。

2. main 函数是整个 C 程序的入口

一个 C 程序总是从 main 函数开始执行的，也总是在 main 函数中结束。main 函数可以在程序最前面，也可以在程序最后，或在一些函数之前另一些函数之后。

不管是子函数还是主函数，它都是一个函数，对于一个函数而言，一般是如下结构：

```
[返回值类型] 函数名([参数列表])
{
    函数体语句
}
```

5.2 函数的定义与调用

5.2.1 函数的分类

1. 从用户的使用角度分类

从用户的使用角度看，函数有两种：

（1）标准函数，即库函数。这是由系统提供的。如以前学的 printf()、scanf()……都是输入输出库函数。

最早期的编译器 Turbo C2.0 提供的运行程序库函数有 400 多个，现在的编译器，不管是 Visual Studio，还是 GCC，提供的库函数更多。每个函数都完成一定的功能，可由用户随意调用。这些函数分为输入输出函数、数学函数、字符串和内存函数、与 BIOS 和 DOS 有关的函数、字符屏幕和图形功能函数、过程控制函数、目录函数等。对这些库函数应熟悉其功能，只有这样才可省去很多不必要的工作。

在使用库函数时，必须先知道该函数包含在什么样的头文件中，在程序的开头用 **#include<*.h>**或**#include"*.h"**说明。只有这样程序在编译、链接时编译器才知道这个函数是由库函数提供的，否则将认为是用户自己编写的函数而不能装配。例如“标准输入输出”函数包含在 stdio.h 中，非标准输入输出函数包含在 io.h 中。

常用的库函数在附录Ⅴ中给出。

（2）用户自定义的函数。此类函数用于解决用户的专门需要，也是编程的主要任务。

2. 从函数的形式分类

从函数的形式看，函数分为两类：

（1）无参函数。

在调用无参函数时，主调函数并不将数据传送给被调函数，一般用来执行指定的一组操作。

（2）有参函数。

在调用有参函数时，在主调函数和被调用函数之间有数据传递。也就是说，主调函数可以将数据传递给被调函数使用，被调函数中的数据也可以带回来供主调函数使用。

5.2.2 函数定义

1. 有参函数

（1）定义形式：

```
类型标识符 函数名 (形式参数列表)
{
    函数体语句
}
```

（2）说明。

✧ 形式参数列表中每个参数都应单独指明函数类型，如图 5-2 所示。

✧ 类型标识符如果省略，则为 int 型。

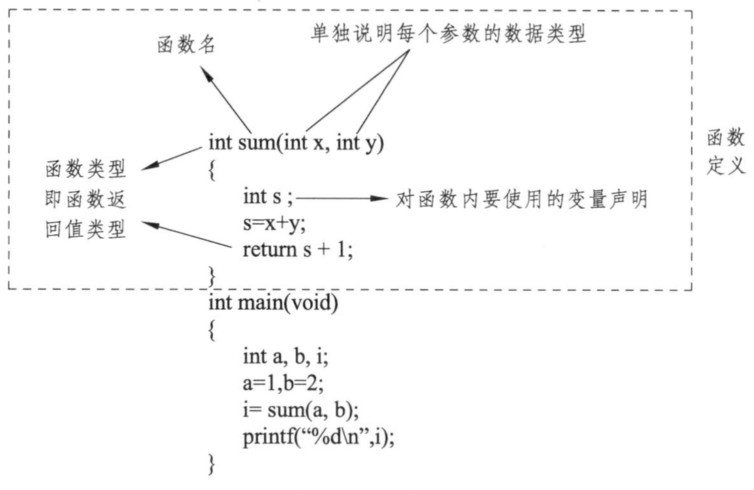

图 5-2　函数定义

✧ 函数定义可放在 main 之前，也可放在 main 之后。如果放在 main 后，要在使用前做函数原型声明，详见 5.2.6 小节。

2. 无参函数

定义形式：

```
类型标识符 函数名()
{
    函数体语句
}
```

下面通过一个简单程序说明无参函数的使用。

例 **5-2** 输出数字。

定义了两个函数 p1 和 p2，这两个函数都是无参函数，只完成指定功能，即输出数字，并不返回值到主函数 main 中。

```
#include <stdio.h>
void p1()
{
    printf("12345\n");
}
void p5()
{
    printf("54321\n");
}

int main(void)
{
    p1();
    p5();
```

```
    p1();
    return 0;
}
```

程序运行结果：

```
[root@swjtu-kp chpt-5]# ./chpt5-2
12345
54321
12345
```

如果函数无参数，那么应声明其参数为 **void**。

在 C 语言中声明一个这样的函数：

```
int function(void)
{
    return 1;
}
```

则进行下面的调用是不合法的：

```
function(2);
```

因为在 C 语言中，函数参数为 void 的意思是这个函数不接受任何参数。

3. 空函数

定义形式：

```
类型说明符 函数名()
{ }
```

例如：

```
void kongf()
{
}
```

调用此函数时，什么工作也不做，该函数没有任何实际作用。空函数一般作为扩充函数，在以后需要时将功能补上。

5.2.3 函数的参数

函数的参数就是写在函数名称后圆括号内的常量、变量或表达式。函数的参数分为形式参数（简称“形参”）和实际参数（简称“实参”）。

1. 形式参数

形式参数就是定义函数时函数名后面括号中的变量名，并且必须分别指明每个参数的数据类型。例如：

```
int sum(int x, int y);
```

若写成：

```
int sum(int x,  y);
```

则是错误的。

2. 实际参数

实际参数就是调用函数时函数名后面括号中的表达式。

说明：

（1）形参只能是变量；实参可以是常量、变量或表达式。在被定义的函数中，必须指定形参的类型。

（2）实参与形参的个数应一样，类型应一致。字符型和整型可以互相通用。

（3）在调用函数时，如果实参是数组名，则传递给形参的是数组的首地址。详细使用见第 7 章指针。

例 **5-3** 求和。下面程序中，x、y 为形参，a、b 为实参。

```
#include <stdio.h>
int sum(int x, int y) /* 此处为形参 */
{
    int s;
    s = x + y;
    return s + 1;
}
int main(void)
{
    int a, b, i;
    a = 1, b = 2;
    i = sum(a, b); /* 此处为实参 */
    printf("%d\n", i);
}
```

程序运行结果：

```
[root@swjtu-kp chpt-5]# ./chpt5-3
4
```

5.2.4 函数的调用

1. 调用过程

在程序中是通过对函数的调用来执行函数体的，其过程与其他语言的子程序调用相似。

调用格式：

函数名(实参)

如例 5-3 求和程序，如图 5-3 所示。

整个调用过程分 3 个步骤：

（1）执行 `s=sum(a,b);`语句，即调用 sum 函数，发生参数传递——实参 a、b 的值传递给对应形参 x 和 y，则 x=1，y=2。

注意：实参和形参必须个数相同，类型一致；实参和形参按从左到右顺序对应，一一传递数据。

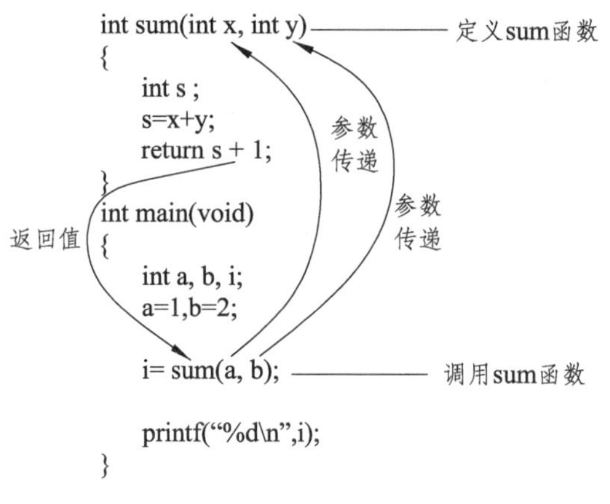

图 5-3　函数调用

（2）执行 sum 函数的功能，即计算 x+y。

（3）将 x+y 的结果，即函数的值，通过 return 语句返回到调用处，如图 5-3 所示，此时整个调用结束，函数的结果被赋给 s，则 s=3。然后执行其后的 printf 语句。

2. 调用方式

在 C 语言中，可以用以下三种方式调用函数：

（1）函数表达式。

函数作为表达式中的一项出现在表达式中，以函数返回值参与表达式的运算。这种方式要求函数是有返回值的，如 `m=max(a,b);`。

（2）函数调用语句。

函数调用的一般形式加上分号即构成函数调用语句，如 printf()和 scanf()函数的调用。

（3）函数参数。

函数作为另一个函数调用的实际参数出现。这种情况是把该函数的返回值作为实参进行传递，因此要求该函数必须是有返回值的，如 `m=max(max(a,b),c);`。

例如：例 5-3 中可以不用变量 s，主函数改为如下形式。

```
int main(void)
{
    int a,b,s;
    a=1;b=2;
    printf("%d\n",sum(a,b));
    return 0;
}
```

该程序段把 sum 调用的返回值又作为 printf 函数的实参来使用。

在函数调用中还应该注意的一个问题是求值顺序的问题。所谓求值顺序，是指对实参表中各量是自左至右使用，还是自右至左使用。对此，各系统的规定不一定相同，一般是从右到左进行计算。

3. 调用过程中参数的传递方式

1）值传递方式

函数调用时，为形参分配存储单元，并将实参的值复制到形参中；调用结束，形参单元被释放，实参单元仍保留并维持原值。如图 5-4 所示，函数调用前和调用结束后，a、b 都保持不变。

值传递的特点：

✧ 形参与实参占用不同的内存单元。

✧ 单向传递：实参传递给形参是单向传递，形参变量在未出现函数调用时，并不占用内存，只在调用时才占用。调用结束后，将释放内存。执行一个被调函数时，形参的值如果发生改变，并不会改变主调函数中的实参的值。

例 **5-4** 函数实参的值在调用前后不变。有两个变量 x、y，调用前输出变量值为 7 和 11；调用函数 swap 之后，再次输出 x 和 y 的值，仍然为 7 和 11，没有改变，如图 5-4 所示。

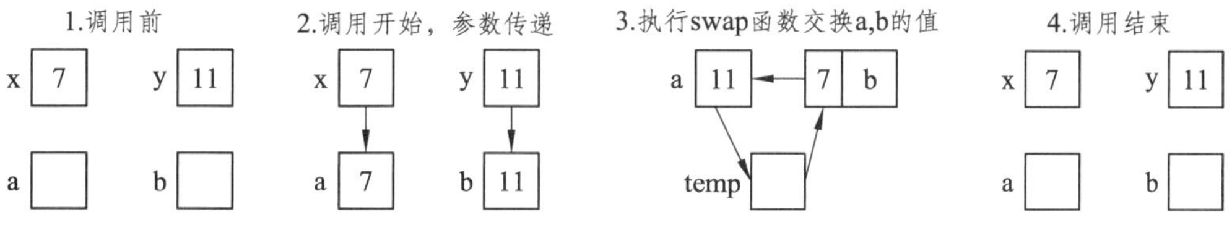

图 5-4 参数传递过程

```c
#include <stdio.h>
void swap(int a, int b)
{
    int temp;
    temp = a;
    a = b;
    b = temp;
}
int main(void)
{
    int x = 7, y = 11;
    printf("x=%d,\ty=%d\n", x, y);
    printf("swapped:\n");
    swap(x, y); /*调用 swap 函数*/
    printf("x=%d,\ty=%d\n", x, y);
    return 0;
}
```

程序运行结果：

```
[root@swjtu-kp chpt-5]# ./chpt5-4
x=7,    y=11
swapped:
x=7,    y=11
```

程序说明：

在执行 swap 函数时，形参 a、b 的值经过交换后发生了改变，但实参 x、y 没有受到影响。这相当于一个单向的复制过程，参数传递时 x 的值复制给 a，y 的值复制给 b，但调用结束后不会被 a、b 反复制回来。

2）地址传递

函数调用时，将数据的存储地址作为参数传递给形参。

地址传递的特点：

✧ 形参与实参占用同样的存储单元，也就是说实参与形参共占同一段内存单元，函数调用时，若改变了形参的值，则实参值也同时改变。

✧ 传递方式仍然是单向传递。

✧ 实参和形参必须是地址。

该传递方式的函数参数为指针变量或数组名，该方法将在指针和数组中详细介绍。

4. 函数结果的带出方式

值传递方式的特点是被调函数不能通过“参数”向主调函数返回值，如果想返回一个结果值，可以使用 return 方式来实现。关于 return 语句的详细使用方式将在 5.2.5 小节描述。

如果在函数调用时需要得到多个值，该怎样实现？可以有以下两类方式：一种是通过全局变量方式带出；另一种是通过地址传递带出（数组方式、结构体方式、指针方式）。详细用法将在后续章节中叙述。

1）全局变量方式

应用全局变量在所有函数中都有效的原则，详见 5.5.1 小节。通过参数表的参数传递是一种“显式”传递方式，而通过全局变量是一种“隐式”参数传递，一个函数中对全局变量的改变会影响其他程序的调用，会降低函数的独立性，使用全局变量必须注意这个问题。

2）数组方式

用数组名作为函数的参数。如果要返回的是多个相同类型的值，则可以将这些值放到一个数组当中，然后返回数组的地址，详见 6.3.2 小节。

3）指针方式

用指针变量作为函数的参数。由于指针变量存放的是变量的地址，这种方式的作用是将一个变量的地址传送到另一个函数中，详见 7.1.4 小节。

4）结构体方式

如果要返回的是多个不同类型的值，则可以将这些值放到一个结构体当中，然后返回结构体的指针或全局变量，详见 8.4.3 小节。

5.2.5 函数的返回值

函数执行完后如果需要一个返回值，可以通过 return 语句获得。return 表示从被调函数返回到主调函数继续执行，同时还可以将返回值带出。return 语句的格式：

```
return 表达式;
```

如果函数执行不需要返回计算结果，也经常需要返回一个状态码来表示函数执行得顺利与否（1 和 0 就是最常用的状态码），主调函数可以通过返回值判断被调函数的执行情况。

如果实在不需要函数返回什么值，就需要用 void 声明其类型。

1. 非 void 型

函数名前有返回类型定义，如 int、double 等就必须有返回值。

```
int f1(int a) /*函数 f1 的类型为 int 型*/
{
    int b;
    b = a * 3;
    return b; /*返回值 b 与 f1 的 int 型相呼应，通过 b 将结果返回给主调函数*/
}
```

2. void 型

函数是 void 型，可以不写 return 语句，这时即使写了也无法返回数值。

```
void f1(int a) /*函数 f1 的类型为 void 型*/
{
    int b;
    b = a * 3;
    printf("%d", b); /*直接输出 b 的值，而不返回给主调函数*/
}
```

但有时即使被调函数是 void 类型，被调函数中的 return 语句也不是毫无意义的，如例 5-5。

例 **5-5** void 型函数中的 return 语句。

```
#include <stdio.h>
void function()
{
    printf("111111\n");
    return;
    printf("222222\n");
}
int main(void)
{
    function();
    return 0;
}
```

程序运行结果：

```
[root@swjtu-kp chpt-5]# ./chpt5-5
111111
```

程序说明：

运行结果中屏幕上只输出一串数字 1 而没有 2。但是如果去掉 function 函数中的 return 语句，就可以同时输出一串数字 2。

这里的 return 其实还有一个退出该程序的作用。也就是说，在 `printf("111111\n");` 后面加了个 `return ;` 就表示结束该函数，返回主函数中。

返回值的取值有下列三种情况：

（1）只要一个函数的返回值是整型的，那么就可以返回 0（即 `return 0;`）。一般情况下，C 语言定义的函数都要求返回一个值，当函数执行正常，且达到了一般情况下的目的，那么就返回 0，表示正确地调用了该函数，这个 0 就是返回给主调函数以通知没有出错。

（2）如果函数调用中出错，或者没有按照一般情况执行，那么就返回 1，以告知主调函数采取相应响应策略。

（3）如果在某个函数所在类的头文件中定义了一组状态值（一般都是负整数），那么函数就可以返回不同的值以告诉主调函数具体发生了什么异常或错误，这种情况一般用于函数功能独立性较差的情况。所以一般不鼓励把函数返回类型定义为 void，至少应该返回 int。

在 C 语言中，凡不加返回值类型限定的函数，就会被编译器作为返回整型值处理。

为了避免混乱，在编写 C 程序时，对于任何函数都必须一个不漏地指定其类型。如果函数没有返回值，一定要声明为 void 类型。这既是程序良好可读性的需要，也是编程规范性的要求。

5.2.6 函数的原型声明

1. 需要原型声明

在主调函数中调用某函数之前应对该被调函数进行声明（说明），这与使用变量之前要先进行变量说明是一样的。在主调函数中对被调函数作说明的目的是使编译系统知道被调函数返回值的类型，以便在主调函数中按此种类型对返回值作相应的处理。

其一般形式为

    类型说明符 被调函数名(类型 形参,类型 形参…);

括号内给出了形参的类型和形参名，便于编译系统进行检错，以防止可能出现的错误。

如下面程序中，函数 sum 定义在 main 之后，且返回值为 float 型，调用前必须做原型声明：

```
#include <stdio.h>
int main(void) /*主函数*/
{
    float sum(float x, float y); /*函数原型声明*/
    float x, y, s;
    printf("输入两个实数：");
    scanf("%f%f", &x, &y);
    s = sum(x, y); /*函数调用*/
    printf("%f+%f=%f\n", x, y, s);
     return 0;
}
float sum(float x, float y) /*函数定义*/
{
```

```
    returnx + y;
}
```

2. 可以不用原型声明

C 语言中又规定在以下几种情况时可以省去主调函数中对被调函数的说明：

（1）如果被调函数的返回值是整型或字符型，可以不对被调函数作说明，而直接调用。这时系统将自动对被调函数返回值按整型处理。

（2）当被调函数的函数定义出现在主调函数之前时，在主调函数中也可以不对被调函数再作说明而直接调用。例 5-1 中，函数 max 的定义放在 main 函数之前，因此可在 main 函数中省去对 max 函数的函数说明 `int max(int a,int b);`。

（3）如在所有函数定义之前，在函数外预先说明了各个函数的原型，则在以后的各主调函数中，可不再对被调函数作说明。例如：

```
char str(int a);  /*函数原型声明*/
float f(float b); /*函数原型声明*/
int main(void)
{
    ……
}
char str(int a) /*定义函数 str*/
{
    ……
}
float f(float b) /*定义函数 f*/
{
    ……
}
```

其中，第 1、2 行对 str 函数和 f 函数预先作了说明。因此，在以后各函数中无须对 str 和 f 函数再作说明即可直接调用。

（4）对库函数的调用不需要再作说明，但必须把该函数的头文件用#include 命令包含在源文件前部。例 5-1 中使用了`#include<stdio.h>`，这是因为在程序中用到了输入输出库函数。例 3-28 中用到了数学函数，所以还要加上`#include<math.h>`。常用的库函数在附录Ⅴ中有详细介绍，读者在使用时可自行查阅。

5.2.7 main()函数的标准形式

C 程序的设计原则是把函数作为程序的构成模块，其中 main()函数称为主函数，一个 C 程序总是从 main()函数开始执行的。

1. main()函数的形式

在 ANSI C 标准中，用以下方式定义 main 函数：

```
int main(void)
{
...
return 0;
}
```

或：

```
void main()
{
    ...
}
```

int 指明了 main()函数的返回类型，函数名后面的圆括号一般包含传递给函数的信息。void 表示没有给函数传递参数。

本书采用 main 函数定义形式为

```
int main(void)
{
    ……
    return 0;
}
```

2. main()函数的返回值

main()函数的返回值类型是 int 型，而程序最后的 return 0; 正与之遥相呼应，0 就是 main()函数的返回值。这个 0 返回到操作系统，表示程序正常退出。因为 return 语句通常写在程序的最后，不管返回什么值，只要到达这一步，说明程序已经运行完毕。而 return 的作用不仅在于返回一个值，还在于结束函数。

3. main()函数的参数

C 编译器允许 main()函数没有参数，或者有两个参数（有些实现允许更多的参数，但这只是对标准的扩展），其中第一个参数的类型为整型，用于指出命令行中字符串的个数；第二个参数是一个字符指针数组，分别指向命令行中各个字符串，其一般形式为

```
int main(int argc, char *argv[]);
```

其中，变量的名字可以根据程序人员的爱好进行改变，但参数的数目及各参数的类型是不可改变的。

函数的参数用来在函数调用时，往被调函数传递数据，而 main 函数在 C 程序中，不能被任何函数所调用，那么 main 函数的参数从何处得到数据呢？每一个 C 程序的执行都是在系统的支持下进行的，main 函数是系统执行相应的程序得到“调用”，从系统命令行中得到相应的参数。

例 **5-6** 带参数的 main 函数。

```
#include <stdio.h>
int main(int argc, char *argv[])
```

```
{
    int count;
    printf("The command line has %d arguments: \n", argc);
    for (count = 0; count <argc; count++)
        printf("%d:%s\n", count, argv[count]);
    return 0;
}
```

程序运行结果：

```
[root@swjtu-kp chpt-5]# ./chpt5-6 love you
The command line has 3 arguments:
0:./chpt5-6
1:love
2:you
```

程序说明：

如果将上面程序命名为 chpt5-6.cpp，编译后生成可执行文件 chpt5-6；如果在目标服务器上执行：`./chpt5-6 love you`，则参数 argc 得到 3(包括命令名本身)，而 argv[0]、argv[1]、argv[2]分别指向字符串./chpt5-6、love、you。

5.3 函数嵌套调用与递归调用

5.3.1 函数的嵌套调用

C 语言中各函数之间是平行的，不存在上一级函数和下一级函数的问题，因此函数不允许嵌套定义。

但是 C 语言允许在一个函数的定义中出现对另一个函数的调用。这样就出现了函数的嵌套调用，即在被调函数中又可以调用其他函数。函数的嵌套调用是指在程序中定义一个函数，该函数的执行体中又包含其他函数的调用语句。它可以将程序拆分成多个函数，从而层级调用函数，增强可读性，提高编程效率。

图 5-5 表示了两层嵌套调用的情形。其执行过程是：执行 main 函数中调用 a 函数的语句时，即转去执行 a 函数，在 a 函数中调用 b 函数时，又转去执行 b 函数，b 函数执行完毕返回 a 函数的断点处继续执行，a 函数执行完毕返回 main 函数的断点处继续执行。

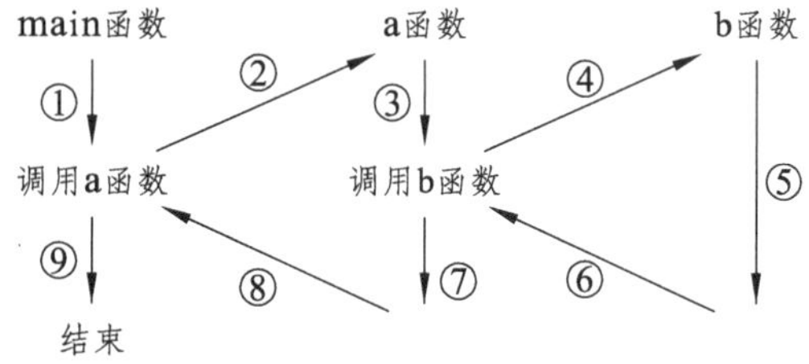

图 5-5 函数嵌套调用

C 语言函数嵌套调用的优点：

（1）函数嵌套调用机制降低了内存消耗，可以节省存储空间；

（2）它可以将算法拆分成多个函数，实现多个小功能，从而使代码更具细节；

（3）代码行数简化，结构清晰，更便于开发者阅读和理解；

（4）函数嵌套调用可以构建函数间交互结构，增强程序的可复用性。

C 语言函数嵌套调用的缺点：

（1）由于嵌套函数的定义位置在调用之外，因此当调用这种函数时，会消耗较多的时间，从而影响程序的运行效率；

（2）当一个函数嵌套在另一个函数体内，并不能在同一模块中使用，而必须在引用模块中使用；

（3）过多的函数调用会使得程序过于分散，增加了学习成本，同时可读性和可维护性也会相应稍差；

（4）函数嵌套调用过深会增加代码层级，当层数较多时，调试程序会变得更加困难。

函数嵌套调用机制在代码编写阶段，拆分程序可减少内存和代码消耗，提升可读性和可维护性，是一种比较常用的编程方式，但过度使用也会增加程序调试的难度，因此，在使用函数嵌套调用时要适可而止，以期取得最佳的编程效果。

例 **5-7** 计算 $s=2^2!+3^2!$。

基本思路：可编写两个函数，一个用来计算平方值的函数 f1，另一个用来计算阶乘值的函数 f2。主函数先调用 f1 计算出平方值，再在 f1 中以平方值为实参，调用 f2 计算其阶乘值，然后返回 f1，再返回主函数，在循环程序中计算累加和。

```
#include <stdio.h>
long f1(int p) /*定义函数 f1*/
{
    int k;
    long r;
    long f2(int q);
    k = p * p;
    r = f2(k); /*调用函数 f2*/
    return r;  /*返回到主函数中*/
}

long f2(int q) /*定义函数 f2*/
{
     long c = 1;
     int i;
     for (i = 1; i <= q; i++)
         c = c * i;
     return c; /*返回到函数 f1 中*/
}

int main(void)
```

```
{
    int i;
    long s = 0;
    for (i = 2; i <= 3; i++)
        s = s + f1(i); /*调用函数 f1*/
    printf("s=%ld\n", s);
    return 0;
}
```

程序运行结果：

```
[root@swjtu-kp chpt-5]# ./chpt5-7
s=362904
```

程序说明：

在程序中，函数 f1 和 f2 均为长整型，都在主函数之前定义，故不必再在主函数中对 f1 和 f2 作原型声明。调用过程如下：

（1）在主程序中，执行循环程序依次把 i 值作为实参调用函数 f1 求 i^2 值。

（2）在 f1 中又发生对函数 f2 的调用，这时是把 i^2 的值 k 作为实参去调用 f2，在 f2 中完成求 $i^2!$ 的计算。

（3）f2 执行完毕把 c 值（即 $i^2!$）返回给 f1，再由 f1 返回主函数实现累加。至此，由函数的嵌套调用实现了题目的要求。

由于阶乘后数值很大，所以函数和一些变量的类型都定义为 double 型，否则会造成数据溢出。

5.3.2 函数的递归调用

递归调用是一种特殊的嵌套调用，是某个函数直接或间接调用自己，而不是另外一个函数。只要函数之间互相调用能产生循环则一定是递归调用。递归调用是一种解决方案，一种逻辑思想，是将一个大工作分为逐渐减小的小工作。

递归是一种应用非常广泛的算法（或者编程技巧），并且高效、简洁。很多数据结构和算法的编码实现都要用到递归，比如 DFS 深度优先搜索、前中后序二叉树遍历等。去的过程叫“递”，回来的过程叫“归”。递归需要满足的三个条件：

（1）一个问题的解可以分解为几个子问题的解；

（2）这个问题与分解之后的子问题，除了数据规模不同，求解思路完全一样；

（3）存在递归终止条件。

比如一个同学要搬 50 块石头，他想只要前 49 块有人搬走，那剩下的一块就能搬完了，然后考虑那 49 块，只要先搬走 48 块，那剩下的一块就能搬完了…….。

递归是一种思想，在程序中，就是依靠函数嵌套调用自己来实现。基本上所有的递归问题都可以用递推公式来表示。

考虑如下计算阶乘的代码：

```
long fact(long n)
{
```

```
    if (n == 0 || n == 1)
        return 1;
    else
        return n * fact(n - 1);
}
```

这个函数叫作 fact，它自己调用自己，这就是一个典型的递归调用问题。

递归问题的层层调用分析是不符合人类直觉的，因此没必要用人脑去分解递归代码的每个步骤，正确的做法是，遇到递归问题就拆分问题并抽象成递归公式，然后再推敲终止条件，最后将递推公式和终止条件翻译成代码。

例 5-8 用递归法计算 $n!$。

基本思路：用递归法计算 $n!$可用下述公式表示。

$$\begin{cases} \text{当} n = 0、1 \text{ 时，} & n! = 1 \\ \text{当} n > 1 \text{时，} & n = n \times (n-1)! \end{cases}$$

按公式可编程如下：

```
#include <stdio.h>
long fun(int n)
{
    long f;
    if (n < 0)
        printf("n<0,input error");
    else if (n == 0 || n == 1)
        f = 1;
    else
        f = fun(n - 1) * n;
    return f;
}
int main(void)
{
    int n;
    long y;
    printf("input a inteager number:");
    scanf("%d", &n);
    y = fun(n);
    printf("%d!=%ld\n", n, y);
    return 0;
}
```

程序运行结果：

```
[root@swjtu-kp chpt-5]# ./chpt5-8
input a inteager number:8
8!=40320
```

程序说明：

程序中给出的函数 fun 是一个递归函数。主函数调用 fun 后即进入函数 fun 执行，如果 n<0、n=0 或 n=1，都将结束函数的执行，否则就递归调用 fun 函数自身。由于每次递归调用的实参为 n-1，即把 n-1 的值赋予形参 n，最后当 n-1 的值为 1 时再作递归调用，形参 n 的值也为 1，将使递归终止。然后可逐层退回。

设执行本程序时输入 5，即求 5!。在主函数中的调用语句即为 y=fun(5)，进入 fun 函数后，由于 n=5，不等于 0 或 1，故应执行 `f=fun(n-1)*n`，即 `f=fun(5-1)*5`。该语句对 fun 作递归调用即 fun(4)。逐次递归展开如图 5-6 所示。进行四次递归调用后，fun 函数形参取得的值变为 1，故不再继续递归调用而开始逐层返回主调函数。fun(1)的函数返回值为 1，fun(2)的返回值为 `1*2=2`，fun(3)的返回值为 `2*3=6`，fun(4)的返回值为 `6*4=24`，最后返回值 fun(5)为 `24*5=120`。

如图 5-6 所示，一个递归问题总可以分为递推和回归两个阶段。

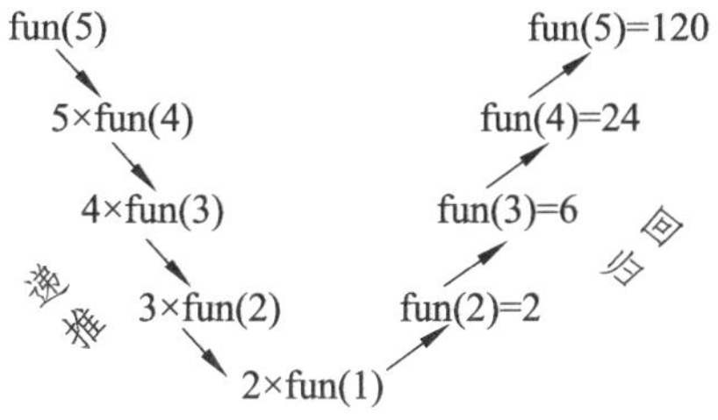

图 5-6　递归调用过程

注意：下面这个函数是一个递归函数。但是运行该函数将无休止地调用其自身，这当然是不正确的。

```
int f(int x)
{
    int y;
    z = f(y);
    return z;
}
```

为了防止递归调用无终止地进行，必须在函数内有终止递归调用的手段。常用的办法是加条件判断，满足某种条件后就不再作递归调用，然后逐层返回。下面举例说明递归调用的执行过程。

例 **5-9** 设计一个递归函数，计算一个整数的各位数字之和。

基本思路：通过分析发现，n%10 为 n 的个位，n/10 为 n 的商，即 n 的十位以上的数值。因此，若设整数 n 的各位数之和为 sum(n)，则有以下递归公式：

$$\mathrm{sum}(n)=\begin{cases} n\%10, & n/10=0 \\ \mathrm{sum}(n/10)+n\%10, & n/10\neq 0 \end{cases}$$

```c
#include <stdio.h>
int sum(int n) /*定义函数 sum*/
{
    int r = n % 10, q = n / 10;
    if (q)
        return sum(q) + r; /*自己调用自己*/
    else
        return r;
}
int main(void)
{
     int m;
     printf("请输入一个整数：");
     scanf("%d", &m);
     printf("%d 各位数字之和=%d\n", m, sum(m)); /*调用函数 sum*/
     return 0;
}
```

程序运行结果：

```
[root@swjtu-kp chpt-5]# ./chpt5-9
请输入一个整数：117
117各位数字之和=9
```

例 **5-10** 汉诺塔问题。汉诺塔问题是递归调用里面最经典的一个案例。

汉诺塔问题是源于印度一个古老传说的益智玩具。上帝创造世界的时候做了三根金刚石柱子，在一根柱子上从下往上按大小顺序摞着 64 片黄金圆盘。上帝命令婆罗门把圆盘从下面开始按大小顺序重新摆放在另一根柱子上。并且规定，移动过程中在小圆盘上不能放大圆盘，在三根柱子之间一次只能移动一个圆盘。

基本思路：

（1）可将移动 n 个盘子的问题简化为移动 n-1 个盘子的问题，即将 n 个盘子从 A 柱移到 C 柱可分解为三步，如图 5-7 所示。

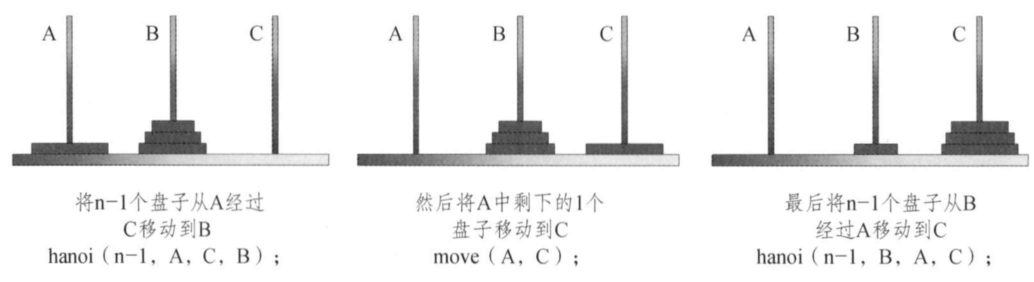
A
B
C
将n-1个盘子从A经过
C移动到B
hanoi（n-1，A，C，B）；
A
B
C
然后将A中剩下的1个
盘子移动到C
move（A，C）；
A
B
C
最后将n-1个盘子从B
经过A移动到C
hanoi（n-1，B，A，C）；

图 5-7　汉诺塔问题 3 步骤

① 将 A 柱上的 n-1 个盘子借助于 C 柱移到 B 柱上；

② 将 A 柱上的最后一个盘子移到 C 柱上；

③ 再将 B 柱上的 n-1 盘子借助于 A 柱移到 C 柱上。

这种分解一直进行，直到变成移动一个盘子，递归结束。

（2）其实以上三步只包含两种操作：

① 将 A 柱上的 n 个盘子借助于 B 柱移到 C 柱上，用递归函数：

```
void hanoi(int n,char A,char B,char C);
```

② 将 1 个盘子从 x 柱移到 y 柱，并输出移动信息。用函数：

```
void move(char x,char y);
```

```
#include <stdio.h>
void move(char x, char y) /*将1个盘子从x柱移到y柱*/
{
    printf("%c→%c\n", x, y);
}
void hanoi(int n, char A, char B, char C) /*把A柱上的n个盘子借助于B柱移到C柱上*/
{
    if (n == 1)
        move(A, C);
     else
     {
         hanoi(n - 1, A, C, B); /*将A柱上的n-1个盘子借助于C柱移到B柱上*/
         move(A, C);              /*将A柱上的最后一个盘子移到C柱上*/
         hanoi(n - 1, B, A, C); /*再将B柱上的n-1盘子借助于A柱移到C柱上*/
     }
}
int main(void)
{
     int n;
     printf("Enter the number of diskes:");
     scanf("%d", &n);
     hanoi(n, 'A', 'B', 'C');
     return 0;
}
```

程序运行结果：

```
[root@swjtu-kp chpt-5]# ./chpt5-10
Enter the number of diskes:3
A→C
A→B
C→B
A→C
B→A
B→C
A→C
```

读者运行时可分别输入 10 个、20 个、64 个盘子，观察程序运行结果和运行时间。

5.4 函数经典实例

C 语言是函数式语言，对于功能复杂的程序，一般用 main 函数完成功能集成，也就是调用一个个函数，而具体的功能实现就定义为函数。下面通过两个经典程序说明 C 语言就是函数式语言。

例 **5-11** 编程检验以下命题：任何一个数字不全相同的三位自然数，经有限次“重排求差”操作，都会得到三位数 495。所谓“重排求差”，是指一个自然数的数字重排后的最大数减去重排后的最小数。

例如，763 经过以下重排求差操作，最后得到三位数 495。

763-367=396

963-369=594

954-459=495

“重排求差”基本思路：

（1）**功能分解**：main 函数分解成数据输入和命题验证两大功能，分别由 Input 函数和 Check 函数完成。

Input 函数的原型：

```
int Input();
```

功能：输入一个三位数字不完全相同的自然数并返回。

Check 函数的原型：

```
void Check(int n);
```

功能：验证 n 符合命题。

（2）**功能集成**：main 函数通过分别调用 Input 函数和 Check 函数来解决问题。

（3）**Check 函数的功能分解**：验证命题要反复做“重排求差”操作。

① 求一个三位数的数字重排后的最大数：因为涉及三位整数的拆分，再排序，最后再组合为三位数，因此代码比较复杂，可定义 Max 函数来完成。其原型为

```
int Max(int n);
```

② 求一个三位数的数字重排后的最小数：可定义 Min 函数来完成，函数参数接收来自 Max 后的数据（即三位整数组成的最大数），这样就可拆分后重新组合即可。其原型为：

```
int Min(int n);
```

③ 重排后的最大数减重排后的最小数。

“重排求差”问题是模块化程序设计方法的典型应用，其函数调用关系图如图 5-8 所示。

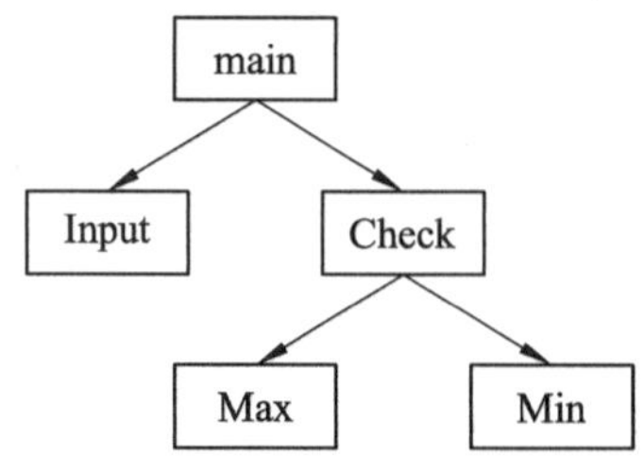

图 5-8　例 5-11 函数调用关系图

```c
#include <stdio.h>
int Input(void);
void Check(int n);
int Max(int n);
int Min(int max);
int main(void)
{
  int n;
  n = Input();
  Check(n);
  return 0;
}
int Input(void)
{
  int n, n100, n10, n0, f = 0;
  printf("请输入一个三位数字不完全相同的自然数：");
  do
  {
    if (f)
      printf("输入数据不符合要求！\n\n请重新输入:");
    f = 0; /*重置f为0*/
    scanf("%d", &n);
    if (n >= 100&& n <= 999) /*若n是三位数*/
    {
      n100 = n / 100, n10 = n % 100 / 10, n0 = n % 10; /*则分离其各位*/
      if (n100 == n10 && n10 == n0)
        f = 1; /*若其各位全同*/
    }
    else
      f = 1;
  } while (f);
  return n;
}
void Check(int n)
{
  int max, min;
  do
```

```
    { /*反复做"重排求差"操作*/
      max = Max(n);
      min = Min(max);
      n = max - min;
      printf("%d-%d=%d\n", max, min, n);
    } while (n != 495); /*直到"重排求差"的值为 495 为止*/
}
int Max(int n)
{
    int a100, a10, a0, t;
    a100 = n / 100;
    a10 = n % 100 / 10;
    a0 = n % 10; /*各位分解*/
    if (a100 < a10)
      t = a100, a100 = a10, a10 = t; /*各位排序*/
    if (a100 < a0)
      t = a100, a100 = a0, a0 = t;
    if (a10 < a0)
      t = a10, a10 = a0, a0 = t;
    return 100 * a100 + 10 * a10 + a0; /*返回最大数*/
}
int Min(int max) /*max 为 3 位数字形成的最大数*/
{
    int a100, a10, a0;
    a100 = max / 100;
    a10 = max % 100 / 10;
    a0 = max % 10;
    return 100 * a0 + 10 * a10 + a100;
}
```

程序运行结果：

```
[root@swjtu-kp chpt-5]# ./chpt5-11
请输入一个三位数字不完全相同的自然数：100
100-1=99
990-99=891
981-189=792
972-279=693
963-369=594
954-459=495
```

```
[root@swjtu-kp chpt-5]# ./chpt5-11
请输入一个三位数字不完全相同的自然数：768
876-678=198
981-189=792
972-279=693
963-369=594
954-459=495
```

程序说明：

（1）函数定义的位置可以随意安排，一般常见的形式有两种：所有子函数放在主函数 main()之前定义；所有子函数放在主函数 main()之后定义。

（2）程序执行的起点总是 main()函数，结束点也在 main()。

例 5-12 寻找四位数的超级素数。超级素数的定义：若一个素数从低位到高位依次去掉一位数后仍然是素数，则此数为超级素数。例如，数 2333 是素数，且 233、23、2 均是素数，所以 2333 是一个超级素数。

基本思路：

（1）定义主函数，寻找所有四位数中的超级素数。其中，判断一个四位数是否是超级素数的任务由 sup_prime 函数完成。

（2）定义 **sup_prime** 函数，判断指定的四位数是否是超级素数。其中，判断一个整数是否是素数的任务由 prime 函数完成。

（3）定义 **prime** 函数，判断指定的整数是否是素数。

寻找四位正整数的超级素数问题，是函数嵌套调用的典型应用。例 5-12 函数调用关系图如图 5-9 所示。

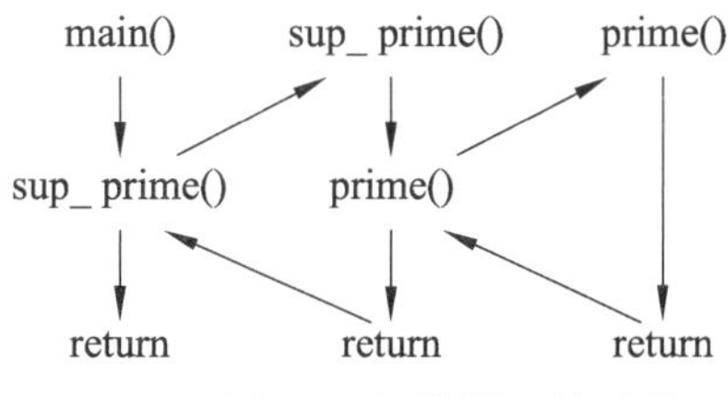

图 5-9 例 5-12 函数调用关系图

```
#include <stdio.h>
#include <math.h>
int sup_prime(int n);
int prime(int n);
int main(void)
{
    int i;
    for (i = 1001; i <10000; i += 2) /*在四位数中寻找超级素数*/
        if (sup_prime(i))              /*嵌套调用 sup_prime 函数*/
            printf("%5d", i);
     printf("\n");
```

```
    return 0;
}
int sup_prime(int n)
{
    while (n>0)
        if (prime(n))
            n /= 10; /*去掉低位*/
        else
            return 0;
    return 1;
}
int prime(int n)
{
    int i, k;
    if (n == 1)
        return 0;
    for (i = 2, k = sqrt(n); i <= k; i++)
        if (n % i == 0)
            return 0;
    return 1;
}
```

程序运行结果：

```
[root@swjtu-kp chpt-5]# ./chpt5-12
 2333 2339 2393 2399 2939 3119 3137 3733 3739 3793 3797 5939 7193 7331 7333 7393
```

5.5 变量的作用域与生存期

5.5.1 局部变量和全局变量

1. 变量的作用域

在讨论函数的形参变量时曾经提到，形参变量只在被调用期间才分配内存单元，调用结束立即释放。这一点表明形参变量只有在函数内才是有效的，离开该函数就不能再使用了。这种变量有效性的范围称为变量的作用域。

不仅对于形参变量，C 语言中所有的量都有自己的作用域。变量说明的方式不同，其作用域也不同。C 语言中的变量，按作用域范围可分为两种，即局部变量和全局变量。

2. 局部变量

局部变量也称为内部变量。局部变量是在函数内进行定义说明的，其作用域仅限于定义它的函数内，离开该函数后再使用这种变量是无效的。

例如：

```
int f1(int a) /*a,b,c 在函数 f 中有效*/
{
    int b, c;
    ……
}
int f2(int x) /*x,y,z 在函数 f2 中有效*/
{
    int y, z;
    ……
}
int main(void) /*m,n 在函数 main 中有效*/
{
    int m, n;
    ……
}
```

在函数 f1 内定义了三个变量，a 为形参，b、c 为一般变量。在 f1 的范围内 a、b、c 有效，或者说 a、b、c 变量的作用域限于 f1 内。同理，x、y、z 的作用域限于 f2 内；m、n 的作用域限于 main 函数内。

局部变量要注意以下几点：

（1）主函数中定义的变量也只能在主函数中使用，不能在其他函数中使用。同时，主函数中也不能使用其他函数中定义的变量。因为主函数也是一个函数，它与其他函数是平行关系。

（2）形参变量是属于被调函数的局部变量，实参变量是属于主调函数的局部变量。

（3）允许在不同的函数中使用相同的变量名，它们代表不同的对象，作用域不同，互不干扰，也不会发生混淆。如在例 5-10 中，形参和实参的变量名都为 n，是完全允许的。

（4）在复合语句中也可定义变量，其作用域只在复合语句范围内。

例如：

```
int main(void)
{
    int s, a;
    ……
    {
        int b;
        s = a + b;
        ……
    } /*b 作用域：从定义的位置开始到此处*/
    ……
    ……
} /*s 和 a 的作用域：从定义的位置开始到此处*/
```

例 **5-13** 局部变量的范围。

```
#include <stdio.h>
int main(void)
{
  int i = 2, j = 3, k;
  k = i + j;
  {
    int k = 8;
    printf("%d\n", k);
  }
  printf("%d\n", k);
  return 0;
}
```

程序运行结果：

```
[root@swjtu-kp chpt-5]# ./chpt5-13
8
5
```

程序说明：

本程序在 main 中定义了 `i`、`j`、`k` 三个变量，其中 k 未赋初值。而在复合语句内又定义了一个变量 k，并赋初值为 8。应该注意这两个 k 不是同一个变量。这种情况下，C 语言规定，块作用域标识符在其作用域内，将使该块外的同名标识符不起作用，即“本地”标识符优先。所以在复合语句外由 main 定义的 k 起作用，而在复合语句内则由在复合语句内定义的 k 起作用。因此 `k=i+j` 中的 k 为 main 所定义，其值应为 5。

第一个 printf 在复合语句内，由复合语句内定义的 k 起作用，其值为 8，故输出值为 8。

第二个 printf 在复合语句外，输出的 k 应为 main 所定义的 k，此 k 值前面算得为 5，故输出也为 5。

3. 全局变量

程序的编译单位是源程序文件，一个源程序文件可以包含一个或若干个函数，在函数内定义的变量是内部变量，在函数外定义的变量是外部变量，又叫全局变量或全程变量。

全局变量在使用时应注意以下问题：

（1）在函数中使用全局变量，一般应作全局变量说明。

只有在函数内经过说明的全局变量才能使用。全局变量的说明符为 extern。但在一个函数之前定义的全局变量，在该函数内使用可不再加以说明。

例如：

```
int a, b; /*外部变量*/
void f1() /*函数 f1*/
{
  ……
}
float x, y; /*外部变量*/
int fz()    /*函数 fz*/
{
  ……
}
int main(void) /*主函数*/
{
  ……
}
```

x 和 y 的作用范围

a 和 b 的作用范围

从上例可以看出 a、b、x、y 都是在函数外部定义的外部变量，都是全局变量。但 x，y 定义在函数 f1 之后，而在 f1 内又无对 x、y 的说明，所以它们在 f1 内无效。a、b 定义在源程序最前面，因此在 f1、f2 及 main 内不加说明也可使用。

（2）全局变量可以为本文件中的函数所共用，其作用域从定义该变量的位置开始一直到文件结束。

全局变量可以实现参数传递的某些功能，在其作用域范围内，全局变量可以将子函数中的值带出到其他函数，但如果在一个子函数中作了改变，将会影响全局变量的值。

例 **5-14** 输入正方体的长宽高 l、w、h。求体积及三个面 x×y、x×z、y×z 的面积。

```
#include <stdio.h>
int s1, s2, s3; /* 定义 s1,s2,s3 为外部变量，整个程序都可用*/
int vs(int a, int b, int c)
{
    int v;
    v = a * b * c;
    s1 = a * b;
    s2 = b * c;
    s3 = a * c;
     return v;
}
int main(void)
{
    int v, l, w, h;
    printf("input length,width and height\n");
    scanf("%d%d%d", &l, &w, &h);
```

```
    v = vs(l, w, h);
    printf("\nv=%d,s1=%d,s2=%d,s3=%d\n", v, s1, s2, s3);
    return 0;
}
```

程序运行结果：

```
[root@swjtu-kp chpt-5]# ./chpt5-14
input length,width and height
10 5 6

v=300,s1=50,s2=30,s3=60
```

程序说明：

变量 s1、s2、s3 为外部变量（全局变量），在整个程序中都可用，即在 vs 函数中不用重新定义，可以直接使用；在主函数中也可以直接得到 s1、s2、s3 的值，无须函数返回。

（3）如果同一个源文件中，外部变量与局部变量同名，则在局部变量的作用范围内，外部变量被“屏蔽”，即外部变量不起作用。

例 **5-15** 外部变量与局部变量同名。

```
#include <stdio.h>
int a = 3, b = 5;      /*此处定义的 a,b 为外部变量*/
int max(int a, int b) /*此处定义的 a,b 为局部变量*/
{
    int d;
    d = a>b ? a : b;
    return d;
}
int main(void)
{
    int a = 8; /*此处定义的 a 为局部变量*/
    printf("%d\n", max(a, b));
    return 0;
}
```

程序运行结果：

```
[root@swjtu-kp chpt-5]# ./chpt5-15
8
```

程序说明：

例 5-13 中 a 有两个值，但局部变量的作用域内会屏蔽掉外部变量，所以计算时，a 的取值为 8。

5.5.2 变量的存储类别

1. C 语言内存模型

C 语言编写的程序经编译后，要载入内存才能运行，变量、函数均会对应内存中的一块区域。内存中运行的程序很多，编译载入内存的程序只占用其中一部分空间区域，C 语言中涉及的存储空间如图 5-10 所示。

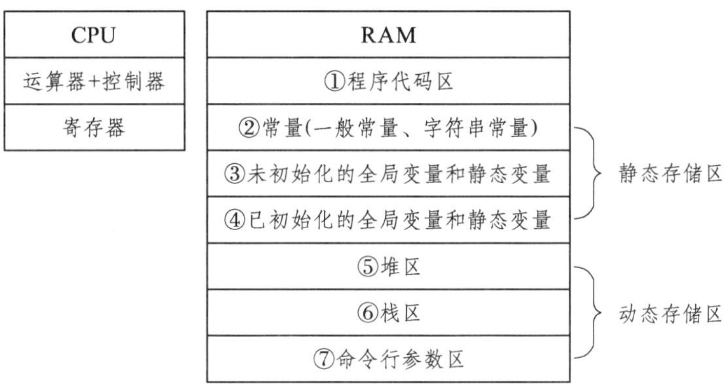

图 5-10　C 语言相关存储空间

C 语言的程序使用的存储区域包括程序代码区、静态存储区和动态存储区，此外，还有一类使用频繁、需快速访问的变量可存放于 CPU 中的寄存器。

（1）程序代码区存放程序可执行的二进制代码。

（2）静态存储区也称为全局数据区，包含的数据类型比较多，如全局变量、静态变量（用 static 声明的变量）、字符串常量。全局变量全部存放在静态存储区中，在程序开始执行时给全局变量分配存储区，程序执行完毕就释放。在程序执行过程中，它们占据固定的存储单元，而不是动态地进行分配和释放。

（3）动态存储区包括堆区、栈区和命令行参数区。堆区一般由程序员分配和释放，若程序员不释放，程序运行结束时由操作系统回收。malloc()、calloc()、free()等函数操作的就是这块内存。栈区是由系统自动分配释放，存放函数的参数值、局部变量的值以及函数调用时的现场保护和返回地址等。命令行参数区用于存放命令行参数和环境变量的值，比如通过 main() 函数传递的值。在动态存储区中还存放函数中定义的没有用关键字 static 声明的变量，即自动变量。

在函数调用开始时分配动态存储空间，函数结束时释放这些空间。在程序执行过程中，这种分配和释放是动态的，如果在一个程序中两次调用同一函数，而在此函数中定义了局部变量，在两次调用时分配给这些局部变量的存储空间的地址可能是不相同的。

如果一个程序中包含若干个函数，每个函数中的局部变量的生存期并不等于整个程序的执行周期，它只是程序执行周期的一部分。在程序执行过程中，先后调用各个函数，此时会动态地分配和释放存储空间。

2. 动态存储方式与静态存储方式

从变量的作用域（即从空间）角度来分，变量可以分为全局变量和局部变量。从变量值存在的时间（即生存期）角度来分，存储类别可以分为静态存储方式和动态存储方式。

静态存储方式：是指在程序运行期间分配固定的存储空间的方式。静态变量的生存期为整个程序的执行期。

动态存储方式：在程序执行期间根据需要进行动态分配和回收存储空间的分配方式。即在程序执行到其作用域的开始处，才分配内存；一旦程序执行到其作用域的结束处时，立即收回内存。动态变量仅在变量的作用域内有效。

在 C 语言中，每个变量和函数有两个属性：**数据类型和数据的存储类别**。

存储类别指的是数据在内存中存储的方式（如静态存储和动态存储）。

在定义、声明变量和函数时，一般应同时指定其数据类型和存储类别，也可以采用默认方式指定（即如果用户不指定，系统会隐含地指定为某一种存储类别）。

C 语言的存储类别包括 4 种：自动的（auto）、静态的（static）、寄存器的（register）、外部的（extern）。根据变量的存储类别，可以知道变量的作用域和生存期。

3. auto 变量

函数中的局部变量，如不专门声明为 static 存储类别，都是动态地分配存储空间的，数据存储在动态存储区中。函数中的形参和在函数中定义的变量（包括在复合语句中定义的变量），都属此类。在调用该函数时系统会给它们分配存储空间，在函数调用结束时就自动释放这些存储空间。这类局部变量称为自动变量。自动变量用关键字 auto 作存储类别的声明。

例如：

```
int f(int a) /*定义 f 函数，a 为参数*/
{
    auto int b, c = 3; /*定义 b，c 自动变量*/
    ……
}
```

其中，a 是形参，b，c 是自动变量，对 c 赋初值 3。执行完 f 函数后，自动释放 a、b、c 所占的存储单元。

关键字 auto 可以省略，**auto** 不写则隐含定义为“自动存储类别”，属于动态存储方式。

4. 用 static 声明局部变量

有时希望函数中的局部变量的值在函数调用结束后不消失而保留原值，这时就应该指定局部变量为“静态局部变量”，用关键字 static 进行声明。

例 **5-16** 考察静态局部变量的值。

```
#include <stdio.h>
int f(int a)
{
    auto b = 0;         /*定义 b 为自动变量*/
    static int c = 3; /*定义 c 为静态局部变量*/
    b = b + 1;
    c = c + 1;
    return a + b + c;
}
int main(void)
{
```

```
    int a = 2, i;
    for (i = 0; i <3; i++)
        printf("%d\n", f(a));
    return 0;
}
```

程序运行结果：

```
[root@swjtu-kp chpt-5]# ./chpt5-16
7
8
9
```

静态局部变量和自动变量区别的说明：

（1）静态局部变量属于静态存储类别，在静态存储区内分配存储单元。在程序整个运行期间都不释放。而自动变量（即动态局部变量）属于动态存储类别，占动态存储空间，函数调用结束后即释放。

（2）静态局部变量在编译时赋初值，且只赋初值一次；而对自动变量赋初值是在函数调用时进行，每调用一次，函数重新赋一次初值，相当于执行一次赋值语句。

（3）如果在定义局部变量时不赋初值的话，则对静态局部变量来说，编译时自动赋初值 0（对数值型变量）或空字符'\0'（对字符变量）。而对于自动变量来说，如果不赋初值，则它的值是一个不确定的值。

例 **5-17** 打印 1 到 5 的阶乘值。

```
#include <stdio.h>
int fac(int n)
{
    static int f = 1; /*定义 f 为静态局部变量*/
    f = f * n;
    return f;
}
int main(void)
{
    int i;
    for (i = 1; i <= 5; i++)
        printf("%d!=%d\n", i, fac(i));
    return 0;
}
```

程序运行结果：

```
[root@swjtu-kp chpt-5]# ./chpt5-17
1!=1
2!=2
3!=6
4!=24
5!=120
```

程序说明：

变量 f 为静态局部变量，除了第一次赋值为 1 外，后面使用时保留了前次的计算结果。

5. register 变量

为了提高效率，C 语言允许将局部变量的值放在 CPU 中的寄存器中，这种变量叫作寄存器变量，用关键字 register 作声明。

例 **5-18** 使用寄存器变量。

```
#include <stdio.h>
int fac(int n)
{
    register int i, f = 1; /*定义 i,f 为寄存器变量*/
    for (i = 1; i <= n; i++)
        f = f * i;
    return f;
}
int main(void)
{
    int i;
    for (i = 0; i <= 5; i++)
        printf("%d!=%d\n", i, fac(i));
    return 0;
}
```

程序运行结果：

```
[root@swjtu-kp chpt-5]# ./chpt5-18
0!=1
1!=1
2!=2
3!=6
4!=24
5!=120
```

程序说明：

（1）只有局部自动变量和形式参数可以作为寄存器变量；

（2）一个计算机系统中的寄存器数目有限，不能定义任意多个寄存器变量；

（3）局部静态变量不能定义为寄存器变量；

（4）目前，大多数编译器将寄存器变量当成自动变量处理。

6. 用 extern 声明外部变量

外部变量（即全局变量）是在函数的外部定义的，它的作用域为从变量定义处开始，到本程序文件的末尾。如果外部变量不在文件的开头定义，其有效的作用范围只限于定义处到文件终了；如果在定义点之前的函数想引用该外部变量，则应该在引用之前用关键字 extern

对该变量作外部变量声明，表示该变量是一个已经定义的外部变量。有了此声明，就可以从“声明”处起，合法地使用该外部变量。

例 **5-19** 用 extern 声明外部变量，扩展程序文件中的作用域。

```
#include <stdio.h>
int max(int x, int y)
{
    int z;
    z = x>y ? x : y;
    return z;
}
int main(void)
{
    extern int A, B; /*声明 A、B 为外部变量*/
    printf("%d\n", max(A, B));
    return 0;
}
int A = 13, B = -8; /*定义 A、B 为外部变量*/
```

程序运行结果：

```
[root@swjtu-kp chpt-5]# ./chpt5-19
13
```

程序说明：

在本程序文件的最后 1 行定义了外部变量 A、B，但由于外部变量定义的位置在函数 main 之后，因此在 main 函数中不能引用外部变量 A、B。例 5-19 中，main 函数用 extern 对 A 和 B 进行“外部变量声明”，就可以从“声明”处起，合法地使用该外部变量 A 和 B。

5.5.3 内部函数和外部函数

函数本质上是全局的，但可以限定函数能否被别的文件中的函数所调用。当一个源程序由多个源文件组成时，C 语言根据函数能否被其他源文件中的函数调用，将函数分为内部函数和外部函数。

1. 内部函数

如果在一个源文件中定义的函数，只能被本文件中的其他函数调用，而不能被同一工程中其他文件中的函数调用，这种函数称为内部函数。

定义一个内部函数，只需在函数类型前再加一个“static”关键字即可，如下所示：

```
static  函数类型  函数名(函数参数表)
{…  …}
```

关键字“static”，译成中文就是“静态的”，所以内部函数又称静态函数。但此处“static”的含义不是指存储方式，而是指对函数的作用域仅局限于本文件。

使用内部函数的好处：不同的人编写不同的函数时，不用担心自己定义的函数，是否会与其他文件中的函数同名。

2. 外部函数

外部函数的定义：在定义函数时，如果不加关键字“static”，或加上关键字“extern”，表示此函数是外部函数。

```
[extern]  函数类型  函数名(函数参数表)
{……}
```

调用外部函数时，需要对其进行说明：

```
[extern] 函数类型 函数名(参数类型表)[,函数名 2(参数类型表 2)……];
```

外部函数应用如下，有 4 个 C 语言的源程序文件：

（1）文件 mainf.c

```
int main(void)
{
    extern void input(…), process(…), output(…);
    input(…);
    process(…);
    output(…);
}
```

（2）文件 subf1.c

```
extern void input(……) /*定义外部函数*/
{
    ……
}
```

（3）文件 subf2.c

```
extern void process(……) /*定义外部函数*/
{
    ……
}
```

（4）文件 subf3.c

```
extern void output(……) /*定义外部函数*/
{
    ……
}
```

例 **5-20** 删除字符串中指定的字符。

基本思路：一共编写 3 段程序，这 3 段程序分别放在文件 chpt5-20-1.c、chpt5-20-2.c、chpt5-20-3.c 中。

（1）主程序放在文件 chpt5-20-1.c 中，从主程序中调用另外两个函数。

```
#include "chpt5-20-2.c"       /*包含当前目录下的文件 chpt5-20-2.c*/
```

```
#include "chpt5-20-3.c"      /*包含当前目录下的文件 chpt5-20-3.c*/
#include <stdio.h>
#include <string.h>
int main(void)
{
    extern void enters(char str[40]) ,deletes(char str[],char ch);
    char ch;
    static char str[40];
     enters(str);               /*调用外部函数 enters*/
     fputs(str,stdout);         /*输出字符串*/
     printf("请输入一个字符: ");
     scanf("%c",&ch);
     deletes(str,ch);           /*调用外部函数 deletes*/
     fputs(str,stdout);         /*输出字符串*/
}
```

（2）下面程序放在文件 chpt5-20-2.c 中。

该程序的功能：接受从键盘输入字符串，存入数组 str 中。该程序段定义了一个外部函数名为 enters。

```
/*文件 chpt5-20-2.c 内容如下。该函数的功能是接受从键盘输入字符串，存入数组 str 中*/
#include <stdio.h>
extern void enters(char str[40])
{
    fgets(str, 40, stdin);
}
```

（3）下面程序放在文件 chpt5-20-3.c 中。

该程序的功能：删除字符串中指定的字符。该程序段定义了一个外部函数名为 deletes。

```
/*文件 chpt5-20-3.c 内容如下。该函数的功能是：删除字符串中指定的字符*/
#include <stdio.h>
extern void deletes(char str[], char ch)
{
    int i, j;
    for (i = j = 0; str[i] != '\0'; i++)
        if (str[i] != ch)
        {
            str[j] = str[i];
             j++;
         }
```

```
    str[j] = '\0';
}
```

在编译器中运行主程序，也就是运行文件 chpt5-20-1.c。

程序运行结果：

```
[root@swjtu-kp chpt-5]# ./chpt5-20
abccba
abccba
请输入一个字符：a
bccb
```

程序说明：

（1）程序运行时，自己任意输入一行字符 abcabc，回车后，程序将刚输入的字符输出；然后再输入一个你想删掉的字符 a，回车后显示该字符从字符串中删除了，只剩下 bcbc。

（2）本例中用到了函数 fgets 和 fputs。其中，fgets 函数功能为从指定的流中读取数据，每次读取一行。fputs 函数把字符串写入指定的流中，但不包括空字符。函数 fgets 的详细介绍参见 6.2.3 节。

（3）预处理文件包含命令有三种形式：

✧ #include <stdio.h>/*编译预处理时，直接在系统目录中寻找 stdio.h 文件*/

✧ #include "myfile.h"/*编译预处理时，先在用户目录寻找 myfile.h 文件，若没有找到，再到系统目录中寻找此文件*/

✧ #include "d:\cpp\myfile.h"/*编译预处理时，直接在指定目录寻找 myfile.h 文件*/

include 命令中用尖括号与用双引号的区别：用尖括号<>时，系统在系统目录中寻找该文件；用双引号""但没有给出路径时，系统在默认用户路径和系统目录中寻找该文件；用双引号""并给出路径时，系统在用户指定的路径和系统目录中寻找该文件。

通常，系统的头文件都是使用尖括号来表示。对于经常用 C 语言开发程序的人，可以将自己定义的函数放到一个指定文件夹中，需要时即可用第三种方式包含到当前程序中直接使用。

5.6　本章小结

本章首先介绍了模块化程序设计的思想以及实现模块化程序设计的基础——函数。其中，函数的定义、函数的参数、函数的调用、函数的返回值及函数的声明尤为重要，需熟练掌握；明确函数调用过程中参数的传递是值传递还是地址传递。其次，函数的嵌套调用和递归调用是本章的重点和难点。函数允许嵌套调用，但不允许嵌套定义。在调用函数或定义一个函数的时候调用另一个函数，此时为嵌套调用；若某个函数直接或间接地调用自己，而不是另一个函数，即为递归调用。可通过函数经典实例明确函数嵌套调用与递归调用的差异。

本章还介绍了变量的作用域与生存期，此也为一难点，需仔细理解与体会。C 语言中的变量，按作用域范围可分为局部变量和全局变量，按存在的时间（即生存期）角度来分，可以分为静态存储方式和动态存储方式；此外，C 语言中的存储类别包括自动的（auto）、静态的（static）、寄存器的（register）和外部的（extern）。除讨论了变量的作用域与生存期，本章还根据函数能否被其他源文件中的函数调用，将函数分为内部函数和外部函数。

模块化程序设计思想有助于简化复杂系统的开发，降低编程难度，在程序设计中要善于利用函数。

第6章 数 组

学习目标

- ✧ 掌握一维数组、二维数组的定义及数组元素的初始化和引用；
- ✧ 理解数组在内存中的存储格式；
- ✧ 掌握字符数组的定义和初始化及常用字符串处理函数的使用；
- ✧ 掌握数组和数组元素作为函数参数的使用方法；
- ✧ 掌握常用的排序和查找方法；
- ✧ 掌握 x86 平台和鲲鹏平台程序设计的差异。

在程序设计中，经常要保存和处理大量同类型数据。例如，对一个班 50 名同学的某门课成绩进行排序，这时若用前面的单个变量来保存这些数据，则要定义很多变量，并且不便于用循环来处理。在这种情况下，使用数组是最好的选择。把具有相同类型的若干变量按有序的形式组织起来即称为数组。在 C 语言中，数组属于构造数据类型，是同类数据元素的有序集合。一个数组包含多个数组元素，这些数组元素可以是基本数据类型或是构造数据类型。因此，按数组元素的类型不同，数组可分为数值数组、字符数组、指针数组、结构数组等各种类别；按维数来分有一维数组、二维数组和多维数组。本章主要学习数值型数组和字符型数组的使用。

6.1 数组的定义与引用

数组是一组连续的内存单元，可以用于存放相关联的数据元素。所谓“相关联”，是指同一个数组中的各个数组元素具有相同的名字和相同的数据类型。数组是不能作为一个整体进行访问的，只能逐个访问数组中的各个数组元素。为了能够访问数组中某个特定的存储单元或数组元素，需要指定数组的名字及该元素在数组中的位置编号。

图 6-1 显示了一个名为 a 的整型数组，这个数组包含 10 个元素。通过在数组名后加上用方括号括起来的位置编号就可以实现对数组中相应位置的数组元素的访问。需要强调的是，在 C 语言中，数组的下标总是从 0 开始编号的。所以，整型数组 a 的第 1 个元素是 a[0]，第 2

个元素是 a[1]，第 10 个元素是 a[9]。总之，整型数组 a 的第 i 个元素就是 a[i-1]。像其他标识符一样，数组名只能由字母、数字和下划线组成，并且不能以数字开头。

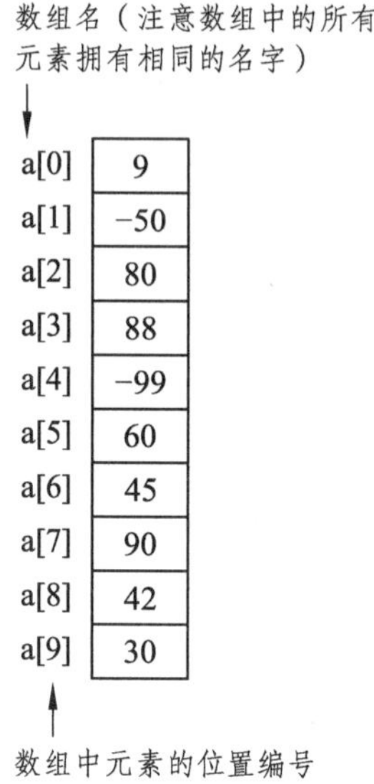

图 6-1　含有 10 个元素的整型数组

1. 数组元素的下标

被方括号括起来的相对位置编号即为数组元素的下标（或称索引值）。下标必须是一个整数或一个整数类型的表达式。若程序中采用一个表达式来作为数组元素的下标，那么在访问数组元素之前，这个表达式的值必须是能被确定地计算出来，并且其值为 **0~数组大小-1**。例如，m=3，n=2，下面这条语句：

```
a[m + n] += 10;
```

表示给元素 a[5]加上 10。

如果数组元素下标的取值超出了 **0~数组大小-1** 的范围，则称为下标越界，属于非法访问，是一个严重的问题。由于在访问数组元素时，如果对下标作越界检查，既复杂又费时，因此 C 语言的编译器不作数组下标越界检查，需要由编程人员自行保证数组下标不越界，这样做可以提高访问数组元素的效率。因此，使用数组编程时必须注意下标越界问题，否则可能得到的是错误的结果，严重的会引起系统错误。

特别说明：用于将数组下标括起来的方括号，在 C 语言中也被视为一种运算符，与函数调用运算符（也就是为了调用函数而在函数名后加上的圆括号）具有相同的优先级，且是所有运算符中最高的优先级。

2. 数组元素的值

图 6-1 中，数组的名字为 a，其 10 个元素分别为 a[0]，a[1]，a[2]…a[8]，a[9]，每个元素都有独立的内存单元，因此数组元素的引用与使用相同类型的变量是完全一样的。存储在 a[0]单元中的值是 9，存储在 a[1]单元中的值是-50，……，存储在 a[9]单元中的值是 30。通过语句：

```
z = a[2] + a[3];
```

将第 3 个元素 a[2]与第 4 个元素 a[3]完成加法运算后，再将其和赋给变量 z。通过语句：

```
printf("%d\n", a[7] + a[8]);
```

输出数组 a 中第 8 个元素 a[7]与第 9 个元素 a[8]的和。

特别说明：数组的第 i 个元素不是 a[i]，而是 `a[i-1]`。

6.1.1 数组的定义

数组是要占用存储空间的。在定义一个数组时，必须指明数组元素的数据类型以及数组中元素的个数，这样计算机系统才能为数组预留出相应数量的存储空间。

一维数组的定义格式：

```
存储种类  类型说明符  数组名[常量表达式];
```

其中，“存储种类”可取 register、static、auto、extern 或省略；“类型说明符”可以是 int、char、float、double 等，表示每个数组元素的数据类型；“数组名”是合法的 C 语言标识符，代表该数组在内存中的起始存放地址；“常量表达式”是一个其值为正整数的表达式，用来表示该数组拥有多少个元素，即定义了数组的大小。

例如，用于存放一个班 50 位同学的某门课程成绩的一维数组可定义如下：

```
float score[50];
```

其中，score 是数组名，常量 50 表示这个数组有 50 个元素，下标为 0~49 且每个元素都是 float 型。

说明：

（1）常量表达式指出数组长度，必须是正的整型常量表达式，通常是一个整型常数，或者是符号常量。

（2）C 语言不允许动态定义数组。也就是说，数组的长度不能依赖于程序运行过程中的变量。

例如，要想让计算机为整型数组 data 预留出 10 个元素的存储空间，不允许采用下面的定义方式：

```
int i=10;
int data[i];
```

而只能定义为

```
int data[10];
```

或：

```
#define N 10
……
int data[N];
```

（3）相同类型的数组和变量可以在一个类型说明符下一起说明，互相之间用逗号隔开。

例如，定义 a 是具有 10 个元素的浮点型数组，f 是一个浮点型变量，b 是具有 20 个元素的浮点型数组，可用以下定义语句：

```
float a[10], f, b[20];
```

6.1.2 数组的初始化

数组定义时可同时给数组元素指定初值，称为数组的初始化；也可先定义数组，然后再用赋值语句或者函数 scanf()给数组元素赋值。

1. 在定义数组的同时，通过初始化列表来实现数组元素的初始化

在定义数组的同时，指定其元素的初值，称为数组元素的初始化。在定义数组语句的后面加上一个“=”和一对花括号“{}”，在花括号内填写用逗号分隔的初始化列表，即可完成数组元素的初始化。具体形式为

存储种类　类型说明符　数组名[常量表达式]={初始化列表};

其中，“初始化列表”中数据的个数必须等于或者少于“常量表达式”的值。

例 **6-1** 通过初始化列表实现数组 a 的初始化。

```
#include <stdio.h>
int main(void)
{
    int a[10] = {10, 20, 30, 40, 50, 60, 70, 80, 90, 100};
    int i;
    printf("初始化后,数组 a 各元素值为:\n");
    for (i = 0; i <10; i++)
        printf("%4d", a[i]);
    printf("\n");
     return 0;
}
```

程序运行结果：

```
[root@swjtu-kp chpt-6]# ./chpt6-1
初始化后,数组a各元素值为:
  10  20  30  40  50  60  70  80  90 100
```

如果初始化列表中提供的初始值个数少于数组拥有的元素个数，则余下的数组元素被初始化为 0。例如：

```
int b[10] = {1, 2, 3, 4, 5};
```

说明数组 b 有 10 个元素，前 5 个元素初值分别为 1、2、3、4、5，其余元素的初值为 0。再如：

```
int x[10] = {0};
```

这条语句的功能是：将数组 x 的第一个元素显式地初始化为 0，由于初始化列表中提供的初始值个数少于数组元素的个数，因此余下的 9 个元素也被系统初始化为 0。

特别说明：

✧ 存储属性为 auto 的数组不能自动地初始化为 0。至少要将第一个数组元素初始化为 0，余下的元素才会被自动地初始化为 0。

✧ 存储属性为 static 静态数组或 extern 外部数组可以自动地初始化为 0。例如：

```
staticint a[5];
```

在编译时，为数组 a 分配存储单元，同时每个元素被初始化为 0，若为字符型，则被初始化为`'\0'`的 ASCII 码值。

✧ 初始化列表中提供的初值个数不能多于数组拥有的元素个数，否则会出现语法错误。

✧ 使用初始化列表来实现数组元素初始化时，若忽略了数组元素个数的填写，则系统将会把初始化列表中提供的初始值的个数作为数组所拥有的元素总数。例如：

```
float y[] = {1.1, 2.2, 3.3, 4.4, 5.5};
```

将创建一个拥有 5 个元素的实型数组 y。

2. 通过循环结构为数组元素赋值

例 **6-2** 输入 10 个整型数据，找出其中的最大值并显示出来。

```
#include <stdio.h>
int main(void)
{
    int a[10], max, i; /*a 是一个有 10 个元素的数组，且每个元素都为 int 型*/
    printf("请输入 10 个整数:\n");
    for (i = 0; i <10; i++)
        scanf("%d", &a[i]); /*从键盘给所有数组元素赋初值*/
    max = a[0];
    for (i = 1; i <10; i++)
        if (max < a[i])
            max = a[i];
    printf("Max=%d\n", max);
    return 0;
}
```

程序运行结果：

```
[root@swjtu-kp chpt-6]# ./chpt6-2
请输入10个整数:
90 -50 35 89 99 -200 200 98 100 1
Max=200
```

特别说明：

从键盘向数组元素输入值时，对于整型和实型数组，数据间的间隔可用空格、回车符或 **Tab** 键；对于字符型数组，则数据之间没有间隔，必须连续输入。例如：

```
int i;
char c[5];
for (i = 0; i <5; i++)
    scanf("%c", &c[i]);
......
```

向数组 c 输入数据时，输入形式只能为

```
abcde
```

这样，数组元素 c[0]得到字符'a'，数组元素 c[1]得到字符'b'，数组元素 c[2]得到字符'c'，数组元素 c[3]得到字符'd'，数组元素 c[4]得到字符'e'。因为空格、回车符或 **Tab** 键也是有效的字符型数据，是不能作为字符数组输入间隔符的。

3. 用符号常量来定义数组的大小并通过计算来给数组元素赋值

实际编程中，定义数组长度时，采用#define 预处理命令，定义一个符号常量，然后用它定义数组。

用符号常量定义数组的行和列，并且程序中凡涉及数组行和列长度的地方都用定义的符号常量，使用符号常量来限制数组的范围，这样就容易修改数组行、列数，并处理里面的元素。这就像用常量表示一个数字一样，如果常量表示的数字要改变，只要修改常量后面的数字即可，而不需要到程序中修改多次出现的这个数字，做到“一改全改”。

例 **6-3** 将一个有 10 个元素的整型数组 a 的元素分别赋值为 2、4、6、8…20，然后输出。

```
#include <stdio.h>
#define SIZE 10 /*定义符号常量 SIZE，用于指定数组的长度*/
int main(void)
{
    int a[SIZE], i;
    for (i = 0; i <SIZE; i++)
        a[i] = 2 + 2 * i;
    printf("%s%10s\n", "Element", "value");
    for (i = 0; i <SIZE; i++)
        printf("%7d%10d\n", i, a[i]);
    return 0;
}
```

程序运行结果：

```
[root@swjtu-kp chpt-6]# ./chpt6-3
Element     value
      0         2
      1         4
      2         6
      3         8
      4        10
      5        12
      6        14
      7        16
      8        18
      9        20
```

程序说明：

✧ 采用符号常量定义数组的大小有助于提高程序的可扩展性，也有助于提高程序的可读性。例 6-3 中，将#define 预处理命令中表示数组大小的符号常量 SIZE 的替换文本 10 改成 100，那么在不改变程序中的任何执行语句的情况下，程序的功能就由原先的“定义一个有 10 个元素的整型数组并赋值”提升为“定义一个有 100 个元素的整型数组并赋值”。反之，若没有引入符号常量 SIZE，却仍要将程序的功能提升为“定义一个有 100 个元素的整型数组并赋值”的话，就只能对程序中三处不同的地方（即所有的 SIZE）进行相应修改。当程序变大时，这种修改的工作量是巨大的。

✧ 为了养成良好的编程习惯，一般采用全大写字母来为符号常量命名。这使得它们在源程序中很醒目，而且有助于提醒程序员“它们并不是变量”。

✧ 在形如“#define”或“#include”的预处理命令后面，是不能加分号的。请切记：预处理命令不是 C 语句。

6.1.3 静态局部数组和自动局部数组

在第 5 章函数中，介绍过存储类型说明符 static。一个 static 类型（即静态）的局部变量在程序的整个运行时间都存在，但是只能在定义它的函数体内可以访问它。同样地，也可以将存储类型说明符 static 应用于局部数组的定义中。这样，在函数每次被调用时，该数组就不需要重新创建并初始化，而且在函数每次调用结束时，也不会被释放。这样就缩短了程序的运行时间，特别是对于那些频繁调用包含大型数组的函数的程序效果会更明显。

静态数组在编译时会自动进行初始化。如果程序员没有显式地初始化一个静态数组，那么它的元素将被编译器初始化为 0。而自动局部数组的存储周期是函数被调用时才开始（创建并初始化），随着函数调用的结束就结束（释放存储空间）。

下面通过一个实例演示静态局部数组和自动局部数组的不同之处。

函数 auto_a()和 static_a()都被主函数 main()调用了 3 次。由于 auto_a()函数中数组 a1 是自动局部数组，每次调用开始才临时创建并初始化，调用一旦结束就释放其存储空间；static_a 函数中数组 a2 是在程序编译时就完成创建和初始化，并且每次调用结束不释放存储空间。

```
/*数组存储属性举例*/
#include <stdio.h>
void auto_a(void);
void static_a(void);
int main(void)
{
    int i;
    for (i = 1; i <= 3; i++)
    {
        printf("\n 第%d 次分别调用两个函数的结果为:\n", i);
        auto_a();
        static_a();
    }
    return 0;
}

void auto_a(void)
{
    int i, a1[3] = {1, 2, 3}; /*每次调用函数时都会执行*/
    for (i = 0; i <3; i++)    /*将数组 a1 各元素值乘以 2*/
        a1[i] *= 2;
```

```
    for (i = 0; i <3; i++)
        printf("a1[%d]=%d  ", i, a1[i]);
    printf("\n");
}

void static_a(void)
{
    static int i, a2[3] = {1, 2, 3}; /*在编译时执行*/
    for (i = 0; i <3; i++)          /*将数组 a2 各元素值乘以 2*/
        a2[i] *= 2;
    for (i = 0; i <3; i++)
        printf("a2[%d]=%d  ", i, a2[i]);
    printf("\n");
}
```

程序运行结果：

```
[root@swjtu-kp chpt-6]# ./chpt6-613
第1次分别调用两个函数的结果为:
a1[0]=2  a1[1]=4  a1[2]=6
a2[0]=2  a2[1]=4  a2[2]=6
第2次分别调用两个函数的结果为:
a1[0]=2  a1[1]=4  a1[2]=6
a2[0]=4  a2[1]=8  a2[2]=12
第3次分别调用两个函数的结果为:
a1[0]=2  a1[1]=4  a1[2]=6
a2[0]=8  a2[1]=16  a2[2]=24
```

6.1.4　数组的应用举例

因为数组元素的连续性和下标表示的规律性，常用数组和循环来处理批量数据。

例 6-4 给数组 a 中存入 10 个整数，在保证数据不丢失的情况下，将数组中的最大数存入 a[0]位置。

基本思路：将 a[1]到 a[9]分别与 a[0]进行比较，若比 a[0]大，则将其放到 a[0]中。编程时要注意的是，不能丢失数据，因此，将大的数存入 a[0]时，是将 a[0]与 a[i]（表示比 a[0]大的数组元素）进行交换，而不能直接将 a[i]赋给 a[0]，否则 a[0]中原来存放的数据就会丢失。

```
#include <stdio.h>
int main(void)
{
    int a[10], i, t;
    for (i = 0; i <10; i++)
    {
```

```
        printf("Input a[%d]:", i);
        scanf("%d", &a[i]);
    }
    for (i = 1; i <10; i++)
        /*将 a[1]~a[9]与 a[0]作一一比较，若比 a[0]大，就与 a[0]交换*/
        if (a[0] < a[i])
        {
            t = a[0];
            a[0] = a[i];
            a[i] = t;
        }
    printf("Output:\n");
    for (i = 0; i <10; i++)
        printf("%5d", a[i]);
    printf("\n");
    return 0;
}
```

程序运行结果：

```
[root@swjtu-kp chpt-6]# ./chpt6-4
Input a[0]:50
Input a[1]:30
Input a[2]:70
Input a[3]:100
Input a[4]:10
Input a[5]:20
Input a[6]:60
Input a[7]:40
Input a[8]:80
Input a[9]:90
Output:
  100   30   50   70   10   20   60   40   80   90
```

例 **6-5** 输入 10 名学生的某门课程成绩，求出最高分、最低分和平均分。

基本思路：一般情况下，成绩为整数，因此可以定义一个长度为 10 的整型数组来存放学生的成绩。

```
#include <stdio.h>
#define SIZE 10
int main(void)
{
    int score[SIZE], i, max, min; /*max 用于存放最高分，min 用于存放最低分*/
    float ave;                          /*ave 用于存放平均分*/
    printf("请输入%d 名学生的成绩:\n", SIZE);
```

```
    scanf("%d", &score[0]);     /*先输入第一个学生的成绩*/
    max = min = ave = score[0]; /*将 max,min 和 ave 都赋为第一个学生成绩*/
    for (i = 1; i <SIZE; i++)
    {
        scanf("%d", &score[i]);
        if (score[i] > max)
            max = score[i];
        if (score[i] < min)
            min = score[i];
        ave += score[i]; /*ave 存放成绩的累加和*/
    }
    ave = ave / SIZE; /*计算平均分*/
    printf("最高分:%d,最低分:%d,平均分:%.2f\n", max, min, ave);
    return 0;
}
```

程序运行结果：

```
[root@swjtu-kp chpt-6]# ./chpt6-5
请输入10名学生的成绩:
86 90 54 99 85 73 69 78 92 80
最高分:99,最低分:54,平均分:80.60
```

在本例中输入数据时，采用的是用空格进行间隔，也可以采用回车符进行间隔，输入完成后直接往后继续运行。

例 **6-6** 某班 N 名同学以匿名方式对班长的工作进行满意度评价，给出的分值为 1 到 10，1 分表示非常不满意，10 分表示非常满意。统计出调查的结果。

基本思路：这是一个典型的数组应用例子。明确要解决的问题是统计学生给出的各个分数的数目，针对问题，进行数据结构设计，需要引入两个数组，一个整型数组 score 有 N 个元素，存放学生打出的分数，另一个整型数组 result 有 11 个元素，用于存放学生可能打出的 10 种分数的个数。不用 result[0]这个元素，为的是将 1~10 分数值恰好当作下标来访问 result 数组，这样有助于提高程序的清晰度。

```
#include <stdio.h>
#define N 10
int main(void)
{
    int score[N], i;
    int result[11] = {0}; /*初始化统计结果数组，所有元素全为0*/
    printf("请大家给出自己满意的分数，1 到 10 之间:\n");
    for (i = 0; i <N; i++)
    {
        do /*若给出的分数介于 1~10 之外，则重新输入*/
```

```
        {
            printf("score[%d]:", i);
            scanf("%d", &score[i]);
        } while (score[i] >10 || score[i] <1);
    }
    for (i = 0; i <N; i++) /*统计各分数的数目*/
        ++result[score[i]]; /*将 score[i]的值作为 result 数组的下标*/
    printf("统计结果为:\n");
    printf("%10s\t%10s\n", "分数", "投票人数");
    for (i = 1; i <11; i++)
        printf("%10d\t%10d\n", i, result[i]);
    return 0;
}
```

程序运行结果：

```
[root@swjtu-kp chpt-6]# ./chpt6-6
请大家给出自己满意的分数，1到10之间:
score[0]:8
score[1]:9
score[2]:9
score[3]:7
score[4]:8
score[5]:6
score[6]:5
score[7]:7
score[8]:8
score[9]:7
统计结果为:
    分数        投票人数
         1             0
         2             0
         3             0
         4             0
         5             1
         6             1
         7             3
         8             3
         9             2
        10             0
```

程序说明：

对统计各分数数目的循环，只用了语句：

```
++result[score[i]];
```

这条语句是根据 score[i]的值（只可能是 1 到 10），对数组 result 中相应的元素进行增 1 处理。假设元素 score[30]值为 6，说明第 31 个同学给班长投了 6 分，那 6 分对应的结果元素 result[6]就应该加 1。

6.2 字符数组

每个数组元素都是字符型数据的数组称为字符型数组，简称字符数组。可以使用前面介绍的方法定义和使用字符数组。但字符数组通常用来存储字符串，其使用和处理方式又有不同于整型数组等表示数值大小数组的特殊性。

6.2.1 字符串及其结束标志

在 C 语言中，字符串是用双引号括起来的字符序列，字符串在内存中存放时，每个字符占用一个存储单元，结束标志'\0'也占用一个存储单元；而字符数组的每个元素只能存放一个字符，因此可以把字符串中各字符存放到字符数组的各元素中，这样就可以用字符数组来存储和处理字符串。

在具体介绍字符串之前，先来看看下面的例子。

例 **6-7** 编写程序，用于合并两个已知的字符数组中的内容。

```
#include <stdio.h>
int main(void)
{
    char str1[4] = {'H', 'a', 'r', 'd'}; /*初始化字符数组 str1*/
    char str2[4] = {'W', 'o', 'r', 'k'}; /*初始化字符数组 str2*/
    char str3[8];                        /*定义字符数组 str3，接收合并结果*/
    int i;
    for (i = 0; i <4; i++) /*将数组 str1 中的各个字符存放到数组 str3 中*/
        str3[i] = str1[i];
    for (i = 0; i <4; i++) /*接着将数组 str2 中的各个字符存放到数组 str3 中*/
        str3[4 + i] = str2[i];
    for (i = 0; i <8; i++)
        printf("%c", str3[i]);
    printf("\n");
    return 0;
}
```

程序运行结果：

```
[root@swjtu-kp chpt-6]# ./chpt6-7
HardWork
```

从上面的例子可以看出，在进行字符数组处理时，必须要事先知道字符数组中有效字符的个数。

为了有效而方便地处理字符数组，在进行字符数组处理时，C 语言提供了不需要了解数组中有效字符长度的方法。其基本思想是：在每个字符数组中有效字符的后面（或字符串末尾）加上一个特殊字符'\0'，在处理字符数组的过程中，一旦遇到特殊字符'\0'就表示已经到达字符串的末尾。需要说明：'\0'就是 ASCII 码值为 0 的字符，它不是一个可以显示的字符，而是控制字符 NULL，表示“空操作”，即它什么也不做。用它作为字符串结束标志不会产生附加的操作或增加有效字符，只是一个判断字符串是否结束的标志。

字符串在程序中的表示形式有以下三种：

（1）常量形式，即双引号形式。例如字符串"English"，在内存中存储为

E	n	g	l	i	s	h	\0

一共占 8 个字节的内存空间，若定义字符数组来存放这个字符串，则至少需要的长度为 8。

（2）字符数组名。如一维字符数组中存储了字符串，则引用数组名，就相当于引用其中的字符串。这是因为在 C 语言中，数组名是有值的，这个值为数组存储区的首地址。也就是说，是第一个数组元素对应的存储区的地址。由于字符串就存储在从该地址开始的一系列存储单元中，并且以'\0'作为结束标志，所以，该地址唯一地确定了一个字符串。例如，将字符串"English"存放到字符数组 s 中，在内存中存储为

s[0]	s[1]	s[2]	s[3]	s[4]	s[5]	s[6]	s[7]
E	n	g	l	i	s	h	\0

因此，只要指定了字符数组中访问的起始地址，就可以访问从该地址开始的存储单元中的所有后续字符，直到遇到第一个'\0'为止。

（3）字符指针。定义一个指向字符数组或字符串常量的字符指针，就可以通过字符指针变量对字符串进行处理。在第 7 章再作详细介绍。

6.2.2 用字符数组处理字符串

一维字符数组的定义方式如下：

```
char 数组名[常量表达式];
```

例如：

```
char s[10];
```

定义了一个一维字符数组 s，其中包括 10 个元素。由于字符型与整型在字符范围内是互相通用的，因此上面的定义也可改为

```
int s[10];
```

1. 用字符串初始化字符数组

下面语句：

```
char s[10]="English";
```

将字符串 English 存于字符数组 s 中，存储情况为

s[0]	s[1]	s[2]	s[3]	s[4]	s[5]	s[6]	s[7]	s[8]	s[9]
E	n	g	l	i	s	h	\0		

这里应特别强调的是，s[7]的值为'\0'，它作为字符串的结束标志，是 C 语言系统自动加的，s[8]、s[9]也由系统自动初始化为 0，也就是'\0'。反过来，如果一个字符数组中存储的一系列字符后加有'\0'结束标志，就可以说该字符数组中存储的是一个字符串，否则只能说存储了一系列字符。

特别说明：

在定义数组时，如果给定的初值个数少于数组元素的个数，按从前到后的顺序依次赋值后，余下的数组元素全部初始化为二进制的 0。这个 0 在不同的数据类型数组中意义是不同的，对所有 int 型表示 0，对 float 和 double 型表示 0.0，对 char 型表示'\0'。

下面语句：

```
char str[] = "Good";
```

用字符串"Good"中的字符来逐个地对字符数组 str 中的元素进行初始化。在这种情况下，字符数组 str 的大小是由编译器根据字符串长度来确定的。由于字符串"Good"是由 4 个字符加上'\0'组成的，因此字符数组 str 就包含 5 个元素，等价于下面语句：

```
char str[] = {'G', 'o', 'o', 'd', '\0'};
```

2. 字符串的输入和输出

由于字符串存放在字符数组中，所以，字符串的输入和输出，实际上就是字符数组的输入和输出。

字符数组的输入和输出有两种方式：一种是采用"%c"格式符，每次输入或输出一个字符，这种输入方式在前面已经介绍过；另一种是采用"%s"格式符，每次输入或输出一个字符串。这一点与其他类型的数组不同，其他类型的数组是不能整体输入和输出的。

使用"%s"格式输入、输出字符串时，应注意如下问题：

✧ 在使用 scanf 函数输入字符串时，“地址表”部分应直接写字符数组的名字，而不再用取地址运算符&。因为在 C 语言中，数组名代表该数组的起始地址。

例如：

```
char str[10];
scanf("%s", str);
```

而不能写成：

```
scanf("%s", &str);
```

✧ 用"%s"格式符输入时，从键盘上输入的字符串的长度（字符个数）应小于已定义的字符数组的长度，因为在输入的有效字符后面，系统将自动添加字符串结束标志'\0'。

例如：

```
char str[6];
scanf("%s", str);
```

从键盘上输入：Happy

这时，str 数组中每个元素中存放的字符为

str[0]	str[1]	str[2]	str[3]	str[4]	str[5]
H	a	p	p	y	\0

利用格式符"%s"输入字符串时以“空格”、TAB 或“回车”结束输入。通常，在利用一个 scanf 函数同时输入多个字符串时，字符串之间以“空格”为间隔，最后按“回车”符结束输入。也就是说，用格式符"%s"控制输入的字符串中，不能包含有空格。

例如：

```
char str[10];
scanf("%s", str);
```

若输入：Good lucky

则数组 str 中仅接收了字符串"Good"，空格及以后的字符丢失。因此，若要输入带空格的一行字符串，应使用 fgets 函数（GCC 编译器中）。

✧ 在使用格式符"%s"输出字符串时，在 printf 函数中的“输出表”部分应直接写字符数组名，而不能写数组元素的名字。同时，所输出的字符串必须以'\0'结尾，但'\0'字符并不显示出来。也就是说，用"%s"输出字符串时，是从字符数组名开始的地址单元输出，直到遇到第一个'\0'结束输出。若没有'\0'，输出结果会有错误。如下面语句：

```
char str[] = {'G', 'o', 'o', 'd', '\0'};
printf("%s", str);
```

能够正确输出；若取消初始化列表中的'\0'，则输出错误。

例 **6-8** 使用格式符"%s"输入一行字符串，使用格式符"%c"显示字符串。

```
#include <stdio.h>
int main(void)
{
    char str[10];
    int i = 0;
    printf("请输入一串字符:");
    scanf("%s", str);
    printf("采用单个字符的形式输出:");
    while (str[i] != '\0')
     {
         printf("%c", str[i]);
         i++;
     }
     printf("\n采用字符串形式输出:");
     printf("%s\n", str);
     return 0;
}
```

程序运行结果：

```
[root@swjtu-kp chpt-6]# ./chpt6-8
请输入一串字符:Good Lucky!
采用单个字符的形式输出:Good
采用字符串形式输出:Good
```

例 6-8 中，运行程序时，输入的是 **Good Lucky!**，但真正被存放入字符数组中的只有 **Good**，因为格式符"%s"输入的字符串以“空格”、**TAB** 或“回车”结束输入。

6.2.3 字符串处理函数

为了方便字符串的处理，C 语言编译系统中提供了很多有关字符串处理的库函数，这些库函数为字符串处理提供了方便。这里简单介绍几个有关字符串处理的函数。

1. 输入字符串函数 gets

gets 函数用于输入一个字符串，其返回值是用于存放输入字符串的字符数组的首地址，其调用形式如下：

```
char s[15];
gets(s);
```

其中，s 是字符数组名，输入的字符串存放在 s 数组中。

用 gets 函数输入字符串时，可以接收包含空格的字符串，并且输入以回车作为结束。但存放时，输入的回车符自动转换为'\0'存放。如给刚才定义的 s 数组用 gets 函数输入内容：

```
How are you?
```

则 s 数组中存放形式为

s[0]	s[1]	s[2]	s[3]	s[4]	s[5]	s[6]	s[7]	s[8]	s[9]	s[10]	s[11]	s[12]	s[13]	s[14]
H	o	w		a	r	e		y	o	u	?	\0		

2. 读取指定长度字符串函数 fgets

fgets 函数用于从指定的流中读取字符串。其调用形式如下：

```
char s[15];
n = 15;
fgets(s, n, stdin);
```

其中：

✧ s 是字符数组名，输入的字符串存放在 s 数组中；

✧ n 是要读取的最大字符数（包括最后的空字符），通常使用数组 str 的长度；

✧ stdin 是指向 FILE 对象的指针，用于标识要从中读取字符的流。

stdin 是 C 语言中标准输入流，一般用于获取键盘到缓冲区的数据。由于 stdin 已经在 stdio.h 中定义，此处不需单独定义。scanf、getchar 都是从 stdin 流中获取指定的数据，其中，scanf 根据第一个参数指定的格式符将数据读入参数列表中对应参数指定的内存位置中，getchar 是从 stdin 流中读取一个字符并返回。

注意：gets 函数和 fgets 函数均可以读取一个字符串，二者有如下区别。

（1）gets 函数是从标准输入设备读取字符串，即从 stdin 流中获取一个字符串；而 fgets 函数可以从任意指定的流中获取字符串。

（2）gets 可以无限读取，不会判断上限，以回车结束读取，所以程序员应该确保缓存的空间足够大，以便在执行读操作时不发生溢出。而 fgets 函数当读取 `n-1` 个变量时，或者读取到换行符时，又或者到达文件末尾时，它会停止，具体视情况而定。

（3）gets 函数是将换行符从缓存区取出并丢掉；fgets 函数将换行符从缓冲区取出并留下，因此用 fgets 函数输入字符串时，字符串末尾将携带有换行符，缓冲区清空。若缓存区字符串长度超出 fgets 函数指定的长度，需手动清空。

（4）GCC 编译器不能使用 gets 函数，需用 **fgets** 函数。微软的 VS 编译器两者皆可。

为便于在鲲鹏平台上正确读取字符串，定义如下函数：

```
void delFgets(char*str)
{
    int n = strlen(str) - 1;
    if (str[n] == '\n')
        str[strlen(str) - 1] = '\0'; // 将字符串中读入的换行符删除
    else
        while (getchar() != '\n') // 清空输入缓冲区中本行输入的多余字符序列
            ;
}
```

3. 输出字符串函数 puts

puts 函数用于输出一个以`'\0'`结尾的字符串，且输出遇到'\0'时自动换行。其调用形式如下：

```
char s[15];
……
puts(s);
```

相当于：

```
printf("%s\n", s);
```

输出从地址 s 开始的内存单元中的字符，直到'\0'为止。

在使用 fgets( )、puts( )函数输入、输出字符串时，需要使用预处理命令`#include<stdio.h>`将所需头文件包含到源程序文件中。

4. 字符串比较函数 strcmp

在 C 语言中，不允许对字符串进行整体比较，如以下方式比较字符串是错误的：

```
char str1[20], str2[20];
……
if (str1 == str2)
……
```

在对字符串进行比较时，必须将两个字符串的对应字符从前到后逐个进行比较（实质是比较字符的 ASCII 值），直到出现不同字符或遇'\0'字符为止。当字符串中的对应字符全部相等且同时遇到'\0'字符时，才认为两个字符串相等；否则，以第一个不相同的字符的比较结果作为整个字符串的比较结果。

strcmp 函数用于比较两个字符串之间的大小关系，其返回值是 str1 和 str2 中对应字符的 ASCII 码的差值，调用形式如下：

```
char str1[20], str2[20];
int r;
……
r = strcmp(str1, str2);
```

strcmp 函数的返回值 r 是一个整数，意义为 $\begin{cases} r<0 & \text{str1小于str2} \\ r=0 & \text{str1等于str2} \\ r>0 & \text{str1大于str2} \end{cases}$

5. 字符串拷贝函数 strcpy

拷贝字符串时不允许使用简单的赋值方式。如 C 语言不允许以下列方式给一个字符数组赋值：

```
char str2[] = "string";
char str1[7];
str1 = str2;
```

拷贝字符串时，必须将字符一个一个地拷贝，直到遇到'\0'字符为止，其中'\0'字符也应该拷贝。

利用 strcpy 函数可以方便地拷贝一个字符串，如将字符数组 str2 中存放的字符串拷贝给字符数组 str1，调用形式如下：

```
strcpy(str1, str2);
```

它将 str2 字符串（以'\0'结尾）拷贝到 str1 字符数组中（包括'\0'）。

可以用 strcpy 函数将字符串 2 中前面若干个字符拷贝到字符数组 1 中去。例如：

```
strcpy(str1, str2, 3);
```

其作用是将 str2 中前面 3 个字符拷贝到 str1 中去，然后再加一个'\0'。

6. 字符串连接函数 strcat

strcat 函数用于连接两个以'\0'结尾的字符串，其调用形式如下：

```
char str1[20] = "Happy";
char str2[10] = " New Year!";
strcat(str1, str2);
```

将 str2 字符串连接到 str1 字符串的后面，该函数执行完后，str1 字符数组中的内容如下：

```
"Happy New Year!"
```

特别说明：

✧ 对于 strcpy 和 strcat 函数，str1 字符数组必须足够长，以便容纳 str2 字符数组中的全部内容。

✧ 连接前两个字符串的后面都有一个'\0'，连接时取消字符串 1 后面的'\0'，即从字符串 1 的'\0'处开始，将字符串 2 的字符一个个存入，遇字符串 2 的'\0'结束，并且在新串后面加上一个'\0'。

7. 字符串长度测试函数 strlen

strlen 函数用于测试字符串的长度。函数的值为字符串的实际长度，不包括'\0'在内。例如：

```
char str[10] = {"China"};
printf("%d", strlen(str));
```

输出结果不是 10，也不是 6，而是 5。strlen 函数也可直接测试字符串常量的长度，例如：

```
strlen("China");
```

函数返回值是 5。

8. 字符串小写转换函数 strlwr

将字符串中大写字母转换成小写字母。lwr 是 lowercase（小写）的缩写。例如：

```
char str[10] = "PROGRAM";
printf("%s\n", strlwr(str));
```

输出结果：`program`

9. 字符串大写转换函数 strupr

将字符串中小写字母转换成大写字母。upr 是 uppercase（大写）的缩写。例如：

```
char str[10] = "China";
printf("%s\n", strupr(str));
```

输出结果：`CHINA`

在使用 strcpy()、strcmp()、strcat()、strlen()、strlwr()、strupr()函数时，需要使用`#include <string.h>`命令将所需头文件包含到源文件中。

更多的字符串处理函数请参见附录Ⅴ。

6.2.4 字符数组程序举例

C 语言中用字符数组存放字符串，操作同一般数组类似。一个字符串可用一个一维字符数组存储处理，多个字符串可用一个二维字符数组存储处理。

特别说明：字符数组中存储多个字符时，只有在数组某个位置有`'\0'`，`'\0'`之前的若干字符才能被视为字符串，可用相关字符串处理函数处理。

下面通过几个程序来说明如何通过字符数组来处理字符串以及在程序设计中应注意的问题。

例 **6-9** 字符串的插入：将一子字符串插入主字符串中指定位置。程序中各字符数组存储形式如图 6-2 所示。

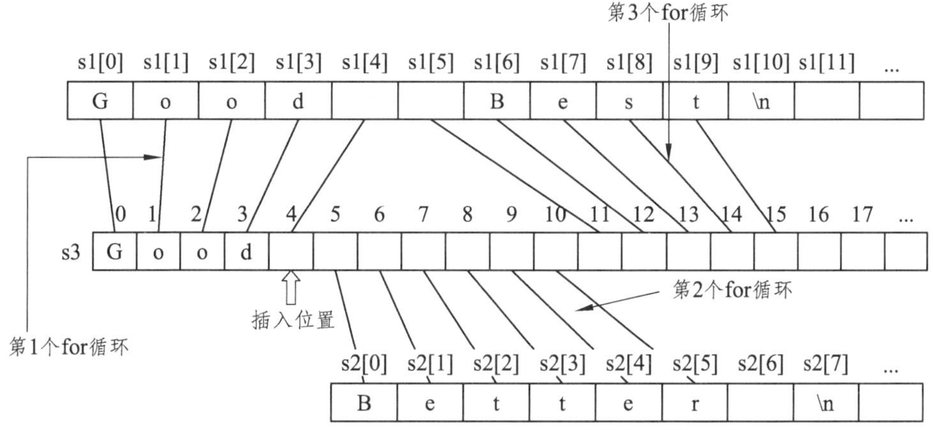

图 6-2　例 6-9 中各字符数组存储形式

```
#include <stdio.h>
#include <string.h>
int main(void)
```

```
{
    void delFgets(char *str);
    int i, j, k, n, len;
    char s1[20], s2[20], s3[40];
    printf("请输入主字符串:");
    fgets(s1, 20, stdin); /*读入长度为 20 的字符串*/
     delFgets(s1);
     printf("请输入子字符串:");
     fgets(s2, 20, stdin);
     delFgets(s2);
     printf("请输入插入位置:");
     scanf("%d", &n);
     while (n <0 || n > strlen(s1)) /*检查 n 值是否在长度范围之内*/
     {
         printf("下标越界,请重新输入!\n");
         scanf("%d", &n);
     }
     for (i = 0; i < n; i++) /*将主串插入位置前的字符拷贝给结果串 s3*/
         s3[i] = s1[i];
    for (j = 0; s2[j] != '\0'; j++) /*接着将子串所有字符拷贝到结果串尾部*/
         s3[i + j] = s2[j];
     for (k = n; s1[k] != '\0'; k++) /*继续将主串余下字符拷贝到结果串*/
         s3[j + k] = s1[k];
     s3[j + k] = '\0'; /*在结果字符数组尾部加上结束标志*/
     printf("插入后结果字符串:%s\n", s3);
     return 0;
}
void delFgets(char *str)
{
     int n = strlen(str) - 1;
     if (str[n] == '\n')
         str[strlen(str) - 1] = '\0'; // 将字符串中读入的换行符删除
     else
        while (getchar() != '\n') // 清空输入缓冲区中本行输入的多余字符序列
             ;
}
```

程序运行结果：

```
[root@swjtu-kp chpt-6]# ./chpt6-9
请输入主字符串:Good Best
请输入子字符串:Better
请输入插入位置:5
插入后结果字符串:Good Better Best
```

例 **6-10** 查找一个指定字符在给定字符串中第一次出现的位置。

```
#include <stdio.h>
#define SIZE 80
int main(void)
{
    char s1[SIZE], ch;
    int i;
    printf("输入一字符串:");
    fgets(s1, SIZE, stdin);
    printf("输入待查找的字符:");
    scanf("%c", &ch);
    for (i = 0; s1[i] != ch && i <SIZE; i++)
        ;        /*字符串中字符一一与待查找字符比较，若不相等，则继续往后查找*/
    i = i + 1;     /*i 即是查找到的下标，加后就是所找到的位置*/
    if (i >SIZE) /*若 i 值超过，说明没有查找到指定字符，将 i 置为 0*/
        i = 0;
    if (i >0)
        printf("待字符出现在字符串中第%d 位置处.\n", i);
    else
        printf("字符串中没有待查找的字符!\n");
    return 0;
}
```

程序运行结果：

```
[root@swjtu-kp chpt-6]# ./chpt6-10
输入一字符串:teacher
输入待查找的字符:h
待字符出现在字符串中第5位置处.
```

例 **6-11** 输入一行英文句子，统计其中有多少个单词，单词之间用空格分隔开。

基本思路：单词的数目可以由空格出现的次数决定（连续的若干个空格作为一个空格；一行开头的空格不计在内）。如果测出某一个字符为非空格，而它前面的字符是空格，则表示“新的单词开始了”，此时使 num（单词数）累加 1。如果当前字符为非空格而其前面的字符也是非空格，则意味着仍然是原来的那个单词的继续，num 不应加 1。前面一个字符是否空格可以通过设置标志变量 flag，根据其值来表示，若 flag=0，则表示前一个字符是空格，如果 flag=1，表示前一个字符为非空格。

```
#include <stdio.h>
int main(void)
{
    char string[81];
    int i, num = 0, flag = 0; /*标志变量 flag，值为 0 表示一个新单词快要出现*/
    char c;                    /*变量 c 中存放待英文句子中待检测的各字符*/
    printf("请输入一个英文句子:");
    fgets(string, 81, stdin);
    for (i = 0; (c = string[i]) != '\0'; i++)
        if (c == ' ') /*检测到空格，说明前一单词结束，一个新的单词快要出现*/
            flag = 0;
        else if (flag == 0)
                /*若检测到不是空格，且 flag 又为 0，说明新单词已经出现*/
        {
            flag = 1;
            num++; /*新单词出现后，单词数 num 加 1，同时标志变量 flag 置为 1*/
        }
    printf("一共有%d 个单词.\n", num);
    return 0;
}
```

程序运行结果：

```
[root@swjtu-kp chpt-6]# ./chpt6-11
请输入一个英文句子:I am a student.
一共有4个单词.
```

程序说明：程序中变量 num 用来统计单词个数，flag 用于判别检测字符是否为空格，若当前字符为空格，则置 flag 为 0（同时当前单词结束），否则将 flag 置成 1。再判断下一字符，若不是空格，而前一字符为空格（flag 值为 0），表示新单词出现，num 加 1，flag=1；若当前字符不是空格，同时前一字符也不是空格（flag 值为 1），则当前单词未结束，num 不加 1。

6.3 数组与函数

可以将数组中某个元素作为函数参数进行传递，也可将数组作为一个整体进行函数参数的传递。

6.3.1 数组元素作函数参数

数组元素作为函数实际参数，其用法与普通变量作函数实参相同，是单向的“值传递”方式。在函数调用时，C 语言编译系统根据形参的类型为每个形参分配存储单元，并将实参的值复制到对应的形参单元中，形参和实参分别占用不同的存储单元，只能将实参的值传给形参，而不能将形参的值反传回实参，函数调用结束后，形参存储单元将被释放。因此即使形参值发生了改变，也不会影响实参，是单向“值传递”。

例 **6-12** 数组元素作为函数参数示例。

```
#include <stdio.h>
void func(int x);
int main(void)
{
    int a[] = {1, 2, 3, 4, 5}, i;
    printf("输出 5 次调用 func 函数形参改变后的值:\n");
    for (i = 0; i < 5; i++)
        func(a[i]); /*以 a[i]为实参调用 func 函数*/
    printf("\n 输出数组 a 中元素在作为函数参数后的值:\n");
    for (i = 0; i < 5; i++)
        printf("%4d", a[i]);
    printf("\n");
    return 0;
}
void func(int x)
{
    x *= 2;
    printf("%4d", x);
}
```

程序运行结果：

```
[root@swjtu-kp chpt-6]# ./chpt6-12
输出5次调用func函数形参改变后的值:
   2   4   6   8  10
输出数组a中元素在作为函数参数后的值:
   1   2   3   4   5
```

程序说明：程序中将数组元素 a[i]（i 值为 0~4）作为实参，将其值传递给形参变量 x，在 func 函数中改变了 x 的值并输出改变后 x 的值，但作为实参的数组 a 中的数组元素值不会改变。

6.3.2　数组名作为函数参数

1. 数组名即是数组的首地址

由于数组名代表数组的首地址，因此，用数组名作实参时传递的是数组的起始地址。因此形参必须是一个可以存放地址的变量，在 C 语言中能存放地址的变量是指针变量。在用数组名作参数时，如果实参是数组名，形参必须为数组定义形式（实质是一个指针变量定义，详见 7.3.2 小节）。发生函数调用时，主调函数将实参数组的首地址传给形参数组，两个数组实际上是共用同一段连续的内存单元。这样，如果在函数调用中改变了形参数组中某数组元素的值，其实质就是改变了实参数组中相应数组元素的值。因此，把数组名作为函数参数的传递方式，称为“地址传递”，其传递方式仍然是单向传递，只能由实参传给形参。

通过以下示例可以验证“数组名就是数组中第一个元素的地址”。

```
/*数组名就是数组第一个元素的地址*/
#include <stdio.h>
int main(void)
{
    int arr[10];
    printf("各种形式的地址值为:\n");
    printf("    arr=%p\n", arr);
            /*格式控制符%p 是专门用来输出地址的，且以十六进制形式表示*/
    printf("&arr[0]=%p\n", &arr[0]);
    printf("   &arr=%p\n", &arr);
     return 0;
}
```

程序运行结果：

```
[root@swjtu-kp chpt-6]# ./chpt6-632
各种形式的地址值为:
    arr=0xffffec6ace58
&arr[0]=0xffffec6ace58
   &arr=0xffffec6ace58
```

特别说明：规定将数组以传地址的形式传递给被调函数，这是出于效率方面的考虑。试想，若以传值的形式将数组传递给被调函数，那么每个元素的副本都要传递给被调函数。当需要频繁传递的是一个很大的数组时，数组元素的复制将是一项既费时又费存储资源的工作。因此用数组名作为函数参数传递地址，发生函数调用后，实参和形参共享存储单元，可大大提高程序执行的效率。

2. 数组名作为函数参数的传递方式

数组名作为函数形参时，其数据类型必须与实参数组一致，但大小可以不一致。实参直接使用数组名，对于形参，则需要在形参列表的同时对其进行相应的类型说明。如果形参数组定义的长度和实参数组的大小一致，例如：

```
int fun(int array[10], int n)
{
    ......
}
```

但实际上，指定其大小是不起任何作用的，因为 C 语言编译系统并不检查形参数组的大小。

函数 fun 有两个参数，其中形参数组 array 被说明为具有 10 个元素的一维整型数组。实际上，主调函数在调用 fun 函数时，形参数组 array 是不会另外分配内存单元的，而是和实参数组共享同一片内存单元；形参变量 n 需要临时分配内存单元，以接收实参传递来的值。执行到 return 语句或函数 fun 的结束位置，形参变量 n 的单元被释放，形参数组 array 也不再使用实参数组的单元。但若运行 fun 过程中，通过形参数组 array 改变了其内存单元的值，实质上改变的是实参数组对应单元的值。

为了提高函数的通用性，C 语言允许在对形参数组说明时不指定数组的长度，而仅给出类型、数组名和一对空的方括号，以便允许同一个函数可根据需要处理不同长度的数组，此时，数组的长度需要用其他参数传递。例如以下函数完成的是统计一个一维数组中非 0 元素的个数，其数组元素的个数由参数 n 来传递。

```
int solve(int array[], int n)
{
    int sum = 0, i;
    for (i = 0; i <n; i++)
        if (array[i] != 0)
            sum++;
    return (sum);
}
```

6.3.3 数组作为函数参数实例

在程序开发中，一个函数的处理对象为数组，其应用是非常广泛的，如排序函数、查找函数等。灵活使用数组作为函数参数对实际开发非常重要。

针对数组的操作，实际是使用数组的一个个元素，即需要依次访问数组中的每个元素，这种操作称作数组的遍历。针对数组的常见操作，数组的遍历是必不可少的，通过 for 循环实现。

接下来，以实例形式介绍数组的常见操作，如特征值的获取、数组的排序等。

例 **6-13** 编写一个求平均值的函数，输入 10 个学生某门课的成绩，求其平均成绩。

基本思路：编写求平均值函数 average，在功能上应该具有一定的通用性，考虑这个函数不仅可以求 10 个整数的平均值，还可以对给定的任意多个整数求其平均值。

在具体使用时，由主函数提供数据序列，调用求平均值函数 average，传递所求数据的个数和数据序列，由这个通用的求平均值函数 average 来计算并返回其平均值，这样就扩大了 average 函数的适用范围，这种设计思想即模块化程序设计思想，对程序代码复用是非常重要的。

```
#include <stdio.h>
#define N 10
float average(float array[], int n)
                                 /*该函数完成对数组 array 中所有元素求平均值*/
{
    int i;
    float aver, sum;
    sum = array[0];
    for (i = 1; i <n; i++) /*完成所有元素的累加*/
        sum += array[i];
     aver = sum / n;
     return (aver);
```

```
}
int main(void)
{
    float score[N], aver;
    int i;
    printf("请输入%d 个学生的某门课程成绩:\n", N);
    for (i = 0; i <N; i++)
        scanf("%f", &score[i]);
    aver = average(score, N); /*调用求平均值函数*/
    printf("这%d 个学生该门课程的平均成绩为%.2f\n", N, aver);
    return 0;
}
```

程序运行结果：

```
[root@swjtu-kp chpt-6]# ./chpt6-13
请输入10个学生的某门课程成绩:
80 78 97 65 50 74 92 88 69 70
这10个学生该门课程的平均成绩为76.30
```

程序说明：

程序运行时，在调用 average 函数前，数组 score 的存储内容为

	0	1	2	3	4	5	6	7	8	9
score	80	78	97	65	50	74	92	88	69	70

程序在调用 average 函数时，将实参数组 score 的起始地址传给了形参数组 array，这样形参数组 array 就与实参数组 score 的起始地址相同，二者共用相同的存储单元。在 average 函数运行的这段时间里，通过 array 或 score 都可以访问这段共用的存储单元，表示为

	0	1	2	3	4	5	6	7	8	9
score array	80	78	97	65	50	74	92	88	69	70
	0	1	2	3	4	5	6	7	8	9

例 **6-14** 用数组来完成数据排序。从键盘上任意输入 N 个整数，将其从大到小降序（或从小到大升序）输出。

基本思路：排序问题是数组在程序设计中的典型应用，是计算机程序设计中最重要的算法之一。对于该问题，必须首先明确两点：

（1）排序过程中，数据间要进行多次比较、交换，所以，必须使用数组存储这些等待排序的数。

（2）排序的算法很多，有比较互换法、选择法、冒泡法、插入法、希尔法、快速排序法等，不同的排序算法有不同的应用范围和执行效率。其中，选择排序和冒泡排序是两种最常用也是最简单的算法，但其效率并不高，一般用于在数据不是很多的情况下进行排序。

例 **6-14a** 用比较互换法实现 N 个整数的降序排列。图 6-3 是数组排序前后的存储情况。

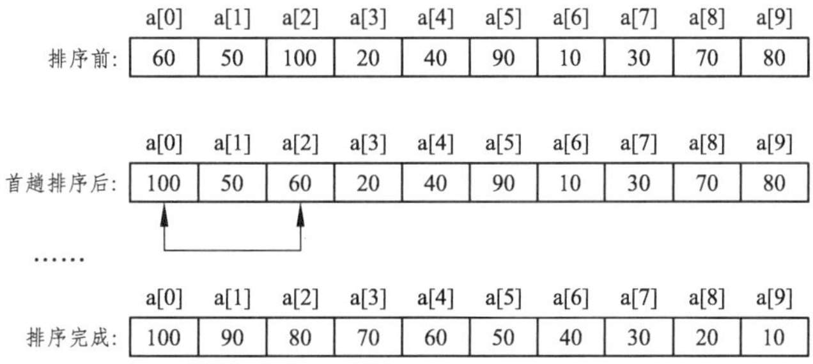

	a[0]	a[1]	a[2]	a[3]	a[4]	a[5]	a[6]	a[7]	a[8]	a[9]
排序前:	60	50	100	20	40	90	10	30	70	80

	a[0]	a[1]	a[2]	a[3]	a[4]	a[5]	a[6]	a[7]	a[8]	a[9]
首趟排序后:	100	50	60	20	40	90	10	30	70	80

……

	a[0]	a[1]	a[2]	a[3]	a[4]	a[5]	a[6]	a[7]	a[8]	a[9]
排序完成:	100	90	80	70	60	50	40	30	20	10

图 6-3　具有 10 个元素的数组 a 排序前、后存储情况

下面先介绍最简单易懂的比较互换法，基本思路（按从大到小的降序排列）：

第 **0** 步：将 a[0]依次与 a[1]，a[2]…a[N-1]比较，在比较过程中，如果 a[0]小于与之相比较的任意一个数组元素，就将 a[0]与对应的数组元素进行交换。这样，a[0]在不断增大，比较完后，a[0]中的值就是 N 个数中的最大者。一般把这种一步操作称为一趟（或一轮）排序。

第 **1** 步：将 a[1]依次与 a[2]，a[3]…a[N-1]比较，必要时交换。这样，a[1]的值不断增大，成为 a[2]…a[N-1]中的最大者。

……

第 **N-2** 步：将 a[N-2]与 a[N-1]比较，并将较大的数放在 a[N-2]中。

这样，经过第 0 步到第 N-2 步共 N-1 趟比较排序，每一趟都是在不断缩小的范围中找余下的数中的最大数，到第 N-2 步时排序任务就完成了。因为是在不断比较和交换数据，因此称之为比较互换法。

```
#include <stdio.h>
#define N 10
int main(void)
{
    int a[N], i, j, t;
    printf("\n 输入待排序的%d 个数:", N);
    for (i = 0; i <N; i++)
        scanf("%d", &a[i]);
    for (i = 0; i <N - 1; i++)
         for (j = i + 1; j <N; j++)
             if (a[i] < a[j])
             {
                 t = a[i];
                 a[i] = a[j];
                 a[j] = t;
             }
     printf("从大到小排列的结果为:");
     for (i = 0; i <N; i++)
         printf("%4d", a[i]);
```

```
    return 0;
}
```

程序运行结果：

```
[root@swjtu-kp chpt-6]# ./chpt6-14a

输入待排序的10个数:90 70 100 40 80 30 50 60 10 20
从大到小排列的结果为: 100  90  80  70  60  50  40  30  20  10
```

上述程序是从结构化程序设计角度来实现的，存在明显不足，即程序的所有功能均由主函数完成。若要程序结构清晰，采用模块化方法来设计程序是非常必要的，将程序功能分解并模块化。现将程序进行修改，编写一个排序函数，并采用函数调用的方式实现排序。

例 **6-14b** 采用函数调用的比较互换法实现 N 个整数的降序排列。

```
#include <stdio.h>
#define N 10
void change(int b[], int n) /*change 完成 n 个整数的降序排列*/
{
    int i, j, t;
    for (i = 0; i <n - 1; i++)
        for (j = i + 1; j <n; j++)
            if (b[i] <b[j])
            {
                t = b[i];
                b[i] = b[j];
                b[j] = t;
             }
}
int main(void)
{
    int a[N], i;
    printf("\n 输入待排序的%d 个数:", N);
    for (i = 0; i <N; i++)
        scanf("%d", &a[i]);
    change(a, N); /*调用比较互换法排序函数*/
    printf("从大到小排列的结果为:");
    for (i = 0; i <N; i++)
        printf("%4d", a[i]);
    return 0;
}
```

例 **6-14c** 用选择排序法实现 N 个整数的降序排列。

在例 6-14a 和例 6-14b 中，排序的过程中要多次交换两个数组元素的值，影响了程序的执行速度。因此可对比较互换法进行优化，减少交换次数，也就是常说的选择排序法。

选择排序法基本思路：从 a[i]，a[i+1]…a[N-1]中找出最大数存入 a[i]，这一过程不是通过 a[i]依次与 a[i+1]…a[N-1]相比较和交换，而是先在 a[i]…a[N-1]中找出最大数所在的位置（即下标 max），然后检查这个下标是否就是 i，若是 i，表明 a[i]中本来就存着最大数，也就不需交换了，否则，将 a[i]与该范围中的最大数 a[max]交换。这样做可大大减少数据的交换次数。

选择排序法函数 select()书写如下：

```
void select(int b[], int n) /*select 完成 n 个整数的降序排列*/
{
    int i, j, t, max; /*max 即对应待排序数列中最大数的下标*/
    for (i = 0; i <n - 1; i++)
    {
        max = i; /*每轮比较开始前，假定其第一个数就是最大的*/
        for (j = i + 1; j <n; j++)
            if (b[max] <b[j])
                max = j; /*max 中始终存放找到的大数的下标*/
         if (max != i)    /*将 b[max]与 b[i]交换*/
         {
             t = b[i];
             b[i] = b[max];
             b[max] = t;
         }
     }
}
```

例 **6-14d** 冒泡排序法实现 N 个整数由小到大的升序排列。

冒泡（或称起泡法）排序法，即按照相邻原则两两比较待排序序列中的元素，并交换不满足顺序要求的各对元素，直到全部满足顺序要求为止。

对具有 N 个元素的序列按升序进行冒泡排序的基本思路：

（1）首先将第 1 个元素与第 2 个元素进行比较，若为逆序，则将两元素交换。然后比较第 2 个、第 3 个元素，依次类推，直到第 N-1 个和第 N 个元素进行了比较和交换。此过程称为第一趟冒泡排序。经过第一趟冒泡排序，最大元素被交换到第 N 个位置。假设初始数据有 6 个，为 9，8，5，4，2，6，共 6 个数，第一趟比较 5 次，交换 5 次，如图 6-4 所示。

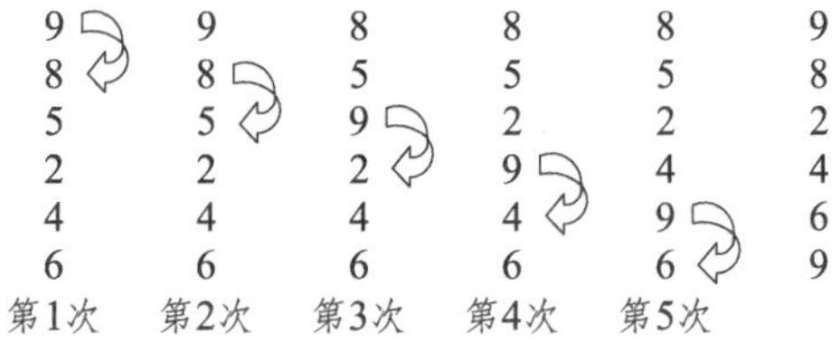

第1次	第2次	第3次	第4次	第5次	
9	9	8	8	8	9
8	8	5	5	5	8
5	5	9	2	2	2
2	2	2	9	4	4
4	4	4	4	9	6
6	6	6	6	6	9

图 6-4　例 6-14d 中数据第一趟交换状况

（2）可见，经过第一趟排序后，最大的数 9 已经放在了最后一个位置，而较小数的位置都上升了。这就是冒泡法的特点。经过一趟比较后，大数沉底，小数上浮，就像水中的水泡一样。

（3）接着对前 N-1 个元素进行第二趟冒泡排序，将其中的最大元素交换到第 N-1 个位置。

（4）如此继续，直到所有的比较次数结束，或在某一趟排序比较中未发生任何交换时，排序结束。

```
#include <stdio.h>
#define N 6
void bubble(int b[], int n) /*bubble 完成 n 个整数的升序排列*/
{
    int i, j, t;
    for (i = 1; i <n - 1; i++) /*i 为排序的趟数*/
        for (j = 0; j <n - i; j++)
            if (b[j] >b[j + 1]) /*升序排列，必须前小后大*/
            {
                t = b[j];
                b[j] = b[j + 1];
                b[j + 1] = t;
            }
}
int main(void)
{
    int a[N], i;
    printf("\n 输入待排序的%d 个数:", N);
    for (i = 0; i <N; i++)
        scanf("%d", &a[i]);
    bubble(a, N); /*调用冒泡法排序函数*/
    printf("从小到大排列的结果为:");
    for (i = 0; i <N; i++)
        printf("%4d", a[i]);
    return 0;
}
```

例 **6-14e** 优化的冒泡排序法实现 N 个整数由小到大的升序排列。

可对以上程序进行优化，以减少循环次数。

若某趟排序结束后，数组已排好序，但是计算机此时并不知道已经排好序。计算机还需进行若干趟比较，但在后续的每一趟比较中，并没有发生任何数据交换，因此以后的比较就是不必要的。为了判断在比较中是否进行了数据交换，可以设置一个标志量 flag，在进行每趟比较前将 flag 置成 0，如果在比较中发生了数据交换，则将 flag 置为 1。在每一趟排序结束后，再判断 flag 的值，如果它仍为 0，则表示在该趟排序中未发生数据交换，数组元素已经全部有序，排序提前结束；否则进行下一趟比较。

优化的冒泡排序法函数 good_bubble()如下：

```
void good_bubble(int b[], int n) /*good_bubble 完成 n 个整数的升序排列*/
{
    int i, j, flag, t;
    for (i = 1; i <n - 1; i++) /*i 为排序的趟数*/
    {
        flag = 0; /*设置标志变量，用于判断本趟是否发生数据交换*/
        for (j = 0; j <n - i; j++)
            if (b[j] >b[j + 1]) /*升序排列，必须前小后大*/
            {
                t = b[j];
                b[j] = b[j + 1];
                b[j + 1] = t;
                flag = 1; /*有数据交换发生，即将 flag 置为 1*/
             }
         if (!flag)
             break;
         /*若本趟没有发生过数据交换，则待排序数据已排好序，提前结束排序*/
     }
}
```

例 **6-15** 数组元素的查找。

特征值的查找问题是数组应用在程序设计中的又一典型问题。程序员常常需要对存储在数组中的大量数据进行处理，并且需要确定其中是否存在一个数值等于某个关键字值的数据。在数组中搜索一个特定元素的处理过程，称为查找。

常用的查找方法有：

✧ 简单的线性查找；

✧ 效率更高的折半查找（但算法较复杂）。

例 **6-15a** 数组元素的线性查找。

数组是一种线性存储结构。所谓线性结构，是指组成数组的数组元素除了第一个元素没有直接前趋，最后一个元素没有直接后继，其他的元素有且仅有一个直接前趋和一个直接后继。

线性查找就是将待查关键字逐个与数组元素中从第 1 个到第 N 个相比较，看是否相等，从而实现查找的方法。对于一个无序数组，由于数组元素事先并没有按照一定的顺序排列，因此只能进行线性查找。有可能在第一个元素位置就找到与待查关键字相等的元素，也有可能在最后一个位置找到它，也可能找不到待查关键字所对应的数组元素。从平均情况看，待查关键字需要与一半的数组元素进行比较方可找到所需元素。

```
#include <stdio.h>
#define SIZE 10
int linerSearch(int a[], int n, int key)
{
```

```
    int i;
    for (i = 0; i <n; i++) /*在数组 a 中从前向后逐个元素*/
        if (a[i] == key)   /*若相等，则返回待查关键字 key 在数组中的位置*/
            return i;
    return -1; /*待查关键字 key 在数组中没有找到*/
}

int main(void)
{
    int a[SIZE], searchkey, location, m;
    for (m = 0; m <SIZE; m++) /*通过运算使数组各元素得到值*/
        a[m] = 10 * m;
    printf("数组序列为:\n");
    for (m = 0; m <SIZE; m++)
        printf("%4d", a[m]);
    printf("\n 请输入待查关键字:");
    scanf("%d", &searchkey);
    location = linerSearch(a, SIZE, searchkey);
                                    /*调用线性查找函数，实现查找*/
    if (location != -1)
        printf("待查关键字找到了，位置为第%d 个元素!\n", location + 1);
    else
        printf("在数组中没有找到待查关键字!\n");
    return 0;
}
```

程序运行结果:

```
[root@swjtu-kp chpt-6]# ./chpt6-15a
数组序列为:
   0  10  20  30  40  50  60  70  80  90
请输入待查关键字:50
待查关键字找到了，位置为第6个元素!
```

例 **6-15b** 采用折半查找实现数组元素的查找（适用于在已经有序排列好的序列中查找）。

对于规模较小的数组或无序排列的数组，可以采用线性查找方法。但是对于有序排列的数组，更适合采用快速高效的折半查找（也称折半搜索）方法。在计算机科学中，折半搜索也称二分搜索、对数搜索，是一种在有序数组中查找某一特定元素的搜索算法。

图 6-5 为折半查找示意图。在数组中查找值为 50 的元素，只需要经过 3 次比较，即可找到。而在上面的线性查找中，需要经过 6 次比较才能找到。但线性查找可在无序序列中查找特征值，而折半查找只能在有序序列中查找特征值。

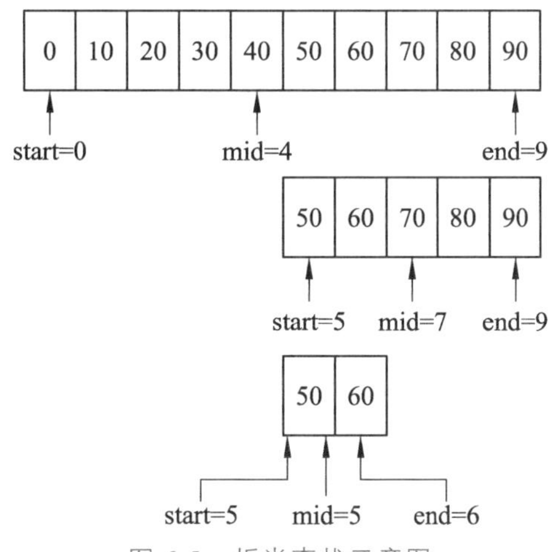

图 6-5　折半查找示意图

折半查找的优点是每次比较之后有一半的数组元素可以排除在比较范围之外，其基本思路如下（假设数组已按升序排列）：

✧ 首先用待查关键字与位于数组中间的元素值进行比较。若相等，则找到指定数据并返回数组中间元素的下标；否则，查找问题的规模将缩小为在一半的数组元素中查找。

✧ 若待查关键字小于数组的中间元素的值，则在前一半数组元素中继续查找，否则在后一半数组元素中继续查找。

✧ 若还是没有找到，则在原始数组 1/4 大小的子数组中继续查找……不断重复该查找过程，直到待查关键字等于子数组中间的元素值（找到待查关键字），或者子数组中只包含一个不等于待查关键字的元素（即没有找到待查关键字）时为止。

折半查找比线性查找的效率要高得多，在最坏的情况下，查找一个拥有 1 023 个元素的数组，采用折半查找只需要进行 10 次比较。因为不断地用 2 来除 1 024 得到的商分别为 512、256、128、64、32、16、8、4、2、1，即 1 024(2^{10})用 2 除 10 次就可得到 1。用 2 除一次就相当于折半查找算法中的一次比较。查找一个拥有 1 048 576(2^{20})个元素的数组，采用折半查找最多只需要进行 20 次比较就可以得到结果。查找一个元素个数超过 10 亿个的数组，最多只需进行 30 次比较即可。

相对于需要与一半的数组元素进行比较的线性查找而言，折半查找在效率上的提高是巨大的，这种搜索算法每一次比较都使搜索范围缩小一半。理论上，折半查找最多需要的比较次数是第一个大于数组元素个数的 2 的幂次数（例如，对于拥有 100 个元素的数组进行折半查找，则最多查找次为 7 次，因为 $2^7>100$，而 $2^6<100$）。

折半查找法的优点是搜索次数少，查找速度快，平均性能好；其缺点是要求待查列表为有序列表，且插入删除困难。因此，折半查找方法适用于不经常变动而查找频繁的有序列表。

```
#include <stdio.h>
#define SIZE 10
int halfSearch(int a[], int n, int key)
{
    int start = 0, end = n - 1, mid; /*设置查找区间的起点和终点*/
    while (start <= end)
```

```
    {
        mid = (start + end) / 2; /*计算区间中点*/
        if (a[mid] == key)       /*若区间中点元素与指定值 key 相等*/
            return mid;           /*则返回区间中点元素的下标*/
        else if (key>a[mid])    /*否则，若指定值 key 大于中点元素*/
            start = mid + 1;      /*则取后半区间继续查找*/
        else
            end = mid - 1; /*否则取前半区间继续查找*/
    }
    return -1; /*未找到,返回-1*/
}
int main(void)
{
    int a[SIZE], searchkey, location, m;
    for (m = 0; m <SIZE; m++) /*通过运算使数组各元素得到值*/
        a[m] = 10 * m;
    printf("数组序列为:\n");
    for (m = 0; m <SIZE; m++)
        printf("%4d", a[m]);
    printf("\n 请输入待查关键字:");
    scanf("%d", &searchkey);
    if ((location = halfSearch(a, SIZE, searchkey)) != -1)
      printf("待查关键字%d 是数组中的第%d 个!\n", searchkey, location + 1);
    else
        printf("在数组中没有找到待查关键字!\n");
    return 0;
}
```

程序运行结果:

```
[root@swjtu-kp chpt-6]# ./chpt6-15b
数组序列为:
   0  10  20  30  40  50  60  70  80  90
请输入待查关键字:50
待查关键字50是数组中的第6个!
```

例 **6-15c** 采用折半查找实现数组元素的查找，并显示出查找过程。

为了说明折半查找过程，修改例 6-15b，将每次查找的序列显示，让读者清晰整个查找过程。

```
#include <stdio.h>
#define SIZE 10
int halfSearch(int a[], int key, int start, int end);
void printHeader(void);
void printRow(int a[], int start, int mid, int end);
```

```
int main(void)
{
    int a[SIZE], searchkey, location, m;
    for (m = 0; m <SIZE; m++) /*通过运算使数组各元素得到值*/
        a[m] = 10 * m;
    printf("数组序列为:\n");
    for (m = 0; m <SIZE; m++)
        printf("%4d", a[m]);
    printf("\n 请输入待查关键字:");
    scanf("%d", &searchkey);
    printHeader();
    location = halfSearch(a, searchkey, 0, SIZE - 1); /*调用折半查找函数*/
    if (location != -1)
        printf("待查关键字%d 是数组中的第%d 个元素!\n", searchkey, location + 1);
    else
        printf("在数组中没有找到待查关键字!\n");
    return 0;
}

int halfSearch(int a[], int key, int start, int end)
{
    int mid; /*查找区间中点*/
    while (start<= end)
    {
        mid = (start + end) / 2;       /*计算区间中点*/
        printRow(a, start, mid, end); /*调用输出子数列函数*/
        if (a[mid] == key)            /*若区间中点元素与指定值 key 相等*/
            return mid;               /*则返回区间中点元素的下标*/
        elseif (key>a[mid])          /*否则，若指定值 key 大于中点元素*/
            start = mid + 1;          /*则取后半区间继续查找*/
        else
            end = mid - 1; /*否则取前半区间继续查找*/
    }
    return -1; /*未找到,返回-1*/
}
void printHeader(void)
{
    int i;
```

```
    printf("\n 各次折半后子数组:\n");
    for (i = 0; i <SIZE; i++) /*输出各下标值*/
        printf("%4d ", i);
    printf("\n");
    for (i = 1; i <= 5 * SIZE; i++)
        printf("-");
    printf("\n");
}
void printRow(int a[], int start, int mid, int end)
{
    int i;
    for (i = 0; i <SIZE; i++)
    {
        if (i <start || i >end)
            printf("     ");
        else if (i == mid) /*输出中间元素*/
            printf("%4d*", a[i]);
        else
            printf("%4d ", a[i]); /*输出余下的查找数列*/
    }
    printf("\n");
}
```

程序运行结果:

```
[root@swjtu-kp chpt-6]# ./chpt6-15c
数组序列为:
   0  10  20  30  40  50  60  70  80  90
请输入待查关键字:50

各次折半后子数组:
   0    1    2    3    4    5    6    7    8    9
--------------------------------------------------
   0   10   20   30   40*  50   60   70   80   90
                           50   60   70*  80   90
                           50*  60
待查关键字50是数组中的第6个元素!

[root@swjtu-kp chpt-6]# ./chpt6-15c
数组序列为:
   0  10  20  30  40  50  60  70  80  90
请输入待查关键字:95

各次折半后子数组:
   0    1    2    3    4    5    6    7    8    9
--------------------------------------------------
   0   10   20   30   40*  50   60   70   80   90
                           50   60   70*  80   90
                                          80*  90
                                               90*
在数组中没有找到待查关键字!
```

6.4 二维数组

C 语言中的数组可以有多个下标。通常把二维及以上维数的数组称为多维数组。二维数组的主要用途是用来表示一个二维表中按行、列组织在一起的信息。为了唯一确定二维表中的一个元素，必须给出两个下标。按照通常的习惯，第一个下标确定的是元素所在的行号，第二个下标确定的是元素所在的列号。需要两个下标才能确定一个元素位置的表格或数组，称为双下标数组（即二维数组）；需要三个或以上的下标才能确定一个元素位置的数组，称为多下标数组。三维及以上维数的数组极少使用，经常用到的是一维或二维数组。

6.4.1 二维数组的定义

二维数组的定义方式：

```
类型说明符　数组名 [常量表达式 1][常量表达式 2];
```

其中，类型说明符是指数组中各数组元素的数据类型，常量表达式指出数组的行列大小。例如：

```
int a[3][4];
```

定义了二维数组 a，包含有 3 行、4 列，其存储结构示意如图 6-6 所示。

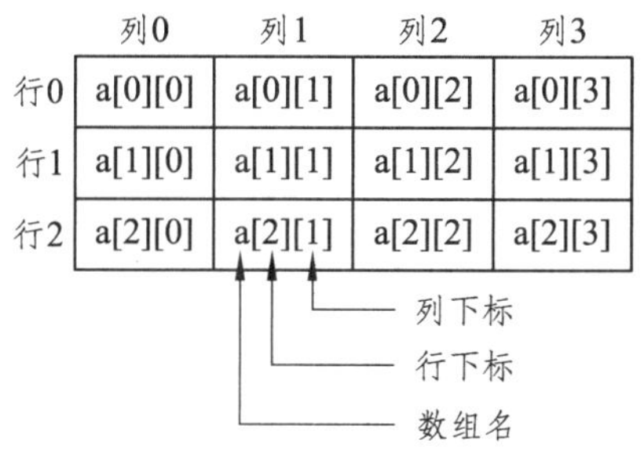

图 6-6　3 行 4 列的二维数组

从图 6-6 中可知，数组 a 的每个元素都有一个形如 `a[i][j]`的元素名。其中，a 是数组名，i 和 j 是能够唯一确定一个数组元素的两个下标。需要注意的是，第一行元素的元素名中，第一个下标都是 0；第 4 列元素的元素名中，第二个下标都是 3。

可以看出，存放二维数组时，第一个下标先不变化，先变化第二个下标（从 0 到 3），等第二个下标到最大值（3）时，第一个下标才改变（从 0 到 1），接着第二个下标又从 0 开始变化。

定义二维数组要注意以下几点：

（1）“常量表达式 1”的值指出二维数组的行数，“常量表达式 2”的值指出二维数组的列数。常量表达式可以是整型常量或符号常量，不能是变量。

（2）二维数组中元素的存放顺序是按行存放的，即在内存中先顺序存放第一行的元素，再存放第二行的元素，依此类推。

（3）由于计算机的内存地址空间是连续编址的一维线性空间，因此，二维数组及多维数组对应的存储空间也都是一维的。对于一个二维数组，C 编译程序将其视为一个一维数组，这个一维数组的每个元素又是一个一维数组。因此，二维数组本质上是以数组作为数组元素的数组，即“数组的数组”。

例如：

```
int a[3][4];
```

可把 a 看作是一个一维数组，它有三个元素：a[0]，a[1]，a[2]，每个元素又是一个含有四个元素的一维数组，可以把 a[0]，a[1]和 a[2]看作是三个一维数组的名字，假定为 x，y 和 z。从而把上面定义的二维数组理解为定义了三个一维数组，即：

```
int a[0][3], a[1][3], a[2][3];
      |        |        |
      x        y        z
```

这里，把 a[0]，a[1]和 a[2]看作是一维数组名，在 C 语言中对二维数组的这种定义方式，使得数组的初始化和用指针表示都十分方便。

（4）实际中只要确定了下标变量的值，计算机就可确定该下标变量在数组中对应的存储空间的地址。一般来说，数组元素 a[i][j]对应的存储空间相对于该数组起始位置的地址为

(i*列数＋j)*类型字节数

若定义：

```
short int a[3][4];
```

在 GCC 编译器中，short int 型的每个元素占用 2 个字节内存空间。数组 a 在内存中的相对地址如图 6-7 所示。

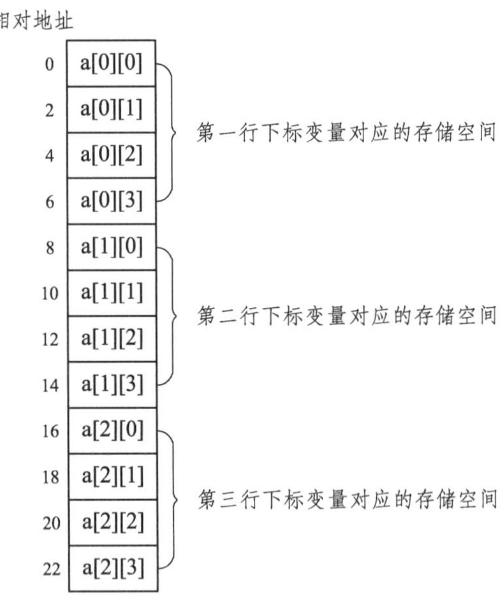

图 6-7　二维数组 a 占用的存储空间

如果 a 为字符型数组，则相对地址为(i*列数+j)*1。

如果 a 为实型数组，则相对地址为(i*列数+j)*4。

6.4.2　二维数组元素的引用

二维数组元素的表示形式如下：

数组名[下标表达式 1][下标表达式 2]

其中，下标表达式可以是整型常量或整型变量及其表达式。例如：

```
int x[3][2];
```

共有 6 个元素，分别用 x[0][0]，x[0][1]，x[1][0]，x[1][1]，x[2][0]，x[2][1]表示。可用下面的语句把 10 赋值给 x 数组中第 0 行、第 1 列的元素：

```
x[0][1] = 10;
```

对基本数据类型的变量所能进行的各种操作，也都适合于同类型的二维数组元素。如：

```
x[1][1] = x[0][0] * 2;
x[2][1] = x[0][0] / 2 + x[1][1];
```

二维数组元素的地址也是通过&运算得到的。如 x[1][1]元素的地址可表示为&x[1][1]。

如果从键盘上为二维数组元素输入数据，一般需要使用双重循环。输入时有两种方式：

✧ 按行输入方式，即先输入第 1 行，然后输入第 2 行，依此类推；

✧ 按列输入方式，即先输入第 1 列，然后输入第 2 列，依此类推。

采用哪一种输入方式，完全取决于程序的需要，但使用按行输入方式时与二维数组元素在内存中的存放顺序一致，程序有更高的执行效率。例如有二维数组：

```
int x[3][2];
```

下面的语句是按行的方式从键盘上为 x 数组的每个元素输入数据：

```
for (i = 0; i <3; i++)
    for (j = 0; j <2; j++)
        scanf("%d", &x[i][j]);
```

而下面的语句是按列的方式从键盘上为 x 数组的每个元素输入数据：

```
for (i = 0; i <2; i++)
    for (j = 0; j <3; j++)
        scanf("%d", &x[j][i]);
```

6.4.3 二维数组的初始化

与一维数组一样，二维数组可以在定义时初始化。二维数组的初始化有如下几种方式。

1. 对数组的全部元素赋初值

（1）按行给二维数组赋初值，例如：

```
int x[3][2] = {{1, 2}, {3, 4}, {5, 6}};
```

其中，初始值按行用花括号括起来成为若干组。如果没有为给定的行提供足够多的初始值，那么剩余的数组元素将被初始化为 0。

（2）按数组存储时的排列顺序赋初值，例如：

```
int y[3][2] = {1, 2, 3, 4, 5, 6};
```

该语句执行之后有：

```
y[0][0]=1,y[0][1]=2,y[1][0]=3,y[1][1]=4,y[2][0]=5,y[2][1]=6
```

（3）给二维数组赋初值时允许省略第一维长度的说明，但是不能省略第二维的长度，例如：

```
int z[][2] = {1, 2, 3, 4, 5, 6}; /*正确。给定所有初值时可省略数组的第一维长度*/
```

该语句执行之后 C 语言编译系统自动计算出第一维长度为 3，因此同样有：

```
z[0][0]=1,z[0][1]=2,z[1][0]=3,z[1][1]=4,z[2][0]=5,z[2][1]=6
```

但不能定义成：

int z[3][] = {1, 2, 3, 4, 5, 6}; /*错误。在任何情况下都是不能省略第二维长度的*/

2. 对数组的部分元素赋初值

例如：

```
int x[3][2] = {{1}, {2, 3}, {4}};
```

该语句执行时对数组各行的数组元素按从左到右的顺序进行赋值，对一行内没有指定初值的数组元素自动赋值为 0，如图 6-8 所示。

	0	1
x[0]	1	0
x[1]	2	3
x[2]	4	0

图 6-8　对数组的部分元素赋初值

在 C 语言中允许定义多维数组，并且对数组的维数没有限制，对多维数组的定义和引用方式与二维数组的定义和引用方式相似，这里不再讨论。但实际编程中，一般不建议使用超过三维的数组。

6.4.4　二维数组程序举例

只要是按行和列存储的数据都可用二维数组实现，因此其应用非常广泛，比如数学中的矩阵问题、鞍点问题、含行列的图案问题、多个字符串的处理问题等。下面通过几个实例说明二维数组在程序设计中的应用。

例 **6-16** 求一个矩阵的转置矩阵。

转置矩阵就是将一个二维数组中的行元素和列元素互换后，存入另一个二维数组中。例如矩阵 a 的转置矩阵是 b：

```
array a:        array b:
1  2  3         1  4
4  5  6         2  5
                3  6
```

```
#include <stdio.h>
int main(void)
{
    int a[2][3] = {{1, 2, 3}, {4, 5, 6}}; /*按行初始化二维数组 a*/
    int b[3][2], i, j;
    printf("array  a:\n");
    for (i = 0; i <= 1; i++)
    {
```

```
        for (j = 0; j <= 2; j++)
                                /*按行输出数组 a，同时将其行元素赋给数组 b 的列*/
        {
            printf("%5d", a[i][j]);
            b[j][i] = a[i][j];
        }
        printf("\n");
    }
    printf("array b:\n");
    for (i = 0; i <= 2; i++) /*按行输出数组 b*/
    {
        for (j = 0; j <= 1; j++)
            printf("%5d", b[i][j]);
        printf("\n");
    }
    return 0;
}
```

程序运行结果：

```
[root@swjtu-kp chpt-6]# ./chpt6-16
array  a:
    1    2    3
    4    5    6
array b:
    1    4
    2    5
    3    6
```

程序说明：在处理二维数组时，一般都要用到双重循环结构遍历所有元素，其中外层循环用于控制行的遍历，内层循环用于控制列的遍历。

例 **6-17** 按下面格式输出杨辉三角形。

```
1
1   1
1   2   1
1   3   3   1
1   4   6   4   1
    ……
```

基本思路：分析杨辉三角形的构成，可以看出这些数据有以下性质。

✧ 这些数据是一个 N×N 矩阵的下半三角（包含对角线），现定义为 int a[N][N];

✧ 该矩阵的第一行只有一个元素 1;

✧ 该矩阵的第 1 列元素（a[i][0]）和对角线元素（a[i][i]）的值都是 1;

✧ 从第 2 行开始，中间的第 j 列元素是上一行第 j-1 个元素和第 j 个元素之和，即

`a[i][j]=a[i-1][j-1]+ =a[i-1][j]`

在实现程序时，首先是生成杨辉三角形中的数据，再按指定格式要求（下三角形式、等腰三角形式、右三角形式）输出数据。

假设程序的输出为 10 行，其程序如下：

```
1 #include <stdio.h>
2 #define N 10
3 int main(void)
4 {
5     int a[N][N], i, j; /*定义数组 a，共 N 行 N 列*/
6     a[0][0] = 1;       /*将 0 行 0 列元素赋值为*/
7     for (i = 1; i <N; i++)
8     {
9         a[i][0] = 1; /*将每行 0 列元素赋值为*/
10         a[i][i] = 1; /*将每行对角线位置列元素赋值为*/
11         for (j = 1; j < i; j++)
12             a[i][j] = a[i - 1][j - 1] + a[i - 1][j];
13                /*计算每行中间位置元素，值为上行前一列与当前列元素值之和*/
14     }
15     printf("\n 杨辉三角形前%d 行:\n", N);
16     for (i = 0; i <N; i++)
17     {
18         for (j = 0; j <= i; j++) /*按行输出杨辉三角形*/
19             printf("%6d", a[i][j]);
20         printf("\n");
21     }
22     return 0;
23 }
```

代码 6~14 行为生成杨辉三角形的数据，可用以下代码实现：

```
for (i = 0; i <N; i++)
{
    for (j = 0; j <= i; j++)
        if (j == 0||i == j) a[i][j] =1;
        else
        a[i][j] = a[i - 1][j - 1] + a[i - 1][j];
}
```

程序运行结果：

```
[root@swjtu-kp chpt-6]# ./chpt6-17

杨辉三角形前10行:
    1
    1    1
    1    2    1
    1    3    3    1
    1    4    6    4    1
    1    5   10   10    5    1
    1    6   15   20   15    6    1
    1    7   21   35   35   21    7    1
    1    8   28   56   70   56   28    8    1
    1    9   36   84  126  126   84   36    9    1
```

程序说明：程序中，将数组的行数和列数 N 定义为符号常量，改变 N 的大小，就可以输出不同行数的杨辉三角形。

请读者思考：若要输出杨辉三角形为等腰三角形或右对齐，程序代码需要怎样修改呢？

例 **6-18** 计算出 2023 年某月某日为星期几？已知 2023 年 1 月 1 日为周日，非闰年。

```
#include <stdio.h>
int main(void)
{
    int month, day, k;
    char q = 'y'; /*定义是否继续运行的变量 q*/
    int days[13] = {0, 31, 28, 31, 30, 31, 30, 31, 31, 30, 31, 30, 31};
    /*每月天数的数组*/
    char week[7][4] = {"Sat", "Sun", "Mon", "Tue", "Wen", "Thu", "Fri"};
    /*初始化星期名称数组*/
     while (q == 'y' || q == 'Y')
     {
         do
         {
             printf("请输入 2023 年的某月某日(Month,Day):");
             scanf("%d,%d", &month, &day);
         } while (day > days[month]); /*输入日期的合法性验证*/
         for (k = 1; k < month; k++)  /*再累计上输入月份前的若干月的天数*/
             day += days[k];
         printf("The day is %s.\n", week[day % 7]);
         /*总天数与 7 的余数即是对应的星期数组行下标*/
         getchar(); /*读取输入月日后的回车符*/
         printf("是否继续?(y/n)\n");
         q = getchar();
     }
```

```
    return 0;
}
```

程序运行结果：

```
[root@swjtu-kp chpt-6]# ./chpt6-18
请输入2023年的某月某日(Month,Day):5,27
The day is Sat.
是否继续?(y/n)
y
请输入2023年的某月某日(Month,Day):12,30
The day is Sat.
是否继续?(y/n)
n
```

程序说明：本程序中，若计算 1 月 1 日，则总天数为 1 天，1 与 7 相除余数为 1。由于 1 月 1 日为周日，因此初始化 week 数组时，应该从"Sat"开始。二维字符数组 week 中存放星期名称，如图 6-9 所示。

Week[0]	“Sta”
Week[1]	“Sun”
Week[2]	“Mon”
Week[3]	“Tus”

图 6-9　星期名称

将 week 数组看成是一个特殊的一维数组，其中每个元素 week[i]（i 取值为 0~6）可看作是每行，而每行又是一个一维字符数组。计算出 2023 年某天距该年第 1 天相差的天数，再与 7 相除求余数，即可知道 week 数组的行下标，从而确定是星期几。

例 **6-19** 二维数组综合示例程序 1，学生成绩处理。

基本思路：要存放多个学生若干门课程的成绩，必须使用二维数组。用数组 scores 存储学生的 4 门课程成绩，其中数组的每一行对应一个学生，每一列表示学生的某门课程成绩。程序中共有 4 个函数对数组进行处理：函数 max 用于求所有成绩中的最高分；函数 min 用于求所有成绩中的最低分；函数 average 用于求某个学生 4 门课程的平均分；函数 printfArray 用于以清晰的表格形式显示学生的原始成绩清单。

```
#include <stdio.h>
#define STUDENTS 3
#define EXAMS 4
int min(int grades[][EXAMS], int pupils, int tests);
int max(int grades[][EXAMS], int pupils, int tests);
float average(int lineGrades[], int tests);
void printArray(int grades[][EXAMS], int pupils, int tests);
int main(void)
{
    int m, n, Max, Min;
```

```
    float Ave;
    int scores[STUDENTS][EXAMS];
    for (m = 0; m <STUDENTS; m++)
    {
        for (n = 0; n <EXAMS; n++)
        {
            printf("请输入第%d 名学生第%d 门课程成绩:", m + 1, n + 1);
            scanf("%d", &scores[m][n]);
        }
        printf("\n");
    }
    printArray(scores, STUDENTS, EXAMS);
    /*调用 printArray 函数，显示学生成绩*/
    Max = max(scores, STUDENTS, EXAMS);  /*调用 max 函数，求出最高分*/
    Min = min(scores, STUDENTS, EXAMS);  /*调用 min 函数，求出最低分*/
    printf("\n\nLowest grade:%d\nHighest grade:%d\n", Min, Max);
    printf("\n");
    for (m = 0; m <STUDENTS; m++) /*调用 average 函数，求每个学生的平均分*/
    {
        Ave = average(scores[m], EXAMS);
        printf("第%d 个学生的平均成绩是:%.2f\n", m + 1, Ave);
    }
    return 0;
}
int min(int grades[][EXAMS], int pupils, int tests)
 /*min 函数实现求最低分*/
{
    int i, j;
    int lowGrade = 100; /*定义最低分变量，初始化为 100*/
    for (i = 0; i <pupils; i++)
        for (j = 0; j <tests; j++)
            if (grades[i][j] < lowGrade)
/*若当前元素值小于最低分变量，则完成赋值*/
                lowGrade = grades[i][j];
    return lowGrade;
}
int max(int grades[][EXAMS], int pupils, int tests)
```

```
/*max 函数实现求最高分*/
{
    int i, j;
    int highGrade = 0; /*定义最高分变量，初始化为 0*/
    for (i = 0; i <pupils; i++)
        for (j = 0; j <tests; j++)
            if (grades[i][j] > highGrade)
/*若当前元素值大于最高分变量，则完成赋值*/
                highGrade = grades[i][j];
    return highGrade;
}

float average(int lineGrades[], int tests)
/*average 函数，求出每个学生的平均分*/
{
    int i;
    float total = 0;
    for (i = 0; i <tests; i++)
        total += lineGrades[i];
    return total / tests;
}
void printArray(int grades[][EXAMS], int pupils, int tests)
/*输出学生原始成绩*/
{
    int i, j;
    printf("\t\t[0]\t[1]\t[2]\t[3]");
    for (i = 0; i <pupils; i++)
    {
        printf("\nscores[%d] ", i);
        for (j = 0; j <tests; j++)
            printf("\t%-d", grades[i][j]);
    }
}
```

程序运行结果：

```
[root@swjtu-kp chpt-6]# ./chpt6-19
请输入第1名学生第1门课程成绩:87
请输入第1名学生第2门课程成绩:90
请输入第1名学生第3门课程成绩:75
请输入第1名学生第4门课程成绩:89
```

```
请输入第2名学生第1门课程成绩:94
请输入第2名学生第2门课程成绩:90
请输入第2名学生第3门课程成绩:88
请输入第2名学生第4门课程成绩:96

请输入第3名学生第1门课程成绩:67
请输入第3名学生第2门课程成绩:60
请输入第3名学生第3门课程成绩:75
请输入第3名学生第4门课程成绩:72

            [0]     [1]     [2]     [3]
scores[0]   87      90      75      89
scores[1]   94      90      88      96
scores[2]   67      60      75      72

Lowest grade:60
Highest grade:96

第1个学生的平均成绩是:85.25
第2个学生的平均成绩是:92.00
第3个学生的平均成绩是:68.50
```

程序说明：进一步分析程序，函数 max、min 和 printArray 都需要接收三个实参：数组 scores（在函数中为数组 grades）、学生人数（即数组的行数）、课程数（即数组的列数）。这三个函数的核心都是用嵌套的 for 循环来对数组进行循环处理的。

函数 average 的功能是计算一行数组元素的总和，然后再用课程的门数去除这个总和，返回一个学生的平均分。函数 average 需要接收两个实参：第一个是存储某个学生课程成绩的一维数组 lineGrades 的首地址，第二个是数组中所存储的课程门数。调用函数 average 时，首先传递的实参是 scores[m]，这就是把二维数组中某一行的首地址传递给了函数 average。例如：scores[1]就是二维数组中第 2 行的首地址。

特别说明：

✧ 二维数组就是以一维数组为元素的一个特殊的一维数组。二维数组中的一行就相当于一个一维数组。

✧ 对于一维数组而言，其数组名就是它在存储器中的起始地址。

例 **6-20** 二维数组综合示例程序 2，用冒泡排序法实现若干字符串的升序排列。

一维字符数组可以存储一个字符串，但若要存储若干个字符串，则要用到二维字符数组，在二维字符数组的每行中存储一个字符串。一个二维数组可以看作是由多个一维数组组成的，因此一个 n×m 的二维数组可以存放 n 个字符串，每个字符串的最大长度为 m-1，因为还要留下一个字节存放'\0'。需要注意的是，在 C 语言中不能定义变长二维数组，用二维字符数组存储字符串可能会造成内存空间的浪费，因为要用最长字符串的长度作为二维数组的列长，这样分配的内存单元中很多存储空间其实都是没有用到的。例如：

```
char a[4][10] = {"Spring", "Summer", "Autumn", "Winter"};
```

各元素的存放结构如图 6-10 所示。

a[0]	“Spring”
a[1]	“Summer”
a[2]	“Autumn”
a[3]	“Winter”

图 6-10 各元素的存放结构

a 数组可以看成是由四个元素（a[0],a[1],a[2],a[3]）组成的一维数组，每个元素中又是包含多个元素的一维数组。若要引用其中某一行字符串，直接使用一维数组名即可，因为一维数组名就表示本行的首地址。例如：

```
printf("%s", a[1]);
```

将从给定的地址开始逐个输出字符，直到遇到第一个'\0'时结束输出，输出结果为 **Summer**。

如果输出改为

```
printf("%s",a[1]+2);
```

则输出结果为 mmer，这是因为 a[1]表示第 2 行的起始地址，`a[1]+2` 表示`&a[1][2]`。

多个字符串的处理，用二维数组是非常方便的，以行为单位，将一个字符串作为一个整体进行输入、输出及相关操作，可以大大简化程序，提高程序的可读性及运行效率。在第 7 章中，还可以用行指针来处理多个字符串。

```
#include <stdio.h>
#include <string.h>
#define N 10
void bubble(char strArray[][20], int m);
int main(void)
{
    char name[N][20]; /*定义二维字符数组，以接收键盘输入的若干字符串*/
    int k;
    printf("请输入%d 个字符串:\n", N);
    for (k = 0; k <N; k++) /*用 scanf 函数输入字符串*/
        scanf("%s", name[k]);
    printf("输出各字符串:\n");
    for (k = 0; k <N; k++)
        printf("%s   ", name[k]);
    printf("\n");
    bubble(name, N); /*调用冒泡法排序函数 bubble，完成排序*/
    printf("升序排序结果为:\n");
    for (k = 0; k <N; k++)
        printf("%s   ", name[k]);
    printf("\n");
    return 0;
}
void bubble(char strArray[][20], int m)
                          /*冒泡排序法，实现 m 个字符串的升序排列*/
{
    int i, j, flag;
    char temp[20];
    for (i = 1; i <m - 1; i++)
```

```
    {
        flag = 0; /*每趟起泡排序比较前，置标志变量 flag 为 0*/
        for (j = 0; j <m - i; j++)
        {
            if (strcmp(strArray[j], strArray[j + 1]) >0)
                    /*进行相邻两字符串的比较，若前大后小，则交换*/
            {
                strcpy(temp, strArray[j]);
                strcpy(strArray[j], strArray[j + 1]);
                strcpy(strArray[j + 1], temp);
                flag = 1;
                 /*同时置 flag 为 1，表示在本趟起泡排序中有数据交换发生*/
            }
        }
        if (flag == 0)
            break;
            /*若刚完成的这趟起泡排序中没有数据交换发生，即表示序已排好*/
    }
}
```

程序运行结果：

```
[root@swjtu-kp chpt-6]# ./chpt6-20
请输入10个字符串:
ShenZhen ShangHai ChengDu WuHan GuiYang BeiJing NingXia ChangSha JiLin GuangDong
输出各字符串:
ShenZhen   ShangHai   ChengDu   WuHan   GuiYang   BeiJing   NingXia   ChangSha   JiLin   GuangDong
升序排序结果为:
BeiJing   ChangSha   ChengDu   GuangDong   GuiYang   JiLin   NingXia   ShangHai   ShenZhen   WuHan
```

本程序中，将二维字符数组看作是一维数组，每个一维数组均表示一行，是本行的首地址，以行为单位处理字符串，一行即是一个字符串。

6.5 本章小结

本章首先介绍了一维数组、二维数组的使用。一维数组、二维数组的定义、初始化和用下标法访问数组元素是使用数组的基本知识，必须熟练掌握。其次，本章还重点介绍了字符数组和字符串的使用，以及字符串处理函数，为后续用指针处理字符串打好基础。对于字符串，通常用字符数组来处理。字符串处理函数包括字符串的输入、输出、复制、拷贝、连接、比较、字母大小写转换等。数组与函数的关系是本章的重点和难点，详细介绍了用数组元素作为函数参数、数组名作为函数参数的区别和用法。

本章介绍的排序和查找两个常用算法，是展开大量复杂问题编程的基础，在后续软件开发中经常使用，要求必须掌握。

数组主要用于存储和处理成批的同类数据，可以提高编程效率，降低编程难度。

第7章 指 针

学习目标

✧ 掌握指针和地址的概念；
✧ 掌握指针变量的定义及指针运算符的使用；
✧ 掌握用指针作函数参数的方法；
✧ 掌握行指针与列指针的概念，用指针处理数组和字符串；
✧ 掌握指针数组的定义及应用；
✧ 掌握函数指针的定义及应用；
✧ 了解指针函数的定义及应用。

指针是 C 语言中广泛使用的一种数据类型，运用指针编程是 C 语言最主要的风格之一。利用指针变量可以表示各种数据结构，如链表、队列、堆栈、树和图等；能很方便地使用数组和字符串；能像汇编语言一样处理内存地址，从而编写出精练而高效的程序。指针极大地丰富了 C 语言的功能。学习指针是学习 C 语言中最重要的一环，正确理解和使用指针是掌握 C 语言的一个标志。

7.1 指针及指针变量

C 语言中的指针就是变量的地址，而指针变量是专门用于存放其他变量地址的变量。

7.1.1 地 址

计算机内存用于存放程序代码和相关数据，为了区分不同的内存单元，系统为每个内存单元指定了一个唯一的编号，称为计算机内存单元的地址，32 位 PC 机内存的地址范围为 $0\sim2^{32}-1$，64 位机内存的地址范围为 $0\sim2^{64}-1$，是一个连续的地址编码。定义一个变量时，系统为该变量分配一段连续的内存单元。例如：

```
short int a = 100;
```

程序执行时，系统就根据其数据类型为其连续分配 2 个字节的内存单元（假设分配单元为 10000~10001），并在其中存入 100，如图 7-1 所示。在变量 a 的生存期内，系统为其分配的内存单元地址是不会改变的，但内存单元中存放的值可以改变。变量 a 的地址就是 10000（即变量 a 的起始地址），变量 a 的值是 100。

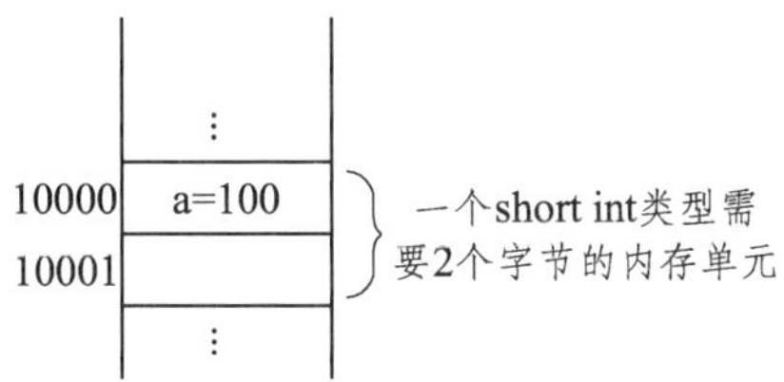

图 7-1　变量的内存单元和地址

7.1.2　指针和指针变量

1. 指　针

指针是一种不同于基本类型的数据类型，其值代表存储单元的地址，其类型代表指针所指存储单元占用多少个连续的内存单元。指针分为常量指针、变量指针和函数指针。

一个变量的地址即称为该变量的“指针”，例如图 7-1 中，地址 10000 就是变量 a 的指针。

2. 指针变量

用于存放指针的变量称为指针变量。一个指针变量中存放的值是另外一个变量的地址。因此，可用两种方式引用变量值，即直接引用变量和间接引用变量。用变量名访问是直接引用变量值，而通过指针变量访问则是间接引用变量值，也称为间接访问变量，如图 7-2 所示。

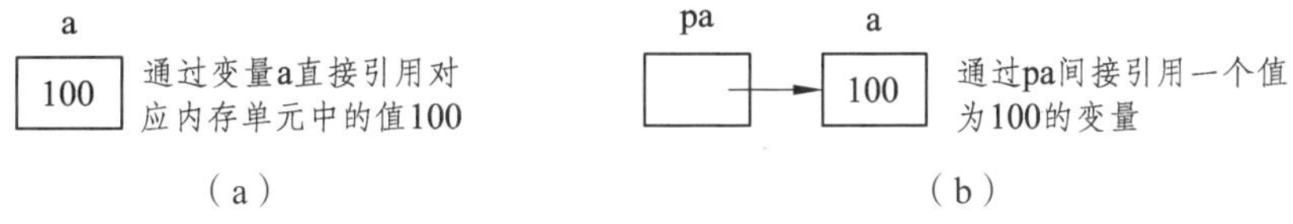

图 7-2　直接和间接引用变量 a

图 7-2（a）表示直接引用，即根据变量地址存取变量值的方式，例如，已经知道变量 a 的地址，根据此地址直接对变量 a 的存储单元进行存取引用；图 7-2（b）表示间接引用，先找到存放变量 a 地址的变量 pa，得到变量 a 的地址，即找到变量 a 的存储单元，再对它进行存取引用。

如果有一个变量专门用来存放另一个变量的地址（即指针），称之为“指针变量”。例如图 7-2（b）中，pa 就是一个指针变量。指针变量的值（即指针变量中存放的值）是地址（即指针）。

可见，为了将数值 100 送到变量 a 中，可以有两种方法：

✧ 将 100 送到 a 所标示的内存单元中，如图 7-2（a）所示，实现语句：`int a=100;`。

✧ 将 100 送到变量 pa 所指向的内存单元（即 a 所标示的内存单元）中，如图 7-2（b）所示。

指向就是通过地址来体现的。假设 pa 中值为 10000，是变量 a 的地址，这样就在 pa 和变量 a 之间建立起一种联系，即通过 pa 能知道 a 的地址，从而找到变量 a 的内存单元。图 7-2（b）中以箭头表示这种“指向”关系。因此，图 7-2（b）可通过以下语句实现：

```
int a, *pa = &a;
*pa = 100;
```

3. 指针变量的定义

像其他所有变量一样，指针变量必须先定义后使用。定义指针变量的格式为

数据类型 *变量名1,*变量名2,……;

其中，变量名前的“*”表示所定义的变量为指针变量；“数据类型”指的是指针变量所指向的数据类型，即指针变量的存储单元中能够存放哪种类型变量的地址。例如下面的定义：

```
int *pa;    /*定义pa是指向整型的指针变量*/
float *pb; /*定义pb是指向浮点变量的指针变量*/
char *pc;   /*定义pc是指向字符变量的指针变量*/
```

特别说明：

✧ 用来声明指针变量的“*”，并不会对一个声明语句中的所有变量同时起作用。每个指针变量名的前面都必须有一个“*”前缀。例如，若要将变量pa和pb声明成指向整型的指针变量，则必须采用这样的声明语句：

```
int *pa, *pb;
```

✧ 一个指针变量只能指向同类型的变量，如pa只能指向整型变量，不能时而指向一个整型变量，时而又指向一个浮点型变量。

✧ “指针”和“指针变量”是两个不同的概念，例如，可以说变量a的指针是10000，而不能说a的指针变量是10000。指针是一个地址，而指针变量是存放地址的变量。但在通常的说法中，指针就是指针变量。

✧ 在64位计算机系统中，每个字节的地址编码都是64位（8个字节）。因此，所有的指针变量在内存中所占的字节数都是8个字节。由于在指针变量中只存放了对应变量的起始地址，所以在定义指针变量时必须指明指针变量所指变量的类型，以告诉编译器从指定的地址开始连取多少个字节按照何种方式组成所要的数据。

特别说明：指针所占内存的长度由系统决定，在32位系统下为32位（即4个字节），64位系统下则为64位（即8个字节）

4. 指针变量的初始化

指针变量在使用前必须有确定的指向，为指针变量赋值称为指针变量的初始化，可以在定义指针变量时对其进行初始化，也可以在赋值语句中对其赋初值。

为指针变量赋值要注意以下几点：

（1）可以给指针变量赋值为0或NULL，表示指针为空指针。NULL是在<stdio.h>头文件中定义的符号常量（#define NULL 0）。因此，将指针变量初始化为0或者NULL是等价的，表示指针不指向任何变量。不允许对空指针变量所指存储空间进行读写操作。例如：

```
int *p = 0; /* 定义一个空指针 p */
*p = 200;   /* 本行编译时不会出错，但运行时执行本行，程序将出错并停止执行，
因为p为空指针 */
```

因此，在对指针变量进行操作前，应通过判断其值是否为0来决定后续操作。例如，可

将上述代码写成：

```
int *p = 0;
if (p != 0)
    *p = 200;
else
    printf("p为空指针!\n");
```

需要注意的是，当指针变量定义为静态存储时，其默认值为0。

（2）C语言允许将一个整型常量强制转换成指针后赋给指针变量。例如：

```
int *px = (int *)0x45ab2345;
```

表示将整数0x45ab2345强制转换成整型指针后赋给指针变量px。但这种用法只有程序员对内存的分配和使用有明确约定时才有意义，初学者不要使用这种方式，否则可能引起严重错误。

（3）C语言允许不同类型的指针变量之间通过强制类型转换后赋值，但在使用时要注意这种转换必须有明确的目的和意义，否则得到的结果可能是不正确的，甚至会出现严重错误。

（4）一个没有初始化的指针是没有确定指向的，如果为其赋值可能引起严重错误。例如：

```
float *px;
*px = 2.5; /* 由于px指向不确定，可能引起严重错误 */
```

原因是指针变量px是定义的一个局部自动变量，系统在为px分配内存空间时并不会对其进行初始化，因此px的值是一个随机值。这样px所指向的空间可能是空闲的，也可能是已经分配给其他程序的。如果是后者，向其空间写入数据可能引起系统保护错误或系统崩溃。

应该写成：

```
float x, *px = &x;
*px = 2.5;
```

这样px就有确定的指向，通过px就可以访问到它所指向的变量。

7.1.3 指针运算符

1. 取地址运算符&

取地址运算符&是单目运算符，操作数只能是一个变量，结合性为自右至左，其功能是取变量的地址，在scanf函数及前面介绍指针变量赋值中，我们已经了解并使用了&运算符。例如有如下定义：

```
int a = 100, *pa;
```

那么语句

```
pa = &a;
```

是将变量a的地址赋给指针变量pa，称为指针变量pa指向变量a，如图7-3所示。

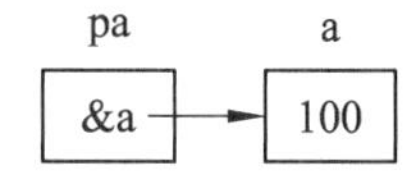

图7-3 指向整型变量的指针在内存中的图形表示

特别说明：取地址运算符的操作数必须是一个变量，取地址运算符不能应用于常量、表达式，或者声明为register存储类型的变量。

2. 取变量值运算符*

访问指针变量所指向的变量时，要用单目运算符“*”，结合性为自右至左，该运算符称为取变量值运算符（或间接寻址运算符）。其操作数只能是一个指针（即地址），运算结果为取指针所指向变量的值。如：

```
printf("%d", *pa);
```

输出 pa 所指向的变量 a 的值，即 100。再如：

```
*pa += 100;
```

将 pa 所指向的变量 a 的值与 100 相加后，再送回到 pa 所指向的变量 a 中，相当于 a+=100。

特别说明：如果没有对指针变量进行正确初始化，或者没有将指针变量指向内存中某一个确定的存储单元，就去访问这个指针变量，程序运行时会引起一个致命错误，一般情况是操作系统保护而停止程序运行。

例 **7-1** &和*指针运算符示例。

```
#include <stdio.h>
int main(void)
{
    int a;
    int *pa; /*声明指针变量 pa，指向一个 int 类型的对象*/
    a = 100;
    pa = &a; /*指针变量 pa 得到 a 的地址，即 pa 指向变量 a*/
    printf("变量 a 的内存单元值为:%p\n 指针变量 pa 的值为:%p\n", &a, pa);
    /*%p 是以十六进制整型格式输出一个内存地址*/
     printf("\n 变量 a 的值为:%d\n 指针变量 pa 所指向变量的值为:%d\n", a, *pa);
     printf("\n&*pa=%p\n", &*pa);
     printf("*&pa=%p\n", *&pa);
     return 0;
}
```

程序运行结果：

```
[root@swjtu-kp chpt-7]# ./chpt7-1
变量a的内存单元值为:0xffffe44482ec
指针变量pa的值为:0xffffe44482ec

变量a的值为:100
指针变量pa所指向变量的值为:100

&*pa=0xffffe44482ec
*&pa=0xffffe44482ec
```

程序说明：观察程序运行结果可以知道，a 的地址和 pa 的值是一致的，这也证明了变量 a 的地址的确是赋给了指针变量 pa。**&**和*****运算符是互补的，不论这两个运算符以何种顺序连续作用于指针变量 pa，输出的结果都是一样的。

例 **7-2** 任意输入 a 和 b 两个整数，按从小到大的顺序输出这两个整数，但 a 和 b 的值保持不变。

基本思路：因为 a 和 b 的值不能改变，可以定义两个指针变量 pa 和 pb 分别指向变量 a

和 b，然后判断 a 和 b 的值，根据条件改变 pa 和 pb 的指向，保证 pa 始终指向较小的变量，pb 始终指向较大的变量。其指针变量指向关系如图 7-4 所示。

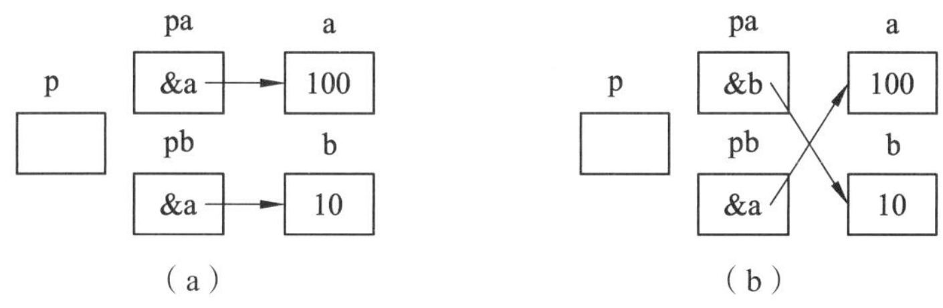

图 7-4　例 7-2 中指针变量的图形表示

```
#include <stdio.h>
int main(void)
{
    int a, b, *pa, *pb, *p; /*声明指针变量 pa,pb,p，均指向 int 类型*/
    printf("请输入两个整数:");
    scanf("%d,%d", &a, &b);
    pa = &a;   /*pa 指向 a*/
    pb = &b;   /*pb 指向 b*/
    if (a > b) /*交换 pa 和 pb 的指向,即 pa 始终指向较小的变量*/
     {
         p = pa;
         pa = pb;
         pb = p;
     }
     printf("a=%d,b=%d\n", a, b);
     printf("min=%d,max=%d\n", *pa, *pb);
     return 0;
}
```

程序运行结果：

```
[root@swjtu-kp chpt-7]# ./chpt7-2
请输入两个整数:100,10
a=100,b=10
min=10,max=100
```

程序说明：从程序运行结果知道，a 和 b 的值并未改变，它们仍然保持原值，但 pa 和 pb 的值改变了，pa 值由原来的&a 变成了&b，pb 值由原来的&b 变成为了&a。这样在输出*pa 和*pb 时，实际输出变量 b 和变量 a 的值。此算法归结为交换两个指针变量的指向，而原整型变量的值保持不变。

7.1.4　指针变量作为函数参数

C 语言中有两种向函数传递参数的方式：值传递和地址传递。函数的参数是整型、实型、字符型等基本类型时，实参向形参是按值传递方式传递数据的；若函数的形参为指针类型，实参向形参传递的是一个地址。下面通过例 7-3 和例 7-4 说明两种参数传递方式的不同。

例 **7-3** 以值传递方式编写一个计算整数立方的函数。

```
#include <stdio.h>
int main(void)
{
    int m = 10, cube;
    int cubeByVal(int n); /*函数声明语句*/
    printf("参数 m 原始值为:%d\n", m);
    cube = cubeByVal(m); /*调用求一个整数立方值的函数*/
    printf("参数 m 现在值为:%d\n", m);
    printf("%d 的立方为:%d\n", m, cube);
     return 0;
}
int cubeByVal(int n)
{
    int t;
    t = n * n * n;
    return t;
}
```

程序运行结果：

```
[root@swjtu-kp chpt-7]# ./chpt7-3
参数m原始值为:10
参数m现在值为:10
10的立方为:1000
```

程序说明：例 7-3 程序是将变量 m 传递给函数 cubeByVal，使用的是值传递方式。cubeByVal 函数计算参数的立方，然后使用 return 语句将计算结果返回给 main 函数。下面以图形化方式分析程序，如图 7-5 所示。

例 **7-4** 以地址传递方式编写函数，计算一个整数的立方。

```
#include <stdio.h>
int main(void)
{
    int m = 10;
    void cubeByAddr(int *pn); /*函数声明语句*/
    printf("参数 m 原始值为:%d\n", m);
    cubeByAddr(&m); /*调用求一个整数立方值的函数*/
    printf("参数 m 现在值为:%d\n", m);
    return 0;
}
```

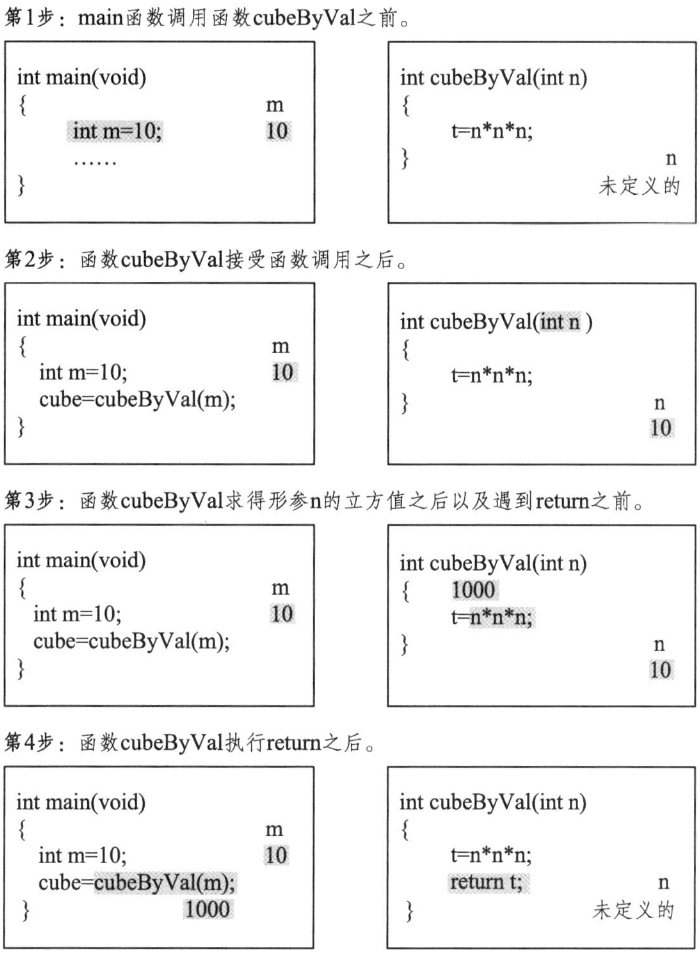

第1步：main函数调用函数cubeByVal之前。

```
int main(void)
{                              m
    int m=10;                  10
    ……
}
```

```
int cubeByVal(int n)
{
    t=n*n*n;
}                              n
                           未定义的
```

第2步：函数cubeByVal接受函数调用之后。

```
int main(void)
{                              m
  int m=10;                    10
  cube=cubeByVal(m);
}
```

```
int cubeByVal(int n )
{
    t=n*n*n;
}                              n
                               10
```

第3步：函数cubeByVal求得形参n的立方值之后以及遇到return之前。

```
int main(void)
{                              m
  int m=10;                    10
  cube=cubeByVal(m);
}
```

```
int cubeByVal(int n)
{    1000
     t=n*n*n;
}                              n
                               10
```

第4步：函数cubeByVal执行return之后。

```
int main(void)
{                              m
  int m=10;                    10
  cube=cubeByVal(m);
}                 1000
```

```
int cubeByVal(int n)
{
    t=n*n*n;
    return t;                  n
}                          未定义的
```

图 7-5　典型值传递方式的程序分析

```
void cubeByAddr(int*pn)
{
    *pn = (*pn) * (*pn) * (*pn);
                   /*将 pn 所指向内存单元中的值取来相乘，再将结果放回*/
}
```

程序运行结果：

```
[root@swjtu-kp chpt-7]# ./chpt7-4
参数m原始值为:10
参数m现在值为:1000
```

程序说明：以图形化方式分析程序，如图 7-6 所示。

例 7-4 使用的是地址传递方式，即将变量 m 的地址传递给函数 cubeByAddr。cubeByAddr 函数使用一个指向整型数据的指针变量 pn 作为函数参数，函数调用发生后，pn 就指向 main 函数中变量 m 的内存单元，这样，在 cubeByAddr 函数中，通过对 pn 的引用即完成了立方的计算，然后将计算结果赋给*pn（事实上它就是主函数中的变量 m），从而改变了主函数中变量 m 的值，即为原来数据的立方值。

第1步：main函数调用cubeByAddr函数之前。

```
int main(void)
{                          m
  int m=10;                10
  cubeByAddr(&m);
}
```

```
void cubeByaddr(int *pn)
{
    *pn=(*pn)*(*pn)*(*pn);
}                        pn
                      未定义的
```

第2步：函数cubeByAddr接受调用之后以及计算*pn的立方之前。

```
int main(void)
{                          m
  int m=10;                10
  cubeByAddr(&m);
}
```

```
void cubeByaddr(int *pn )
{
    *pn=(*pn)*(*pn)*(*pn);
}                        pn
  函数调用创建这个指针
```

第3步：在求得形参*pn的立方值之后以及程序将控制返回main函数之前。

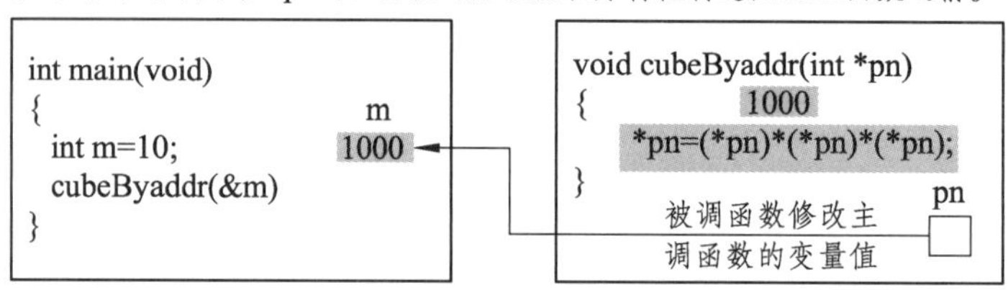

图 7-6 典型地址传递方式的程序分析

特别说明：除非主调函数明确需要被调函数来修改主调函数中的实参变量，否则都使用值传递方式向函数传递参数，这样可以防止主调函数中的实参被意外改写。

7.1.5 指针变量应用举例

例 7-5 输入 10 个整数，求其中的最大值、最小值和 10 个数的和值。

基本思路：由于一个函数最多只能返回一个值，因此，当一个函数需要“返回”多个值时，应另辟蹊径。一种方法是，定义两个全局变量 max 和 min，用于保存最大值和最小值（请自行编写程序）；第二种方法是，在函数中定义两个指针变量，分别用于指向最大值和最小值存放的内存地址。这里用第二种方法，相关源程序如下：

```
#include <stdio.h>
int func(int *pmax, int *pmin); /*声明 func 函数*/
int main(void)
{
    int max, min, total;
    total = func(&max, &min); /*调用 func 函数,让 pmax 指向 max,pmin 指向 min*/
    printf("10 个整数的最大值=%d,最小值=%d,和=%d\n", max, min, total);
    return 0;
}
int func(int*pmax, int*pmin)
                                /*pmax 指向存放最大值变量，pmin 指向存放最小值变量*/
```

```
{
    int i, n, total;
    printf("请输入 10 个整数:\n");
    scanf("%d", &n);
    *pmax = *pmin = total = n;
                                /*将输入的第 1 个数分别作为最大值、最小值、和值*/
    for (i = 1; i <10; i++)
    {
        scanf("%d", &n);/*继续输入第 2 到第 10 个整数*/
        total += n;
        if (n > *pmax)
            *pmax = n;
        if (n < *pmin)
            *pmin = n;
    }
    return total;
}
```

程序运行结果：

```
[root@swjtu-kp chpt-7]# ./chpt7-5
请输入10个整数:
30 40 90 10 20 50 70 60 80 100
10个整数的最大值=100,最小值=10,和=550
```

程序说明：例 7-5 的主函数中，定义了三个变量 max、min 和 total，用于存储任意 10 个整数中的最大值、最小值及和值。对于 func 函数，只能由 return 返回一个值 total，对于 10 个整数中的最大值和最小值则无法返回，因此采用了指针变量作为 func 的形参。func 函数被调用时，由指针变量 pmax 指向 max 变量，pmin 指向 min 变量，这样，运行 func 函数时，修改*pmax 和*pmin 实质就是修改主调函数中的 max 和 min。调用结束后，max 中存储了 10 个整数中的最大值，min 中存储了 10 个整数中的最小值。

7.2 指针表达式和指针运算

指针可以作为算术运算、赋值运算和关系运算表达式的有效操作数。但是，并非所有这些表达式中使用的运算符都可以处理指针变量。

指针只能参与有限的几种算术运算。指针可以进行增 1（++）和减 1（--）运算、给指针加上一个整数（+或+=）、从指针中减去一个整数（-或-=），以及用一个指针减去另外一个指针这几种算术运算，但前提是指针变量必须是指向一个数组空间，并且不越界。例如：

```
int a[5], *pa;
```

假定数组在内存中的首地址为 10000。如图 7-7 举例说明了数组 a 在以 4 个字节表示一个整数的机器上的存储情况。注意，指针变量 pa 可以使用下面的任何一条语句，使其指向数组 a。

```
pa = a; /*因为数组名代表数组的首地址*/
pa = &a[0];
```

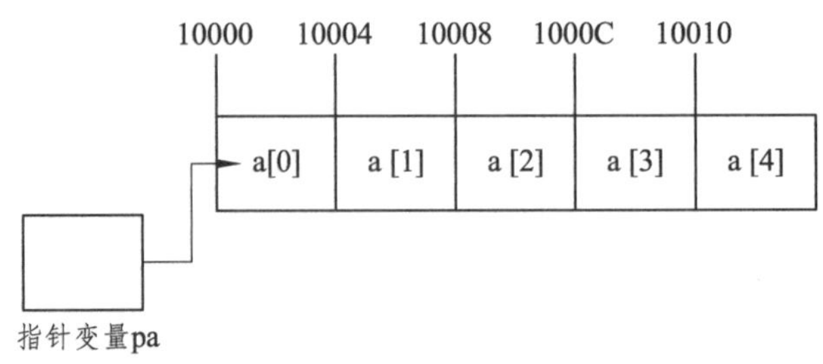

图 7-7　数组 a 和指向 a 的指针变量 pa

特别说明：因为指针算术运算的结果依赖于指针所指向对象的字节数，所以，指针算术运算的结果是和机器相关的。

1. 指针加（或减）一个整数的算术运算

在传统的算术运算中，10 000+4 的结果是 10 004，但对于指针算术运算而言，情况就不是这样了。当给指针加上一个整数或从指针中减去一个整数时，指针的增减值并非简单地就是这个整数，而是**这个整数乘以指针所指向的数据类型在内存中所占的字节数**。例如，一个整型变量需要 4 个字节的存储单元来存储，那么语句：

```
pa += 2;
```

得到的结果是 `10008(10000+2*4)`。在数组 a 中，指针变量 pa 此时将指向 a[2]，如图 7-8 所示。

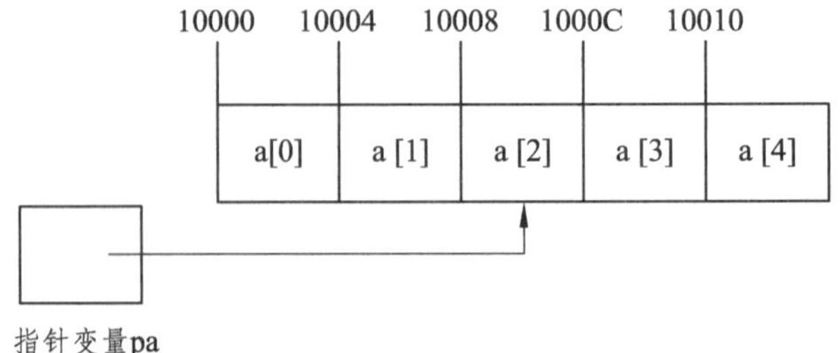

图 7-8　执行指针算术运算之后的指针变量 pa

如果指针要增 1 或减 1，那么可以使用增 1(++)和减 1(--)运算符。下面的任何一条语句：

```
++pa; 或 pa++;
```

都是将指针变量 pa 指向数组的下一个元素。而

```
--pa; 或 pa--;
```

则是将指针变量 pa 指向数组的前一个元素。对于

```
*pa++;
```

由于++和*同优先级，结合方向为自右而左，因此等价于

```
*(pa++);
```

其作用是先得到 pa 指向的变量值（即*pa），然后再使 pa+1→pa。而下面的语句：

```
*(++pa);
```

则是先使 pa 加 1，再取*pa。若 pa 初值为 a（即&a[0]），则

```
printf("%d\n", *(pa++));
```

输出的是 a[0]的值，且 pa 指向了元素 a[1]，而

```
printf("%d\n", *(++pa));
```

pa 先指向元素 a[1]，再输出 a[1]的值。

由于++和--运算用于指针变量十分有效，可以使指针变量自动向前或向后移动。现以表格形式给出指针变量的常用运算，如表 7-1 所示，假设 `int a[5], *pa = a;`。

表 7-1　指针变量的常用运算

<table>
<tr><th>指针变量的初始值</th><th>表达式</th><th>指针变量所指向的内存单元</th><th>表达式的值</th></tr>
<tr><td rowspan="6">pa 指向数组的首地址(即 pa=a)</td><td>pa++</td><td rowspan="2">使 pa 指向下一元素，即 a[1]</td><td rowspan="2"></td></tr>
<tr><td>pa+=1</td></tr>
<tr><td>*pa++</td><td rowspan="2">使 pa 指向下一元素，即 a[1]</td><td rowspan="2">得到 pa 所指向内存单元的值（即*pa），是 a[0]</td></tr>
<tr><td>*(pa++)</td></tr>
<tr><td>*(++pa)</td><td>使 pa 指向下一元素，即 a[1]</td><td>得到 pa 所指向内存单元的值（即*pa），是 a[1]</td></tr>
<tr><td>(*pa)++</td><td>pa 的指向不变，还是 a[0]</td><td>a[0]的值加 1，即(a[0])++</td></tr>
<tr><td rowspan="4">pa 指向数组 a 中第 i 个元素(即 pa=&a[i])</td><td>*(pa--)</td><td>使 pa 指向前一元素,即 a[i-1]</td><td>a[i]</td></tr>
<tr><td>*(--pa)</td><td>使 pa 指向前一元素,即 a[i-1]</td><td>a[i-1]</td></tr>
<tr><td>*(pa++)</td><td>使 pa 指向后一元素,即 a[i+1]</td><td>a[i]</td></tr>
<tr><td>*(++pa)</td><td>使 pa 指向后一元素,即 a[i+1]</td><td>a[i+1]</td></tr>
</table>

2. 两指针变量的相减操作

相同类型的指针变量之间可以进行相减操作。例如，如果指针变量 px 的值为地址 2000，py 的值为地址 2008（先前假定 px 和 py 都是指向整型数据的），则语句：

```
n = py - px;
```

就是求 px 和 py 之间数组元素的个数，因此，n 为 2（不是 8）。

特别说明：

✧ 除非是对指向同一个数组的指针变量执行这样的算术运算，否则指针变量的算术运算是无意义的。

✧ 对指针执行算术运算时，要特别注意数组的上、下边界，不能越界。

3. 指针变量之间的相互赋值

一个指针变量可以用另一个相同类型的指针来赋值，但 **void** 指针（即 void *）是一个例外。void 指针是一个无类型指针，可以指向任何数据类型的变量。所有指针类型都可以用 void 指针来赋值，一个 void 指针也可以用任意类型的指针来赋值。在这两种情形中，都无须使用强制转换运算符。如有定义 `int a = 10;float x = 2.5;void *pa, *px;`，则

```
pa = &a;
px = &x;
```

是合法的。但是

```
printf("%d,%f\n", *pa, *px);
```

是不合法的。

因为不能通过 void 指针变量直接访问其所指变量的值。void 指针只是简单地指向一个未知数据类型的存储单元的起始地址，而从这个起始地址开始需要连取几个字节以及如何来组织相关数据，对编译器而言是未知的。因此，若要访问 void 型指针变量所指变量的值，必须使用强制类型转换。上述输出语句应修改为

```
printf("%d,%f\n", *(int *)pa, *(float *)px);
```

这样编译器就知道如何从指定的起始地址开始取数了。

4. 指针变量的关系运算

所有的关系运算符均可用于指针，但通常只有同类型的指针比较才有意义，其关系运算是依据指针值的大小（按无符号整数处理）进行的。相等比较是判断两个指针是否指向相同的变量；而不等比较是判断两个指针是否指向不同的变量。当指针与 0 比较时，表示指针值是否为空。

一般情况下，关系运算仅用于对数组的处理。如果两个指针变量指向的是同一个数组中的不同数组元素，用关系运算符来对这两个指针变量进行比较运算，就可以知道两个指针在同一数组中的前后关系。如果这两个指针变量不是指向同一数组的，这样比较操作就没有意义。

7.3 指针与数组

在 C 语言中，指针与数组的联系极为密切，多数情况下二者可以互换使用。

一个数组包含若干元素，每个数组元素都在内存中占用独立的存储单元，它们都有相应的地址。指针变量既然可以指向变量，当然也可以指向数组元素（把某一数组元素的地址存放到一个指针变量中）。所谓数组元素的指针，就是数组元素的地址，而数组名表示数组的首地址，可以看成是一个常量指针。

7.3.1 指向数组元素的指针

定义一个整型数组 a[5]和一个指向整型的指针变量 pa：

```
int a[5], *pa;
```

既然数组名代表数组的首地址，因此用以下语句给指针变量 pa 赋值。

```
pa = a;
```

等价于用数组的第一个元素的地址给 pa 赋值，即

```
pa = &a[0];
```

表示 pa 指向数组 a，如图 7-9 所示。

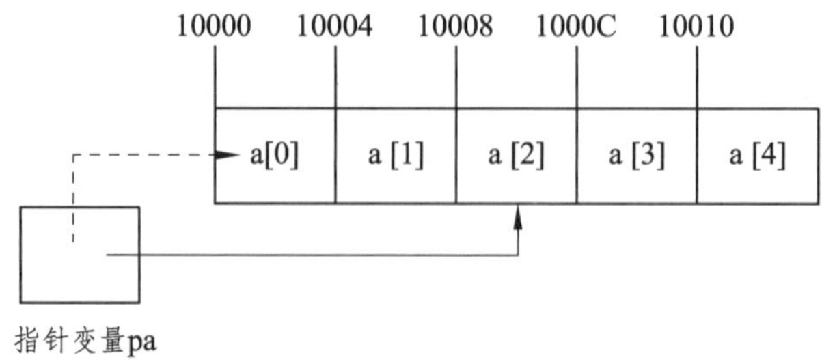

图 7-9 指向数组的指针变量 pa

数组元素 a[2]也可以用如下指针表达式来表示：

```
*(pa+2)
```

表达式中的 2 代表指针的偏移量。当一个指针变量指向数组的起始位置时，给这个指针加上一个偏移量就表示要引用数组中的哪一个元素，这个偏移量的值与数组元素的下标是相同的。这种表示法被称为指针/偏移量表示法。由于*的优先级高于+，所以必须加上一对圆括号，没有这对圆括号，上述表达式就表示将 2 与表达式*pa 的值相加了（例如设 pa 指向数组首部，那么就表示 a[0]+2）。就像数组元素可以通过指针表达式来引用一样，下面的地址：

```
&a[2]
```

也可以写成如下的指针表达式。

```
pa+2
```

也就是说，&a[2]和 pa+2 都表示数组元素 a[2]的地址。一般而言，所有带下标的数组表达式都可以写为指针加偏移量的表示形式。在这种情形下，可以把数组名当作指针使用。

特别说明：

✧ 数组名代表的地址是一个地址常量，程序中不能改变其值。对于 int a[10];则数组名 a 始终是数组的第一个元素地址，是一个常量指针。因此，下面的表达式：

```
a+=2;
```

是错误的，因为它试图用指针算术运算来改写数组名所代表的值。

✧ 指针也完全可以像数组那样用下标的形式来引用。例如，若指针变量 pa 是用数组名 a 来赋值的，那么下面的表达式：

```
pa[2]
```

就是数组元素 a[2]，这种表示法被称为指针/下标表示法。

例 7-6 使用 4 种方法引用数组元素示例。

前面介绍了 4 种引用数组元素的方法——数组下标法、将数组名当作指针的指针/偏移量表示法、指针下标表示法，以及指针的指针/偏移量表示法。现用这 4 种方法来引用数组元素。

```
#include <stdio.h>
int main(void)
{
    int a[] = {10, 20, 30, 40, 50};
    int i, *pa = a; /*定义指针变量 pa，并初始化为数组 a 的首地址*/
    int offset;      /*定义指针的偏移量变量*/
    printf("输出数组 a 各元素值:\n");
    printf("方法 1:数组下标法\n");
    for (i = 0; i <5; i++)
        printf("a[%d]=%d\n", i, a[i]);
    printf("方法 2:将数组名当作指针的指针/偏移量表示法\n");
    for (offset = 0; offset <5; offset++)
        printf("*(a+%d)=%d\n", offset, *(a + offset));
    printf("方法 3:指针下标表示法\n");
    for (i = 0; i <5; i++)
```

```
        printf("pa[%d]=%d\n", i, pa[i]);
    printf("方法 4:指针的指针/偏移量表示法\n");
    for (offset = 0; offset <5; offset++)
        printf("*(pa+%d)=%d\n", offset, *(pa + offset));
    return 0;
}
```

程序运行结果：

```
[root@swjtu-kp chpt-7]# ./chpt7-6
输出数组a各元素值:
方法3:指针下标表示法
pa[0]=10
pa[1]=20
pa[2]=30
pa[3]=40
pa[4]=50
方法4:指针的指针/偏移量表示法
*(pa+0)=10
*(pa+1)=20
*(pa+2)=30
*(pa+3)=40
*(pa+4)=50
```

通过例 7-6，对引用数组元素的 4 种方法进行比较：

（1）方法 1 和方法 2 执行效率是相同的。C 语言编译系统是将 `a[i]`转换为`*(a+i)`处理的，即先计算元素地址。因此，用方法 1 和方法 2 找数组元素费时较多。

（2）方法 3 和方法 4 是采用指针变量直接指向数组元素的，因此，指针的指针/偏移量表示法也可用指针变量的自加操作形式，并且像 pa++这样的自加操作也是比较快的，因为不必每次都计算地址。这种有规律地改变地址值(pa++)的方法能大大提高程序的执行效率。方法 4 可以修改为

通过 pa 的自加操作，pa 值不断改变，从而指向不同元素

```
for (; pa < (a + 5); pa++)
    printf("%d ", *pa);
```

但要注意，若不用指针变量 pa，而用数组名 a（即 a++）是不行的。

（3）用下标法比较直观，能直接知道是第几个元素。例如，a[3]就是数组中序号为 3 的元素（注意序号是从 0 算起）。

（4）必须关注指针变量的当前值。如以下程序段：

```
for (pa = a; pa < (a + 5); pa++)
    scanf("%d", pa);
for (; pa < (a + 5); pa++)
    printf("%d  ", *pa);
```

看起来是没有问题的，但运行后的结果是不可预料的。原因是指针变量 pa 的初始值是数组 a 的首地址，但经过第一个 for 循环读入数据后，pa 已经指向了数组 a 的末尾。这样再接着执行

第二个 for 循环时，pa 的值不是&a[0]，而是 a+5。因此，第二个 for 循环开始时，判断条件 pa<(a+5)已经不是一个“真”的条件，循环一次都不执行。

解决这个问题的办法就是在第二个 for 循环之前加一个赋值语句 pa=a;，将其改为

```
for (pa = a; pa < (a + 5); pa++)
    printf("%d  ", *pa);
```

让指针变量 pa 重新指向数组 a 的开始处。为了进一步说明数组与指针的互换性，通过例 7-7 分别用 copy1 和 copy2 函数实现两个字符串的复制。

例 7-7 使用数组表示和指针表示来复制一个字符串。

```
#include <stdio.h>
void copy1(char s1[], char s2[]);
void copy2(char *s3, char *s4);
int main(void)
{
    char str1[20], str3[20];
    char *str2 = "Welcome";
    char str4[] = "Hello";
    copy1(str1, str2); /*调用 copy1 函数，使用数组表示法复制一个字符串*/
    printf("字符串 1=%s\n", str1);
    copy2(str3, str4); /*调用 copy2 函数，使用指针表示法复制一个字符串*/
    printf("字符串 3=%s\n", str3);
    return 0;
}
void copy1(char s1[], char s2[])
{
    int i;
    for (i = 0; s2[i] != '\0'; i++)
        s1[i] = s2[i]; /*将字符数组 s2 中字符一个一个复制到 s1 中*/
    s1[i] = '\0';
}
void copy2(char *s3, char *s4)
{
    for (; *s4 != '\0'; s3++, s4++)
        *s3 = *s4;
            /*将指针 s4 所指向的字符取出，并赋给指针 s3 所指向的存储单元*/
    *s3 = '\0';
}
```

程序运行结果：

```
[root@swjtu-kp chpt-7]# ./chpt7-7
字符串1=Welcome
字符串3=Hello
```

程序说明：从例 7-7 可以看出，函数 copy1 和 copy2 都是将一个字符串（也可能是一个字符数组）复制后存入一个字符数组中。尽管它们的函数原型是一致的，并且都完成相同的任务，但它们的实现方式却是不同的。

copy1 函数使用数组下标表示法将 s2 中的字符串复制到字符数组 s1 中。该函数定义了一个计数器变量 i 作为数组下标，for 循环体内执行全部的复制操作。copy2 函数使用指针和指针算术运算，将指针变量 s4 所指向的字符数组 str4 中的字符复制到指针变量 s3 所指向的字符数组 str3 中，此函数中不包含任何变量初始化操作，在 for 循环体内由表达式`*s3=*s4`执行复制操作。将指针 s4 所指向的字符取出，并赋值给指针 s3 所指向的存储单元，然后指针增值分别指向下一个存储单元，当遇到 s4 中的'\0'时，结束循环。

7.3.2 用数组名作函数参数

第 6 章“数组”介绍了用数组名作为函数参数的相关知识，若形参数组中各元素值发生变化，实参数组元素的值随之变化。

现在用指针的知识来理解函数调用的地址传递方式。表 7-2 给出了变量名作为函数参数与用数组名作为函数参数的比较。

表 7-2 用变量名和函数名作为函数参数的比较

实参类型	形参类型	传递的信息	通过函数调用能否改变实参的值
普通变量名	普通变量名	变量的值	不能
数组名	数组名	实参数组首元素的地址	能
	指针变量		
指针变量名	数组名	实参指针变量已经指向的某数组的首元素地址	能（实参指针变量指向的数组）
	指针变量		

需要特别说明的是：C 语言调用函数时，数据传递的方法都是采用“单向传递”方式。当用变量名作为实参时，传递的是变量的值，形参必须是同类型的变量。当用数组名作为实参时，传递的是地址，形参必须为数组名或指针变量，以接收从实参传递过来的数组起始地址。

实际上，C 语言编译系统是将形参数组名作为指针变量来处理的。

例如，函数 fun 的原型声明为

```
void fun(int a[], int n)
```

但在编译时是将形参数组 a 按指针变量来处理的，相当于将函数 fun 写成：

```
void fun(int *a, int n)
```

以上两种写法是完全等价的。

程序运行时，若 fun 函数被调用，系统会建立一个指针变量 a，用来存储从主调函数传递过来的实参数组的地址。如果在 fun 函数中用`sizeof(a)`测试 a 所占的字节数，结果为 8（用 GCC 编译器）。这也证明了系统是把 a 作为指针变量来处理的，即形参数组定义实质是指针变量定义。

假定实参为数组 arr，那么发生函数调用后，形参 a 接收了实参数组的首元素地址后，a

就指向实参数组 arr 的首元素，也就是指向 arr[0]。因此，*a 就是 arr[0]。a+1 指向 arr[1]，a+2 指向 arr[2]，……。也就是说，*(a+1)、*(a+2)……分别是 arr[1]、arr[2]……。根据前面介绍过的知识，*(a+i)和 a[i]是等价的。这样，在调用函数期间，a[0]和*a 以及 arr[0]都代表数组 arr 序号为 0 的元素，依此类推，如图 7-10 所示。

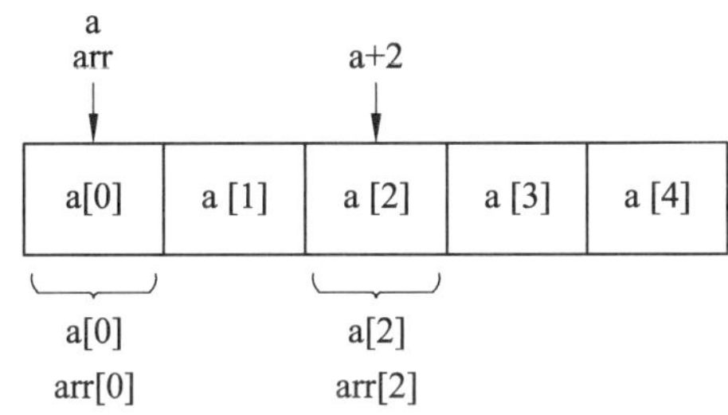

图 7-10　函数调用期间，形参数组与实参数组共享存储单元

由图 7-10 可以知道，若在函数调用期间，形参数组 a 中的值发生了变化，那么实参数组的值同时变化（其实形参数组与实参数组是同一数组，它们共用同一段内存单元），因此可以用这种方法调用一个函数来改变实参数组的值。

特别说明：

（1）在用数组名作为函数实参时，既然实际上相应的形参是指针变量，为什么还允许使用形参数组的形式呢？这是因为在 C 语言中，若有一个数组 a，则 `a[i]`和`*(a+i)`是等价的，即用下标法和指针法都可以访问一个数组。而用下标法比较直观，便于理解，因此很多人（特别是初学者）愿意用数组名作为形参，以便与实参数组对应。从应用的角度看，用户可以认为有一个形参数组，它从实参数组那里得到起始地址，因此形参数组与实参数组共用同一段内存单元。在调用函数期间，若改变了形参数组的值，实际上改变的是实参数组对应的值，函数调用结束后，在主调函数中就可以使用这些已经改变的值。但对 C 语言熟练的专业人员更喜欢用指针变量作形参。

（2）实参数组名代表一个固定的地址，是常量指针，但形参数组是作为指针变量，在函数调用开始时，其值等于实参数组首元素的地址。

归纳起来，如果有一个实参数组，要想在被调函数中改变此数组中元素的值，实参与形参的对应关系有以下 4 种情况，如图 7-11 所示。

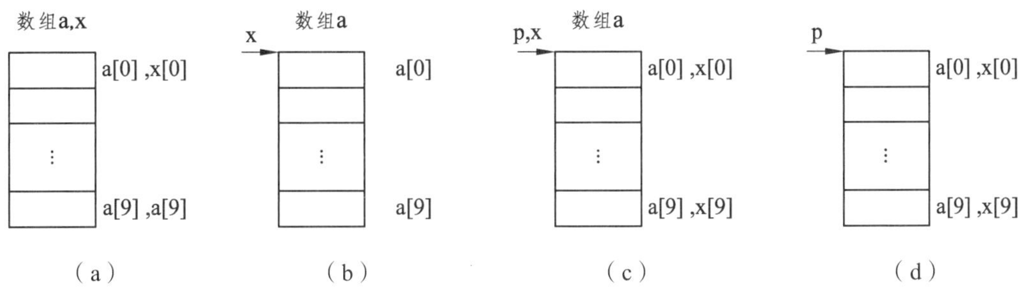

图 7-11　函数调用期间，实参与形参数组内存单元的使用

（1）形参和实参都用数组名，如：

```
void main()                    void f(int x[], int n)
{                              {
  int a[10];                     ……
  ……                           }
  f(a, 10);
}
```

由于形参数组名接收了实参数组首元素的地址，因此可以认为在函数调用期间，形参数组与实参数组共用一段内存单元，如图 7-11（a）所示。

（2）实参用数组名，形参用指针变量，如：

```
void main()                    void f(int *x, int n)
{                              {
  int a[10];                     ……
  ……                           }
  f(a, 10);
}
```

实参 a 为数组名，形参 x 为指向整型变量的指针变量，函数开始执行时，x 指向 a[0]，即 x=&a[0]，如图 7-11（b）所示。通过 x 值的改变，可以指向数组 a 的任一元素。

（3）实参形参都用指针变量，如：

```
void main()                    void f(int *x, int n)
{                              {
  int a[10], *p = a;             ……
  ……                           }
  f(p, 10);
}
```

实参 p 和形参 x 都是指针变量。先使实参指针变量 p 指向数组 a，即 p 的值是&a[0]。然后将 p 的值传递给形参指针变量 x，这样 x 的初始值也是&a[0]，如图 7-11（c）所示。通过 x 值的改变，可以指向数组 a 的任一元素。

（4）实参为指针变量，形参为数组名，如：

```
void main()                    void f(int x[], int n)
{                              {
  int a[10], *p = a;             ……
  ……                           }
  f(p, 10);
}
```

实参 p 为指针变量，它指向 a[0]。形参为数组名 x，编译系统把 x 作为指针变量处理，将 a[0]的地址传递给形参 x，使指针变量 x 指向 a[0]。也可以理解为形参数组 x 和实参数组 a 共用同一段内存单元，如图 7-11（d）所示。在函数执行过程中，可以使 x[i]的值发生变化，而 x[i]就是 a[i]。这样，主函数就可以使用改变了的数组元素值。

以上 4 种方法，其实质都是地址传递。使用最多的是第（2）种方式，形参指针变量直接访问实参数组，程序运行效率最高。另外，第（1）、（4）两种方法只是形式上不同，实际上形参还是指针变量。

7.3.3 用数组名作函数参数应用举例

例 **7-8** 将数组 a 中 n 个整数按相反顺序存放，如图 7-12 所示。

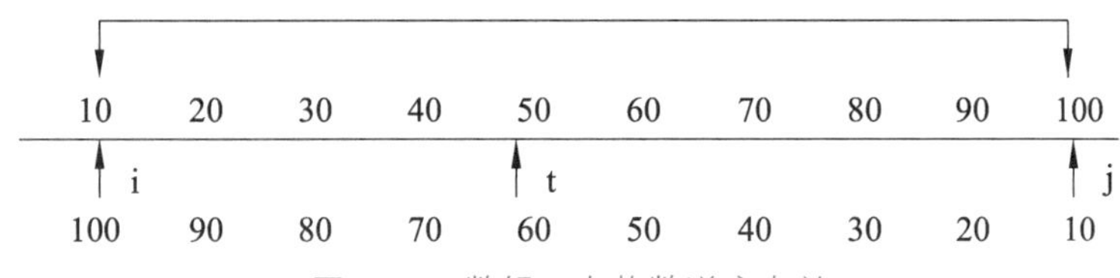

图 7-12 数组 a 中整数逆序存放

基本思路：由图 7-12 可以知道，将 a[0]与 a[n-1]对换，再将 a[1]与 a[n-2]对换……直到将 `a[int(n-1)/2]`与 `a[n-int((n-1)/2)-1]`对换。本例采用的是实参和形参都用数组名，发生函数调用后，形参数组 x 与实参数组 a 共用内存单元，数组 x 元素值改变，而 x[i]其实就是 a[i]，因此，主函数就可以使用这些变化了的元素值，即数组 a 中元素值实现了逆序存放。

```
#include <stdio.h>
int main(void)
{
    void inv(int x[], int n); /*函数声明语句*/
    int i, a[10] = {10, 20, 30, 40, 50, 60, 70, 80, 90, 100};
    printf("原整数数组序列为:\n");
    for (i = 0; i <10; i++)
        printf("%d  ", a[i]);
    printf("\n");
    inv(a, 10); /*调用逆序函数，数组名 a 作为实参*/
    printf("逆序后序列为:\n");
    for (i = 0; i <10; i++)
        printf("%d  ", a[i]);
    printf("\n");
    return 0;
}
void inv(intx[], intn)
                    /*形参 x 是数组名，发生函数调用后，数组 x 与 a 共用内存单元*/
{
    int temp, i, j, t = (n - 1) / 2;
    for (i = 0; i <= t; i++)
    {
        j = n - 1 - i;
```

```
        temp = x[i];
        x[i] = x[j];
        x[j] = temp;
    }
}
```

程序运行结果：

```
[root@swjtu-kp chpt-7]# ./chpt7-8
原整数数组序列为:
10  20  30  40  50  60  70  80  90  100
逆序后序列为:
100  90  80  70  60  50  40  30  20  10
```

程序说明：例 7-8 中函数参数形式，可以是 7.3.2 小节中 4 种形式中的任一种，编程人员可根据自己的习惯进行选择。

例 **7-9** 用冒泡排序法对 N 个整数按由小到大的顺序排序。

在第 6 章中已经介绍了冒泡排序算法，并用函数参数均为数组名的形式完成了编程。

现在用函数形参和实参均为指针变量的形式实现。实参指针变量指向待排序数组，发生函数调用后，形参指针变量也指向待排序数组的首元素，通过形参指针变量访问待排序数组，完成排序操作。

```
#include <stdio.h>
#define N 6
void good_bubble(int *b, int n) /*good_bubble 完成 n 个整数的升序排列*/
{
    int i, j, flag, t;
    i = 1;
    do /*i 为排序的趟数*/
    {
        flag = 0; /*设置标志变量，用于判断本趟是否发生数据交换*/
         for (j = 0; j <n - i; j++)
            if (*(b + j) > *(b + j + 1)) /*升序排列，必须前小后大*/
            {
                t = *(b + j);
                *(b + j) = *(b + j + 1);
                *(b + j + 1) = t;
                flag = 1; /*有数据交换发生，即将 flag 置为 1*/
            }
         i++;
     } while (flag == 1);
                   /*本趟没有发生过数据交换，则待排序数据已排好序，结束排序*/
}
int main(void)
```

```
{
    int a[N], i;
    int *pa = a; /*定义指针变量 pa，且指向数组 a 的首元素*/
    printf("\n 输入待排序的%d 个数:", N);
    for (; pa < a + N; pa++)
        scanf("%d", pa);
    pa = a;              /*让 pa 再指回到数组 a 的首元素*/
    good_bubble(pa, N); /*调用冒泡法排序函数*/
    printf("从小到大排列的结果为:");
    for (i = 0; i <N; i++)
        printf("%4d", a[i]);
    printf("\n");
    return 0;
}
```

程序运行结果：

```
[root@swjtu-kp chpt-7]# ./chpt7-9

输入待排序的6个数:40 20 50 10 60 30
从小到大排列的结果为:  10  20  30  40  50  60
```

7.3.4 用指针访问二维数组元素

使用指针访问二维数组任一元素的方法，与访问一维数组任一元素的方法类似。

1. 直接访问二维数组元素

在 C 语言中，每个二维数组元素都有独立的内存空间，一个元素就等同于一个同类型的普通变量。例如，有如下说明语句：

```
int a[3][4] = {{2, 4, 6, 8}, {10, 12, 14, 16}, {18, 20, 22, 24}};
int i, j, *p;
```

一个数组中的所有数组元素，占用的是一片连续空间。下面两种方法均可访问到二维数组 a 中任一元素。

（1）常量指针法：

```
for (p = &a[0][0], i = 0; i <3; i++, printf("\n"))
    for (j = 0; j <4; j++, printf("\t"))
        printf("%d", *(p + 3 * i + j));
```

可见，若 p=&a[0][0]，则数组元素 a[i][j]的指针可表示为 `p+3*i+j`，但其算式复杂，难于理解。

（2）变量指针法：

```
for (p = &a[0][0], i = 0; i <3; i++, printf("\n"))
    for (j = 0; j <4; j++, printf("\t"))
        printf("%d", *p++);
```

通过指针变量 p 的自增运算，可访问二维数组中的所有元素。

以上两种方法尽管都能访问到二维数组中的所有元素，但没有体现二维数组的特点。

2. 指针与二维数组的关系

设有如下二维数组：

```
int a[3][4] = {{2, 4, 6, 8}, {10, 12, 14, 16}, {18, 20, 22, 24}};
```

1）行指针

C 语言中，由于二维数组元素在内存中按行连续存放，可将二维数组的每一行看成一个元素，这样，二维数组分配的连续内存就可作为一维数组来使用，二维数组可视作一维数组处理，只是这个一维数组中的每个元素又包含了多个元素。

每一行的地址经常被称为行地址，行方向的指针 `a`、`a+1` 和 `a+2` 称为行指针，其地址编号与每行第一个元素的地址编号是一样的。数组名 a 是该一维数组 a 的指针，即 a[0]元素的指针，a+1 是 a[1]元素的指针，a+2 是 a[2]元素的指针，如图 7-13（a）所示。

2）列指针

二维数组元素地址就是列地址，列方向的指针 `a[0]`、`a[0]+1`、`a[0]+2`、`a[0]+3`…`a[2]+3` 称为列指针，其指针类型为整型。由于 a[0]是一个一维数组，包含 4 个元素，即 a[0][0]、a[0][1]、a[0][2]和 a[0][3]。所以 a[0]就是一维数组 a[0]的指针（一维数组名表示数组首地址），即数组元素 a[0][0]的指针，a[0]+1 是数组元素 a[0][1]的指针，a[0]+2 是数组元素 a[0][2]的指针，a[0]+3 是数组元素 a[0][3]的指针，如图 7-13（b）所示。a[1]、a[2]依此类推。

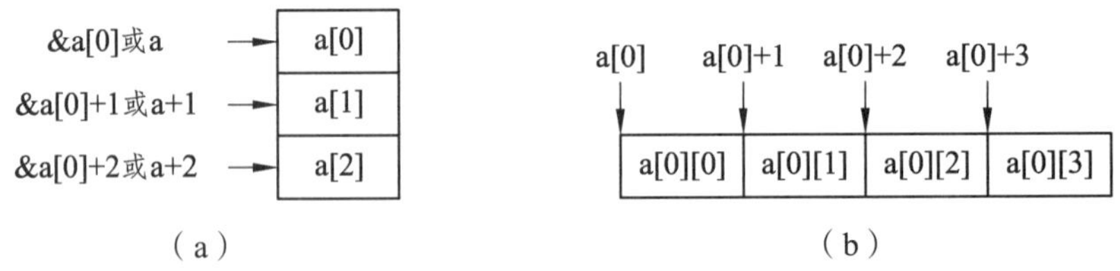

图 7-13　二维数组的指针

通过以上分析，可将指针与二维数组的关系概括为图 7-14 所示。

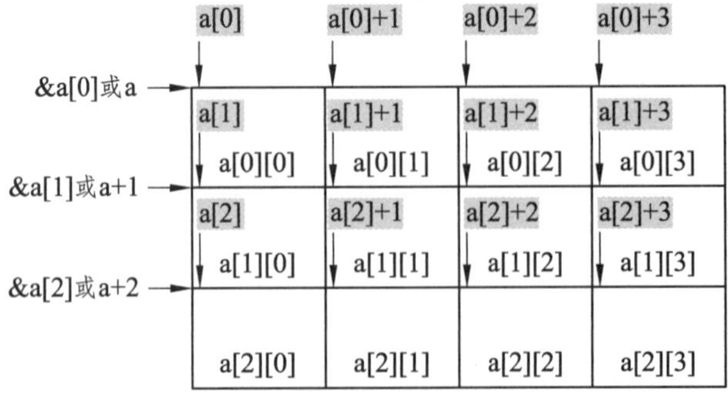

图 7-14　指针与二维数组的关系

尽管 a 与 a[0]、a+1 与 a[1]、a+2 与 a[2]的值相同，但类型是不相同的，行指针代表的是一行，列指针是一个元素的地址。

现在进行一般化说明，假设数组：

`int a[M][N];`

M 和 N 是已经定义的符号常量，则数组 a 中的任一元素 **a[i][j]**的指针为（0≤i<M, 0≤j<N）

（1）`a[i]+j`

（2）`*(a+i)+j`，因为 a[i]等价于*(a+i)

（3）`*(&a[i])+j`，因为 a+i 等价于&a[i]

（4）`&a[i][j]`

元素 **a[i][j]**等价表示：

（1）`*(a[i]+j)`

（2）`*(*(a+i)+j)`

（3）`(*(a+i))[j]`

例 **7-10** 用指针访问二维数组元素示例。

编程验证访问二维数组元素的四种方法。

```
#include <stdio.h>
int main(void)
{
    int a[3][4] = {{2, 4, 6, 8}, {10, 12, 14, 16}, {18, 20, 22, 24}};
    int i, j, *p;
    printf("用指针输出数组的全部元素:\n");
    for (p = &a[0][0], i = 0; i <3 * 4; i++) /*将二维数组当作一维数组*/
    {
        if (i && i % 4 == 0) /*一行元素输出结束后，换行*/
            printf("\n");
        printf("%d\t", *p++);
    }

    printf("\n 用指针输出数组的各个元素:\n");
    for (i = 0, p = a[0]; p <= a[2] + 3; p++, i++)
                                        /*将二维数组当作一维数组*/
    {
        if (i && i % 4 == 0)
            printf("\n");
        printf("%d\t", *p);
    }
    printf("\n 用四种不同方法输出数组元素:\n");
    for (i = 0; i <3; i++)
        for (j = 0; j <4; j++)
            printf("a[%d][%d]: %d\t%d\t%d\t%d\n", i, j, *(a[i] + j),
*(*(a + i) + j), (*(a + i))[j], a[i][j]);
```

```
    return 0;
}
```

程序运行结果：

```
[root@swjtu-kp chpt-7]# ./chpt7-10
用指针输出数组的全部元素:
2       4       6       8
10      12      14      16
18      20      22      24
用指针输出数组的各个元素:
2       4       6       8
10      12      14      16
18      20      22      24
用四种不同方法输出数组元素:
a[0][0]: 2      2       2       2
a[0][1]: 4      4       4       4
a[0][2]: 6      6       6       6
a[0][3]: 8      8       8       8
a[1][0]: 10     10      10      10
a[1][1]: 12     12      12      12
a[1][2]: 14     14      14      14
a[1][3]: 16     16      16      16
a[2][0]: 18     18      18      18
a[2][1]: 20     20      20      20
a[2][2]: 22     22      22      22
a[2][3]: 24     24      24      24
```

程序说明：从例 7-10 可知，要访问二维数组中任一元素用前面介绍的四种方法都是可行的。编程人员可根据自己的需要进行选择使用。同时，还可以引入行指针来访问二维数组元素，提高程序的执行效率。

3. 用行指针变量访问二维数组元素

如果一个指针变量不是指向一个元素，而是指向一行元素，这样的指针变量就是行指针变量。定义行指针变量的格式为

```
数据类型 (*变量名)[m];
```

行指针变量是指向一维数组的指针变量，用来按行访问二维数组中的所有元素。例如：

```
int (*p)[4];
```

其中，(*p)指示 p 是一个指针变量，再与[4]结合，表示该指针变量指向一个含有 4 个整型元素的一维数组。特别要注意的是，以上说明语句中的圆括号是不可缺少的。

如果让 p 指向 a[0]这一行：

```
p = &a[0];
```

则 p+1 不是指向 a[0][1]，而是指向 a[1]这一行，也就是说 p 的增值以一维数组的长度为单位，如图 7-15（a）所示。

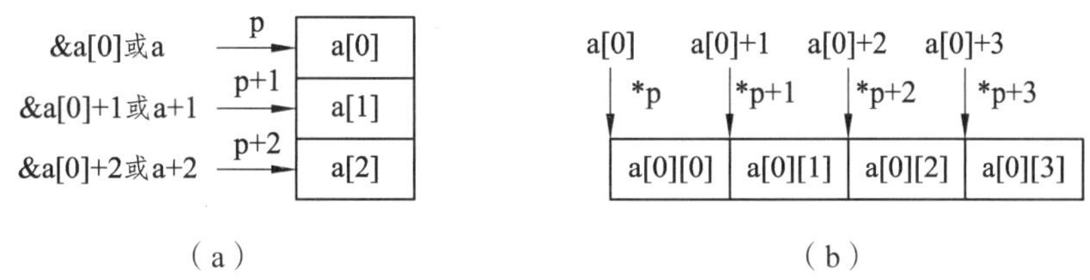

图 7-15　二维数组的行指针变量

由于 p 是行指针变量，故

***p、*p+1、*p+2、*p+3**

依次为 p 所指一维数组 4 个元素的指针。因此对 p 所指一维数组的 4 个元素的访问形式为

***(*p)、*(*p+1)、*(*p+2)、*(*p+3)**

等价写成一维数组元素形式：

(*p)[0]、(*p)[1]、(*p)[2]、(*p)[3]

如图 7-15（b）所示。类推到二维数组 a 中任一元素 a[i][j]，用行指针变量 p 访问的形式有：

（1）`*(p[i]+j)`

（2）`*(*(p+i)+j)`

（3）`(*(p+i))[j]`

（4）`p[i][j]`

因为 p+i 是二维数组 a 的 i 行的起始地址（由于 p 是指向一维数组指针变量，因此 p 加 1，就指向下一行）。现在分析：

`*(p + 2) + 3`

由于 p=a，因此`*(p+2)`就是 `a[2]`，`*(p+2)+3` 就是 `a[2]+3`，而 a[2]的值是 a 数组中 2 行 0 列元素 a[2][0]的地址（即&a[2][0]），因此`*(p+2)+3` 就是 a 数组中 2 行 3 列元素 a[2][3]的地址，这是指向列元素的指针，可见，`*(*(p+2)+3)`即是 `a[2][3]`。

例 **7-11** 用行指针输出二维数组任一行任一列元素的值。

```
#include <stdio.h>
int main()
{
    int a[3][4] = {{2, 4, 6, 8}, {10, 12, 14, 16}, {18, 20, 22, 24}};
    int(*p)[4], row, column; /*定义行指针变量 p*/
    p = a;                      /*使得 p 指向数组首行*/
    printf("请输入要输出元素的行列位置:\n");
    scanf("%d,%d", &row, &column);
     printf("数组元素 a[%d][%d]=%d\n", row, column, *(*(p + row) + column));
     return 0;
}
```

程序运行结果：

```
[root@swjtu-kp chpt-7]# ./chpt7-11
请输入要输出元素的行列位置：
2,3
数组元素a[2][3]=24
```

程序说明： *(p+row)是 a 数组 row 行 0 列元素的地址，是列指针（即数组元素 a[row][0]的指针），而 p+row 是 a 数组 row 行的起始地址，是行指针。尽管二者的值是相同的，但类型是不一样的，前者指向一个具体的元素，后者指向包含若干元素的一行。

因此，不能把`*(p+row)+column`写成`(p+row)+column`。切记`(p+row)+column`是 a 数组`row+column`行的起始地址。

特别说明：

✧ 不能混淆**行指针**与**列指针**，务必注意指针变量的类型。行指针进行*运算后才是列指针。

✧ 行指针变量 p 的定义`int (*p)[4];`，可以比较一维整型数组 a 的定义 int a[4];来进行理解。对于数组 a，表示有 4 个元素，每个元素均为整型；对于行指针变量 p，表示***p** 有 4 个元素，每个元素均为整型。即 p 所指的对象是有 4 个元素的一维数组，也就是说 p 是指向一维数组的指针。一定记住，此时 p 只能指向一个包含 4 个元素的一维数组。p 不能指向数组中的某一元素。

4. 用指向数组的指针作函数参数

一维数组名可以作为函数参数传递，多维数组名也可以作为函数参数传递。用指针变量作形参以接受实参数组名传递来的地址时，方法有：

（1）用指向变量的指针变量：实参传递的应该是二维数组元素的地址，即列指针。

（2）用指向一维数组的指针变量：实参传递的应该是二维数组每行的地址，即行指针。

特别说明：指针变量的类型匹配问题。行、列指针之间是不能进行算术运算的，尽管在某些时候它们的值（表示的地址编号）可能是一样的，但必须将**行指针进行*运算**后，才能是列指针。

下面用程序说明二维数组的函数参数传递。

例 7-12 计算 3 名学生各 4 门课程的总平均分，并输出第 i 个学生的各科成绩。然后查找有一门及以上课程高于 90 分的学生，且输出他们的全部课程成绩。

```
#include <stdio.h>
int main(void)
{
    void average(int *p, int n);     /*声明求总平均成绩的函数*/
    void print(int (*p)[4], int n);   /*声明输出第 i 个学生成绩的函数*/
    void search(int (*p)[4], int n); /*声明查找函数*/
    int score[3][4] = {{85, 75, 95, 65}, {90, 80, 60, 70}, {79, 69, 99, 89}};
    int i;
    average(*score, 12); /*实参*score 是列指针，表示首元素的地址*/
     printf("输入学生序号:");
     scanf("%d", &i);
```

```
    print(score, i);  /*实参 score 是行指针，表示二维数组首行的地址*/
    search(score, 3); /*实参 score 是行指针*/
    return 0;
}
void average(int *p, int n)
            /*形参 p 得到首元素的地址，经过 p++运算，可访问到数组中所有元素*/
{
    int *p_end;
    float sum = 0, aver;
    p_end = p + n - 1;    /*使得指针变量 p_end 指向二维数组最后一个元素*/
    for (; p<= p_end; p++) /*通过 p++运算，可遍历二维数组中所有元素*/
        sum = sum + (*p);
    aver = sum / n;
    printf("\n 总平均成绩为:%.2f\n", aver);
}
void print(int (*q)[4], int n)
          /*使得行指针变量 q 得到二维数组首地址，q+n 运算，则指向数组第 n 行*/
{
    int i;
    printf("第%d 个学生各科成绩为:\n", n);
    for (i = 0; i <4; i++)
        printf("%d ", *(*(q + n) + i));
    printf("\n");
}
void search(int (*q)[4], int n)
{
    int i, j, flag;
                /*定义 flag 标志变量，若某学生有成绩高于 90，则置 flag 为 1*/
    for (i = 0; i <n; i++) /*i 变量增值，即每个学生进行循环*/
    {
        flag = 0; /*在检查每个学生成绩开始前，置标志变量为 0*/
        for (j = 0; j <4; j++)
            if (*(*(q + i) + j) >= 90)
                        /*一旦某学生成绩有某科高于 90，结束该学生成绩的检测*/
            {
                flag = 1;
                break;
            }
        if (flag == 1)
```

```
        {
            printf("课程高于 90 分的有第%d 位学生,各科成绩为:\n", i + 1);
            for (j = 0; j <4; j++)
                printf("%-5d", *(*(q + i) + j));
        }
        printf("\n");
    }
}
```

程序运行结果：

```
[root@swjtu-kp chpt-7]# ./chpt7-12

总平均成绩为:79.67
输入学生序号:2
第2个学生各科成绩为:
79 69 99 89
课程高于90分的有第1位学生,各科成绩为:
85   75   95   65
课程高于90分的有第2位学生,各科成绩为:
90   80   60   70
课程高于90分的有第3位学生,各科成绩为:
79   69   99   89
```

图 7-16 是二维数组 socre 的存储情况：

✧ 列指针变量 p 经过增值运算（如 `p++`或 `p+i`）后，可访问到数组中的所有元素。若 p 当前值是本行第一个元素地址，经过&运算，结果就是行指针。

✧ 行指针变量 q 经过增值运算（如 `q++`或 `q+i`）后，可访问到二维数组中的所有行。行指针变量 q 经过`*`运算，结果是列指针，即`*q`是当前行首元素地址。

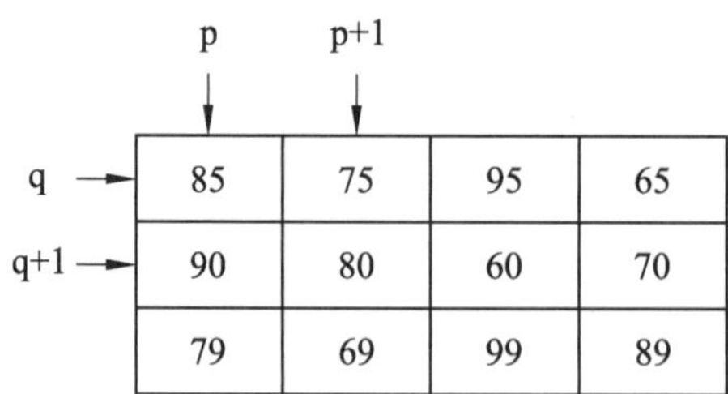

图 7-16　二维数组 score 的存储

通过例 7-12 知道，用指针变量存取数组元素速度快，程序简单明了。用指针变量作形参，所处理的数组大小可以变化，比用数组作形参更为灵活和方便，使得函数的通用性更强，因此熟练掌握数组和指针的关系，可以编写质量更高的程序，提高程序的运行效率。

7.3.5　用指针处理字符串

字符串是存放于字符数组中的，字符串的处理与指针有密切联系。从例 7-7 已经知道，用指针处理字符串时，并不关心存放字符串数组的大小，而只关心是否已经处理到了字符串的结束标志'\0'。

1. 字符指针变量

定义字符指针变量：

```
char *pch;
```

指针变量 pch 可以指向任何字符型数据，包括字符变量和字符数组，而字符串是存放于字符数组中的，因此 pch 可以指向一个字符串。让 pch 也指向一个字符串，采用方式：

```
pch = "Better!";
```

注意赋给 pch 的不是字符串"Better!"，也不是其中某个字符，而是存放"Better!"的内存地址的首地址。如图 7-17 所示为字符指针指向字符串，通过 pch 即可访问到所有字符。

图 7-17　字符指针指向字符串

以上定义语句和赋值语句可合并为

```
char *pch = "Better!";
```

再比较字符数组的初始化：

```
char str[8] = {"Better!"};
```

不能等价于：

```
char str[8];
str = {"Better!"}; 或者：str[] = {"Better!"};
```

因为数组名 str 是常量指针，不能被赋值。因此要切记，数组仅在定义时可以整体赋初值，不能在赋值语句中整体赋值。

2. 字符指针与字符串的关系

（1）字符数组存储并处理字符串。

如果定义字符数组来存放字符串，在编译时为字符数组分配内存单元，以存放字符串中每一个字符，有确定的内存地址。

（2）字符指针处理字符串。

由于字符指针变量只能存放一个字符变量的地址，用字符指针变量来处理字符串时，只能采用初始化或赋值方式让该指针变量指向该字符串。例如，下面的语句：

```
char *pch = "Better!";
```

在编译时，字符串"Better!"存放于内存中某一段单元内，而 pch 被分配有自己的内存单元，同时得到存放"Better!"内存单元的首地址，如图 7-17 所示。一定要注意的是，字符指针变量得到的是存放"Better!"的首地址，而不是得到了整个字符串。但通过 pch 的增值运算，可访问到存放"Better!"的所有内存单元，即读取字符串中字符来使用。

例 **7-13** 改变字符指针变量值的示例。

```
#include <stdio.h>
int main(void)
{
```

```
    char *pch = "Better!";
    printf("1.输出 pch 当前指向的字符:%c\n", *pch);
    printf("2.输出 pch 当前指向的字符串:%s\n", pch);
    printf("\n");
    pch = pch + 2;
    printf("3.输出 pch 当前指向的字符:%c\n", *pch);
    printf("4.输出 pch 当前指向的字符串:%s\n", pch);
    return 0;
}
```

程序运行结果：

```
[root@swjtu-kp chpt-7]# ./chpt7-13
1.输出pch当前指向的字符:B
2.输出pch当前指向的字符串:Better!

3.输出pch当前指向的字符:t
4.输出pch当前指向的字符串:tter!
```

程序说明：从例 7-13 可知，字符指针变量 pch 的值是可以变化的。输出 pch 所指向的字符串时，从它当时所指向的内存单元开始输出各个字符，直到遇到'\0'结束。

特别说明：

✧ 用字符指针访问字符串时，只能读取字符串中的字符，不能修改字符串的内容，也可以理解为这个字符串具有只读属性。

✧ 数组名虽然代表地址，但它是常量指针，其值是不能改变的，下面的语句表达：

```
char str[8] = {"Better!"}; /*正确*/
str = str + 2;              /*错误：数组名 str 是常量指针，是不可改变的*/
```

✧ 若定义了一个字符指针变量，并指向了一个字符串，也可用下标形式引用指针变量所指的字符串中的字符。

3. 用行指针变量处理多个字符串

对于多个字符串，可以用二维字符数组存储处理。如：

```
char name[10][20];
```

name 数组中的一行存储一个字符串，每个字符串长度不超过 19 个字符（串尾是\0），一共可以存储 10 个字符串。而行指针变量是指向一行的，即指向其中的一个字符串，行指针变量的移动以行为单位，这样用行指针变量访问存储在二维数组中的多个字符串就非常方便。下面的程序说明用行指针变量处理多个字符串的方法。

例 7-14 对任意输入的 N 个同学的姓名按升序排列。存储结构如图 7-18 所示。

```
#include <stdio.h>
#include <stdlib.h>
#include <string.h>
#define N 6
int main(void)
```

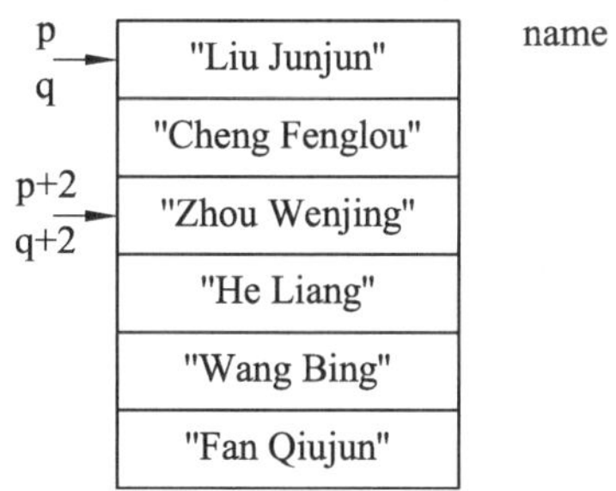

图 7-18　行指针指向字符串

```
{
    char name[N][20]; /*定义二维字符数组，以接收同学姓名*/
    char (*p)[20];      /*定义行指针变量 p，指向的一行可有 20 个字符*/
    int len;
    void sort(char (*q)[20], int n); /*声明排序函数*/
    void delFgets(char *str);         /*声明字符串删除末尾换行符函数*/
    p = name;                         /*p 指向 name 数组的首行*/
    printf("请输入%d 个同学的姓名:\n", N);
    for (; p < name + N; p++) /*输入 N 个字符串*/
    {
        fgets(*p, 20, stdin);
        delFgets(*p);
    }
    p = name;   /*p 指回到 name 数组的首行*/
    sort(p, N); /*调用排序函数*/
    p = name;
    printf("%d 个同学姓名升序排列结果为:\n", N);
    for (; p < name + N; p++) /*输出 N 个已排好序的字符串*/
        printf("%s\n", *p);
    return 0;
}
void sort(char (*q)[20], int n)
{
    char t[20];
    int i, j, min;
    for (i = 0; i <n - 1; i++) /*用选择法实现若干字符串的排序*/
    {
        min = i; /*假设待排序中第一个为最小*/
        for (j = i + 1; j <n; j++)
            if (strcmp(*(q + min), *(q + j)) >0)
```

```
                min = j;
        if (i != min)
        {
            strcpy(t, *(q + min));
            strcpy(*(q + min), *(q + i));
            strcpy(*(q + i), t);
        }
    }
}
void delFgets(char *str)
{
    int n = strlen(str) - 1;
    if (str[n] == '\n')
        str[strlen(str) - 1] = '\0'; /*将字符串中读入的换行符删除*/
    else
      while (getchar() != '\n');
                                          /*清空输入缓冲区中本行输入的多余字符序列*/
}
```

程序运行结果：

```
[root@swjtu-kp chpt-7]# ./chpt7-14
请输入6个同学的姓名:
Liu Junjun
Cheng Fenglou
Zhou Wenjing
He Liang
Wang Bing
Fan Qiujun
6个同学姓名升序排列结果为:
Cheng Fenglou
Fan Qiujun
He Liang
Liu Junjun
Wang Bing
Zhou Wenjing
```

程序说明：从例 7-14 可知，用字符指针处理字符串是非常方便灵活的，不需要关心字符串存储的实际单元，而只关注字符串的首地址。

7.4 指针数组

7.4.1 指针数组的定义

一个数组，若其元素均为指针类型，称为指针数组。即数组中的每一个元素都是一个指针变量，且类型相同。

一维指针数组的定义形式为

```
类型名 *数组名[整型常量表达式];
```

由于`[ ]`的优先级高于`*`，数组名先与[整型常量表达式]构成一个数组，再与`*`结合，表明数组元素的数据类型是一个指针，类型名指明指针数组中每个元素所指向变量的类型。

例如：

```
int *p[4];
```

✧ 首先 `p` 与`[4]`结合，形成 `p[4]`，即定义一个有 4 个元素一维数组。

✧ 然后再与 `p` 前面的 `int *`结合，表示定义的是一个整型指针数组，每个数组元素都可以存放一个整型变量的地址。

特别说明：行指针变量 `int (*p)[4]`定义的是一个指针变量，用于指向一个有 4 个元素的一维整型数组。

对于以下语句序列：

```
int i, a[4] = {10, 20, 30, 40};
int *p[4] = {a, a + 1, a + 2, a + 3};
for (i = 0; i <4; i++)
    printf("%d\t", *p[i]);
```

定义了指针数组 p，并且初始化 p 的每个元素，分别指向数组 a 中的一个元素。指针数组 p 与数组 a 的对应指向关系如图 7-19 所示。

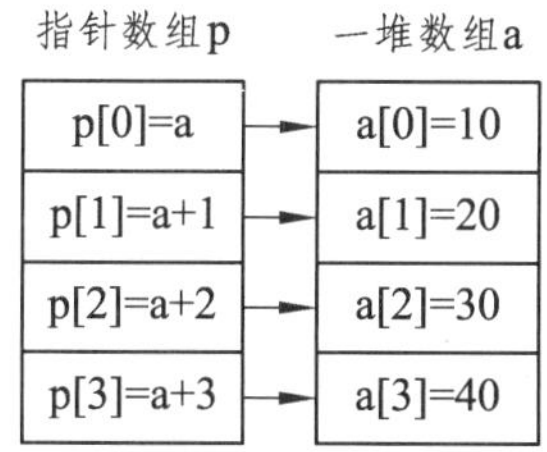

图 7-19　指针数组 p 与数组 a 的关系

可见，上面程序段中，for 循环的输出结果为

```
10  20  30  40
```

也就是说，`*p[i]`等价于 `a[i]`。

7.4.2　通过指针数组访问二维数组

使用指针数组访问二维数组是非常方便的。假设有以下定义：

```
int a[3][4], *p[3], i, j;
for (i = 0; i <3; i++)
    p[i] = a[i];
```

则指针数组 p 的元素 p[i]与二维数组 a 的第 i 行关系如图 7-20 所示。

用指针数组 p 访问二维数组 a 中任一元素 `a[i][j]`可用以下 4 种形式之一：

（1）`*(p[i]+j)`

（2）`*(*(p+i)+j)`

（3）`(*(p+i))[j]`

（4）`p[i][j]`

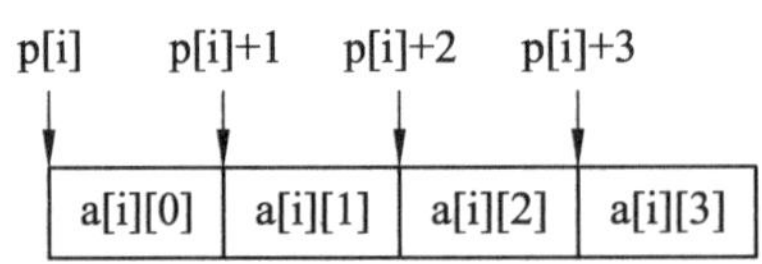

图 7-20　指针数组 p 与二维数组的关系

可见，以上形式与用指向二维数组的行指针变量访问二维数组中任一元素的方法是一样的。现在分析：

`*(p+2)+3` 和 `*(*(p+2)+3)`

由于*(p+2)即是 p[2]，而 p[2]等价于 a[2]，故*(p+2)+3 就是 a[2]+3，而 a[2]的值是 a 数组中 2 行 0 列元素 a[2][0]的地址（即&a[2][0]），因此*(p+2)+3 就是 a 数组中 2 行 3 列元素 a[2][3]的地址，可见`*(*(p+2)+3)`就是 `a[2][3]`。

特别说明：二维数组访问时，按行访问，可以用行指针变量，也可用指针数组，但是有区别的。如有以下二维数组定义：

```
int a[3][4] = {{2, 4, 6, 8}, {10, 12, 14, 16}, {18, 20, 22, 24}};
int (*p)[4]; // p 是行指针变量,指向的是包含 4 个元素的一行
int *q[3];   // q 是指针数组,有 3 个元素，每个元素又是一个指针变量
```

例 **7-15** 用指针数组访问二维数组元素示例。

```
#include <stdio.h>
int main(void)
{
    int a[3][4] = {{2, 4, 6, 8}, {10, 12, 14, 16}, {18, 20, 22, 24}};
    int i, j, *p[3];
    printf("\n 用四种不同方法输出数组元素:\n");
    for (i = 0; i <3; i++)
    {
        p[i] = a[i];
         for (j = 0; j <4; j++)
             printf("a[%d][%d]: %d\t%d\t%d\t%d\n", i, j, *(p[i] + j), *(*(p + i) + j), (*(p + i))[j], p[i][j]);
     }
     return 0;
}
```

程序运行结果：

```
[root@swjtu-kp chpt-7]# ./chpt7-15

用四种不同方法输出数组元素：
a[0][0]: 2      2       2       2
a[0][1]: 4      4       4       4
a[0][2]: 6      6       6       6
a[0][3]: 8      8       8       8
a[1][0]: 10     10      10      10
a[1][1]: 12     12      12      12
a[1][2]: 14     14      14      14
a[1][3]: 16     16      16      16
a[2][0]: 18     18      18      18
a[2][1]: 20     20      20      20
a[2][2]: 22     22      22      22
a[2][3]: 24     24      24      24
```

7.4.3 指针数组的应用

引入指针数组的目的是处理若干个字符串，也就是说使用指针数组，可以使得字符串的处理变得更为方便灵活。

在例 7-14 中，采用了行指针来处理若干个字符串，规定了每行的长度（取决于待处理字符串的最大长度），其实需要处理的各字符串长度一般是不相等的（如人名、书名等）。这样按最长的字符串来定义二维数组，会浪费许多内存单元。

因为每个字符串都可用一个指向字符型的指针变量来访问，那么若干的字符串，就可以用指针数组中的元素分别指向各字符串，如图 7-21 所示。这样，如果想对字符串排序，则不必改动字符串的位置，只需改变指针数组中各元素的指向（即改变指针数组中各个元素的值，这些值是各个字符串的首地址）。移动指针变量的指向（改变指针变量的值）比移动字符串的存储位置所花时间要少很多，从而提高了程序的运行效率。下面用指针数组来实现例 7-14 的功能。

例 **7-16** 对输入的 N 个同学的姓名按升序排列。存储结构如图 7-21 所示。

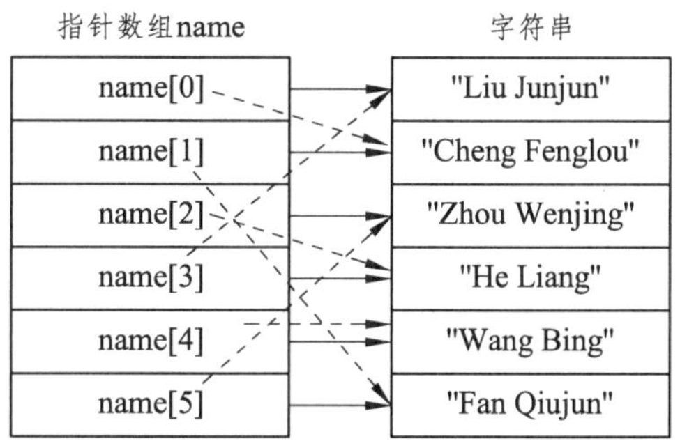

图 7-21　指针数组的元素指向各字符串

基本思路：由图 7-21 可知，指针数组 name 的每个元素都指向一个字符串，在 name[0]~name[5]所指范围内找到最小的字符串，并使 name[0]指向最小的字符串；接着在 name[1]~name[5]所指范围内找到最小的字符串，并使 name[1]指向最小的字符串；依此类推，直到确定 name[5]的指向为止。图 7-21 中，实线箭头和虚线箭头分别为排序前和排序后数组 name 中各元素的指向。此算法使用指针数组，排序时仅交换了指向字符串的指针，不交换字符串，大大提高了执行速度。

```
#include <stdio.h>
#include <stdlib.h>
#include <string.h>
#define N 6
int main(void)
{
    char *name[N] = {"Liu Junjun", "Cheng Fenglou", "Zhou Wenjing", "He Liang", "Wang Bing", "Fan Qiujun"}; /*定义字符型指针数组，并初始化*/
    void sort(char *name[], int n);                    /*声明排序函数*/
    void print(char *name[], int n);                   /*声明输出函数*/
     sort(name, N);                                    /*调用排序函数*/
     print(name, N);                                   /*调用输出函数*/
     return 0;
}
void sort(char *name[], int n)
{
    char *t;
    int i, j, min;
    for (i = 0; i <n - 1; i++) /*用选择法实现若干字符串的排序*/
    {
        min = i; /*假设待排序中第一个为最小*/
        for (j = i + 1; j <n; j++)
            if (strcmp(name[min], name[j]) >0)
                min = j;
        if (i != min) /*交换指针数组中元素的指向*/
        {
            t = name[i];
            name[i] = name[min];
            name[min] = t;
        }
    }
}
void print(char *name[], int n)
{
    int i;
    for (i = 0; i <n; i++)
```

```
36          printf("%s\n", name[i]);
37 }
```

程序运行结果：

```
[root@swjtu-kp chpt-7]# ./chpt7-16
Cheng Fenglou
Fan Qiujun
He Liang
Liu Junjun
Wang Bing
Zhou Wenjing
```

比较例 7-16 和例 7-14 的算法可以知道，在例 7-14 中，存储字符串的数组内容发生了变化，由于各字符串是存储在二维字符数组中的，排序后，二维字符数组中的各行存储的字符串变成了由小到大。要改变二维字符数组中的存储情况，就要不断进行交换和存取，浪费大量资源和时间，因此程序执行效率不高。例 7-16 中，在排序时，只是改变了指针数组中各元素的指向，而字符串的存储位置保持不变，这样可以大大提高程序的运行效率。

7.5 二级指针

所有变量和数组在程序运行时都会分配内存空间以存放数据。指针变量也是变量，所以指针变量也有相应的内存地址。GCC 编译环境中，所有类型的指针变量均占用 8 个字节的存储单元。例如：

```
int *p;
```

定义了一个整型指针变量 p，而指针变量 p 本身也有指针值，为&p。若要保存指针变量的指针值&p，则需要使用二级指针变量，也就是指向指针的指针变量（简称指向指针的指针）。

二级指针变量定义形式为

    数据类型 **变量名;

其中，变量名前的**表示定义的是一个二级指针变量。例如：

```
int a = 10, *p = &a;
int **q = &p;
```

表示定义了整型变量 a，一级整型指针变量 p 存放变量 a 的指针，二级指针变量 q 存放一级指针变量 p 的指针，如图 7-22 所示。

q=&p → p=&a → a=10

图 7-22 二级指针的引用

此时，对 q 做一次取值运算（即*q）访问的是变量 p；对 q 做二次指针运算（即*(*q)）就可访问变量 a。将*p 称为一次间接地址，**q 称为二次间接地址。

q（即 p 的地址）是指向指针的指针，称为二级指针，用于存放二级指针的变量称为二级指针变量。根据 q 的不同情况，二级指针又分为指向指针变量的指针和指向数组的指针。

（1）指向指针变量的指针。

如果 a、p、q 都是变量，即 a 是普通变量，p 是一级指针变量（存放着 a 的地址），q 是二级指针变量（存放着 p 的地址），这 3 个变量分别在内存中占据各自的存储单元，相互之间的前后位置关系并不重要。

（2）指向数组的指针。

C 语言中，数组与其他变量在使用上有很大的不同。无论是字符型、整型、实型变量，还是结构体类型或指针类型的变量，语句中出现变量名都代表对该变量所在内存单元的访问，变量名代表整个变量在内存中的存储单元，可以向该变量赋值，也可以从中取出数据使用。但是定义一个数组之后，数组名并不代表整个数组所占据的内存单元，而是代表数组首元素的地址。

7.4 节中介绍了指针数组的概念，用二级指针来访问字符指针数组是最为方便和直观的。如图 7-23 所示，name 是一个字符指针数组，其每个元素都是一个指针型数据，存放的是对应字符串的起始地址。数组名 name 是该指针数组的起始地址，`name+i` 是 `name[i]`的地址。`*(name+i)`就是第 i 个字符串的起始地址。若定义一个二级字符型指针变量 p，使其指向 name，就可以通过 p 来访问各字符串。例 7-17 就是二级指针的典型应用。

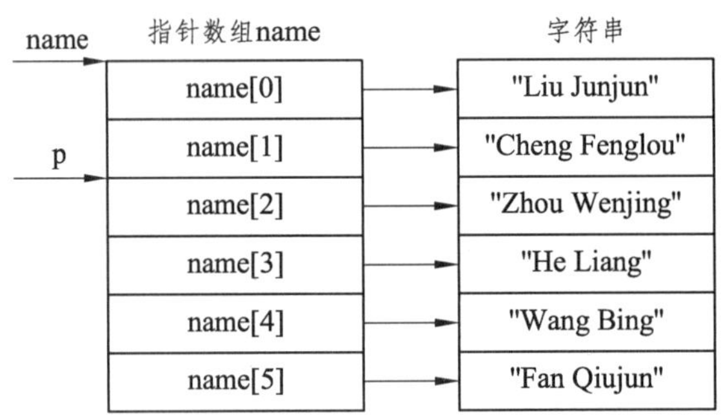

图 7-23　用二级指针访问指针数组

例 **7-17** 二级指针使用示例。

```
#include <stdio.h>
#include <stdlib.h>
#define N 6
int main(void)
{
    char *name[N] = {"Liu Junjun", "Cheng Fenglou", "Zhou Wenjing", "He Liang", "Wang Bing", "Fan Qiujun"}; /*定义字符型指针数组，并初始化*/
    char **p;                    /*声明二级指针变量*/
    int i;
    printf("使用二级指针变量访问:\n");
     for (i = 0; i <6; i++)
     {
         p = name + i; /*p 指向指针数组 name*/
         printf("%s\n", *p);
     }
```

```
    return 0;
}
```

程序运行结果：

```
[root@swjtu-kp chpt-7]# ./chpt7-17
使用二级指针变量访问:
Liu Junjun
Cheng Fenglou
Zhou Wenjing
He Liang
Wang Bing
Fan Qiujun
```

从例 7-17 可知，在第一次执行循环体时，赋值语句 `p=name+i;`使得二级指针变量指向 name 数组的首元素 name[0]，因此*p 就是 name[0]的值，也就是第一个字符串的起始地址，用%s 控制输出即为字符串“Liu Junjun”。因 `p=name+i;`执行 6 次循环，依次输出各字符串。

C 语言对指针的级数并无限制，在定义 n 级指针变量时，需要在变量名前加 n 个*。但在实际应用中，很少使用三级及以上的指针变量。前面介绍指针变量概念时已经说明了可利用指针变量实现变量的“间接访问”，如图 7-24 所示。

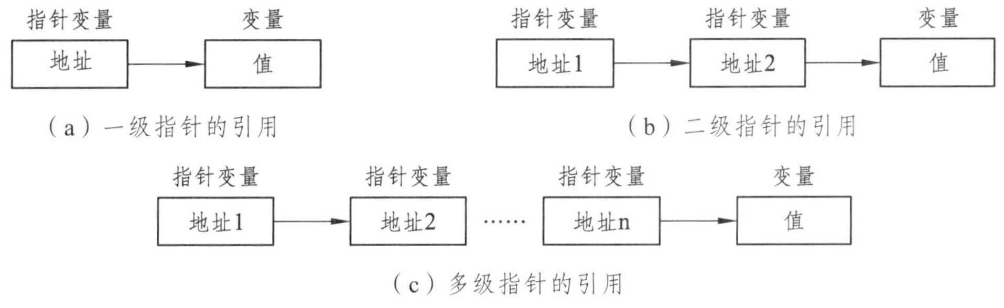

图 7-24　各级指针变量的引用

特别说明：利用指针变量访问内存单元，访问的级数越多，理解就越难，且易混乱和出错，因此一般只使用一级或二级指针变量。

例 **7-18** 用二级指针变量访问指向整型变量的指针数组。指针变量指向数组的指向关系如图 7-25 所示。

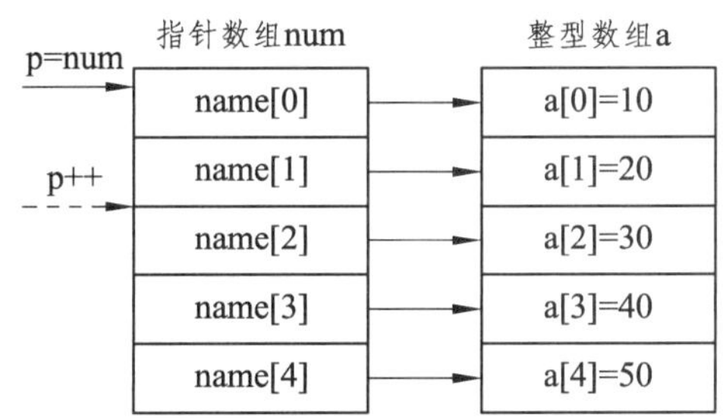

图 7-25　用二级指针访问指向整型的指针数组

```
#include <stdio.h>
int main(void)
```

```
{
    int a[5] = {10, 20, 30, 40, 50};
    int *num[5] = {&a[0], &a[1], &a[2], &a[3], &a[4]}; /*定义指针数组num，并初始化*/
    int **p, i;                                  /*定义二级指针变量 p*/
    p = num; /*使得 p 指向指针数据 num*/
    printf("用二级指针变量 p 访问数组 a:\n");
    for (i = 0; i <5; i++)
     {
         printf("%d  ", **p);
         p++;
     }
     printf("\n");
     return 0;
}
```

程序运行结果：

```
[root@swjtu-kp chpt-7]# ./chpt7-18
用二级指针变量p访问数组a:
10  20  30  40  50
```

程序说明：从例 7-18 可知，在第一次执行循环体时，由于二级指针变量 p 指向 num 数组的首元素 num[0]，因此*p 就是 num[0]的值，也就是数组 a 的起始地址，那么*(*p)即为 a[0]。执行 5 次循环，通过 p++运算，依次输出数组 a 中各元素的值。

7.6 指向函数的指针

7.6.1 函数指针变量的定义和使用

C 语言中，一个函数在装入内存时被分配了一段连续的内存空间，这段连续空间的起始地址称为函数的入口地址，此入口地址又称为函数指针，用函数名表示。

可以定义一个指向函数的指针变量来存放一个函数的入口地址，指向函数的指针变量简称为函数指针。用一个指针变量指向函数，然后通过该指针变量即可调用该函数。指向函数的指针变量定义格式为

```
类型标识符 (*变量名)(参数表);
```

其中，类型标识符是所指函数返回值的类型，(参数表)是所指函数的参数表。由(*变量名)的形式知道，在此定义的是一个指针变量，而(参数表)又表示是一个函数。所以，(*变量名)(参数表)表示该变量是一个指向函数的指针变量。例如：

```
int (*fp)(int a, int b);
```

定义了指向函数的指针变量 fp，所指向的函数有两个 int 型参数，并且函数返回值类型为 int 型。也就是说，凡是有两个 int 型形参，且返回值类型为 int 型的函数，均可用 fp 来指向，从而用 fp 来实现调用。

假设有函数名为 fun，返回值类型为 int 型，有两个 int 型形参，现有 **fp=fun;**表示 p 指向 fun，如图 7-26 所示。

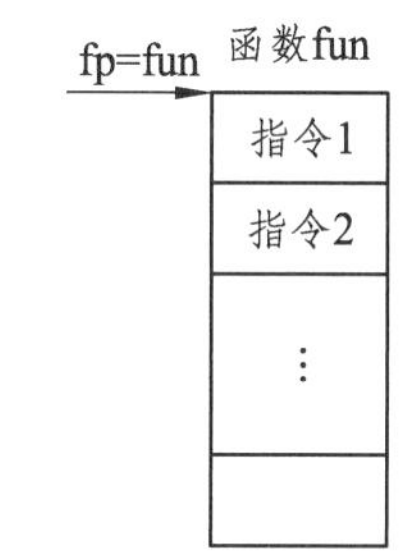

图 7-26　指向函数的指针变量

特别说明：

✧ 函数指针变量可指向与该指针变量具有相同返回值类型和相同参数（个数及类型顺序一致）的任一函数。

✧ 函数名代表函数的入口地址，函数指针变量得到函数入口地址，就指向了该函数。通过函数指针变量调用函数的格式为

```
(*指针变量名)(实参表)
```

✧ 对于指向函数的指针变量，如 fp+n、fp++、fp--等运算是没有意义的，只能做赋值和关系运算。

例 **7-19** 采用函数指针变量调用函数实现两个整数的交换。

```
#include <stdio.h>
int main(void)
{
    int a, b;
    void swap(int *pa, int *pb);  //函数声明语句
    void (*fun)(int *pa, int *pb);//函数指针定义语句,fun 是函数指针变量
    printf("请任意输入两个整数:\n");
    scanf("%d,%d", &a, &b);
    fun = swap; //函数指针变量 fun 指向函数 swap
    (*fun)(&a, &b); //通过函数指针的引用调用 swap 函数
    printf("a=%d,b=%d\n", a, b);
    return 0;
}
void swap(int *pa, int *pb)
{
    int temp;
    temp = *pa;
    *pa = *pb;
    *pb = temp;
}
```

程序运行结果：

```
[root@swjtu-kp chpt-7]# ./chpt7-19
请任意输入两个整数:
10,20
a=20,b=10
```

程序说明：

（1）对于例 7-19 中的函数指针定义语句 `void (*fun)(int *pa,int *pb);`，说明 fun

是一个指向函数的指针变量，该函数有两个参数（均为指向整型的指针变量），函数值为 void 表示函数无返回值。注意，***fun** 两侧的括号是不能省略的，表示 fun 先与*结合，为指针变量，然后再与后面的( )结合，表示此指针变量是用于存放函数入口地址的。若写成 `void *fun(int *pa,int *pb);`，则由于`()`优先级高于*，声明的是一个函数 fun，其返回值是一个空指针（在 7.7 节作介绍）。

（2）对于例 7-19 中第 10 行函数调用语句，`(*fun)`即是 swap，因此等价于 `swap(&a,&b)`。

7.6.2 用函数指针变量作函数参数

函数指针变量的主要用途是作函数的形参，用于设计通用算法函数。

例 **7-20** 用函数指针变量实现多目标排序（升序或降序由编程人员选择），如图 7-27 所示。

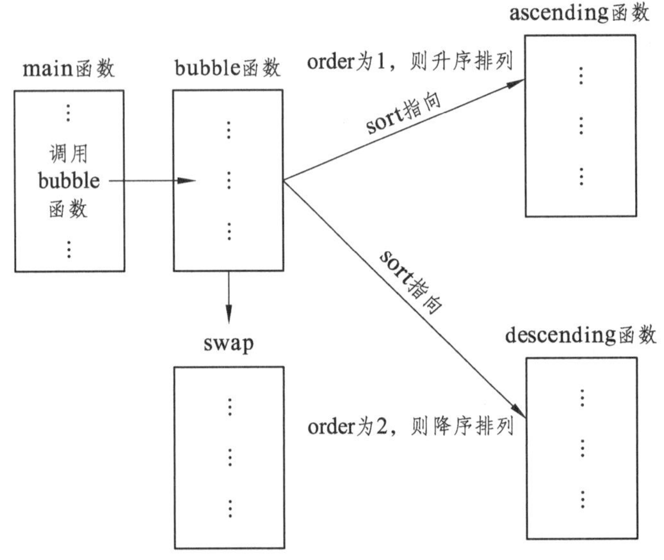

图 7-27 用函数指针实现多目标排序的简单示例

由图 7-27 可以看出，由 main 函数调用 bubble 函数。而 bubble 函数将指向函数的指针变量 sort 作为形参，而 sort 指向的函数，或者是 ascending 函数，或者是 descending 函数，根据用户的输入选择是升序排列还是降序排列。若 order 为 1，则将指向 ascending 函数的指针传递给 bubble 函数，实现升序排列；若 order 为 2，则将指向 descending 函数的指针传递给 bubble 函数，实现降序排列。

```
#include <stdio.h>
#define SIZE 10
void bubble(int arr[], int size, int (*sort)(int a, int b));
                                  /*函数说明语句，其中参数 sort 为函数指针*/
int ascending(int a, int b);                        /*升序函数说明*/
int descending(int a, int b);                       /*降序函数说明*/
int main(void)
{
    int a[SIZE], order, i; /*order 的值决定升序还是降序排列*/
```

```
    printf("请输入待排序的%d 个整数:\n", SIZE);
    for (i = 0; i <SIZE; i++)
        scanf("%d", &a[i]);
    printf("输入 1 完成升序排列,输入 2 完成降序排列:\n");
    scanf("%d", &order);
    printf("输出待排序的%d 个整数:\n", SIZE);
    for (i = 0; i <SIZE; i++)
        printf("%5d", a[i]);
    printf("\n");
    if (order == 1)
    {
        bubble(a, SIZE, ascending); /*调用 bubble 函数完成升序排列*/
        printf("升序排列结果为:\n");
    }
    else
    {
        bubble(a, SIZE, descending); /*调用 bubble 函数完成降序排列*/
        printf("降序排列结果为:\n");
    }
    for (i = 0; i <SIZE; i++)
        printf("%5d", a[i]);
    printf("\n");
    return 0;
}
void bubble(int arr[], int n, int (*sort)(int a, int b))
                        /*函数指针 sort 指向 ascending 或 descending 函数*/
{
    int i, j;
    void swap(int *pa, int *pb); /*交换函数说明语句*/
    for (i = 1; i <n; i++)
    {
        for (j = 0; j <n - 1; j++)
        {
            if ((*sort)(arr[j], arr[j + 1]))
                swap(&arr[j], &arr[j + 1]);
        }
    }
}
```

```
void swap(int *pa, int *pb)
{
    int temp;
    temp = *pa;
    *pa = *pb;
    *pb = temp;
}
int ascending(int a, int b)
{
    return a>b; /*a>b 的值可能是 1 或 0*/
}
int descending(int a, int b)
{
    return a<b; /*a<b 的值可能是 1 或 0*/
}
```

程序运行结果：

```
[root@swjtu-kp chpt-7]# ./chpt7-20
请输入待排序的10个整数:
20 50 30 10 90 70 80 40 100 60
输入1完成升序排列,输入2完成降序排列:
1
输出待排序的10个整数:
   20   50   30   10   90   70   80   40  100   60
升序排列结果为:
   10   20   30   40   50   60   70   80   90  100
```

程序说明：从例 7-20 中排序函数 bubble 的定义和调用可以知道，采用指向函数的指针变量，对进一步提高相关函数的通用性，具有非常重要的作用。因此，函数指针广泛用于通用算法函数的设计中，编写一个具有通用功能的函数来实现各种专用的功能。

7.7 指针函数

一个函数可以返回一个整型值、字符值、实型值等，也可以返回指针型数据，也就是返回一个地址。一个函数返回的是一个指针值则称其为指针函数，定义形式为

```
类型名 *函数名(参数表列);
```

例如：

```
int *fp(int a, int b);
```

由于`()`的优先级高于`*`，因此，fp 先与()结合成 `fp()`，这显然是函数形式，说明 fp 是一个函数名。而在此函数前加上*，表示此函数是指针型函数（函数返回值是一个指针）。int 表示返回的是一个整型指针。需注意与前面的函数指针变量 `int (*fp)(int a,int b);`相区别。

指针函数在使用时要注意：调用时要先在主调函数中定义一个适当的指针变量来接收函数的返回值。这个指针变量的类型应与指针函数返回的指针类型一致，若不一致，要用强制类型转换使其一致。下面通过一个程序来说明指针函数的应用。

例 **7-21** 输入 2018 年到 2022 年各个月份的降水量，然后对指定年份的降水情况进行查询。

基本思路：定义一个二维数组 rain 用于存储 2018 年到 2022 年各个月份的降水量，通过行指针变量 p 可访问到数组 rain 中的各元素，如图 7-28 所示。

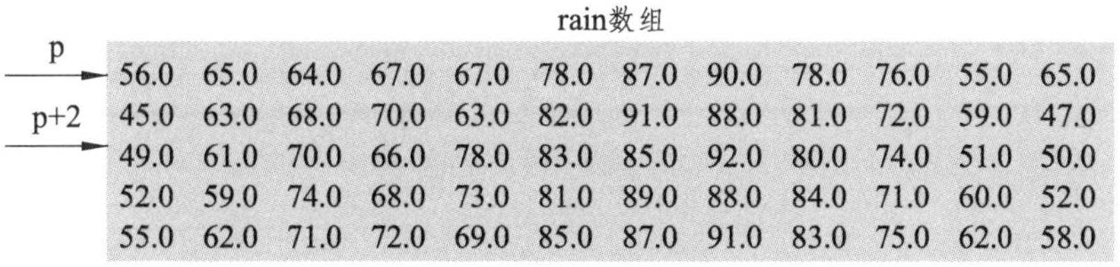

rain数组

p →	56.0	65.0	64.0	67.0	67.0	78.0	87.0	90.0	78.0	76.0	55.0	65.0
	45.0	63.0	68.0	70.0	63.0	82.0	91.0	88.0	81.0	72.0	59.0	47.0
p+2 →	49.0	61.0	70.0	66.0	78.0	83.0	85.0	92.0	80.0	74.0	51.0	50.0
	52.0	59.0	74.0	68.0	73.0	81.0	89.0	88.0	84.0	71.0	60.0	52.0
	55.0	62.0	71.0	72.0	69.0	85.0	87.0	91.0	83.0	75.0	62.0	58.0

图 7-28　行指针变量 p 的指向

采用指针函数实现查询功能，返回值就是一个指向 float 型的指针变量，可能指向数组 rain 中某行的第一个元素，这样就可由函数返回的指针值确定其指向，从而输出该行（也就是指定年份）中各月的降雨量。

```
#include <stdio.h>
#define YEARS 5
#define MONTHS 12
float *search(float (*p)[MONTHS], int year); /*声明返回指针值的函数search,有两个参数*/
int main(void)
{
    float rain[YEARS][MONTHS], *pointer; /*数组 rain 的第一维为年份，第二维为月份*/
    int year, month;
    printf("请输入各年各月的降雨量:\n");
     for (year = 0; year <YEARS; year++) /*输入各年各月的降雨量*/
     {
         printf("%d 年各月降雨量为:", 2018 + year);
         for (month = 0; month <MONTHS; month++)
             scanf("%f", &rain[year][month]);
     }
     printf("\nYear  Jan   Feb   Mar   Apr   May   Jun   Jul   Aug   Sep   Oct   Nov   Dec\n");
     for (year = 0; year <YEARS; year++) /*输出各年各月的降雨量*/
     {
         printf("%-6d", 2018 + year);              /*输出年份*/
         for (month = 0; month <MONTHS; month++) /*输出该年各月的降雨量*/
             printf("%-5.1f ", rain[year][month]);
         printf("\n");
     }
```

```
    printf("请输入一个年份(2018~2022):\n");
    scanf("%d", &year);
    pointer = search(rain, year); /*调用 search 函数,完成查找功能*/
    if (pointer == NULL)
        printf("年份无效!");
    else
    {
       printf("\nYear  Jan   Feb   Mar   Apr   May   Jun   Jul   Aug   Sep   Oct   Nov   Dec\n");
        printf("%-6d", year);
        for (month = 0; month <MONTHS; month++) /*输出该年各月的降雨量*/
            printf("%-5.1f ", *(pointer + month));
    }
    printf("\n");
    return 0;
}

float *search(float (*p)[MONTHS], int year)
{
    if (year<2018 || year>2022)
        return (NULL);
    else
        return (*(p + (year - 2018))); /*当输入合法年号时,返回指针值*/
}
```

程序运行结果：

```
[root@swjtu-kp chpt-7]# ./chpt7-21
请输入各年各月的降雨量:
2018年各月降雨量为:56 65 64 67 67 78 87 90 78 76 55 65
2019年各月降雨量为:45 63 68 70 63 82 91 88 81 72 59 47
2020年各月降雨量为:49 61 70 66 78 83 85 92 80 74 51 50
2021年各月降雨量为:52 59 74 68 73 81 89 88 84 71 60 52
2022年各月降雨量为:55 62 71 72 69 85 87 91 83 75 62 58

Year  Jan   Feb   Mar   Apr   May   Jun   Jul   Aug   Sep   Oct   Nov   Dec
2018  56.0  65.0  64.0  67.0  67.0  78.0  87.0  90.0  78.0  76.0  55.0  65.0
2019  45.0  63.0  68.0  70.0  63.0  82.0  91.0  88.0  81.0  72.0  59.0  47.0
2020  49.0  61.0  70.0  66.0  78.0  83.0  85.0  92.0  80.0  74.0  51.0  50.0
2021  52.0  59.0  74.0  68.0  73.0  81.0  89.0  88.0  84.0  71.0  60.0  52.0
2022  55.0  62.0  71.0  72.0  69.0  85.0  87.0  91.0  83.0  75.0  62.0  58.0
请输入一个年份(2018~2022):
2020

Year  Jan   Feb   Mar   Apr   May   Jun   Jul   Aug   Sep   Oct   Nov   Dec
2020  49.0  61.0  70.0  66.0  78.0  83.0  85.0  92.0  80.0  74.0  51.0  50.0
```

程序说明：程序中，函数 search 定义为指针函数，它的形参 p 是指向有 MONTHS 个元素的一维数组的指针变量。p+2 指向 rain 数组中序号为 2 的行，*(p+2)指向 2 行 0 列元素，加了“*”后，指针从行控制转化为列控制，如图 7-28 所示。search 函数返回值`*(p+(year-2018))`是一个指针值，指向 float 型变量（不是指向一维数组的）。main 函数调用 search 函数，将数组 rain 首行地址传递给形参 p，调用形式为

```
pointer=search(rain,year);
```

实参 rain 为二维数组名，是指向行的指针，这样形参 p 就指向了数组的首行；而 year 是要查找的年份，返回值采用 **year-2018** 的形式，这样就与 rain 数组的行下标保持一致。

调用 search 函数后，得到一个地址（指向 year-2018 行的开始元素处），赋给 pointer。这样通过 pointer 就可输出第 year 年各月的降雨量。

7.8 本章小结

本章介绍了有关指针的数据类型：指向变量的指针（定义成 `int *p;`）；指向含 N 个元素的一维数组的指针（定义成 `int (*p)[N];`）；含 N 个指针元素的指针数组（定义成 `int *p[N];`）；指向函数的指针（定义成 `int (*fp)(参数表);`）；返回指针值的函数（定义成 `int *fp (参数表);`）。所有指针的数据类型如表 7-3 所示。

表 7-3 变量的数据类型

变量定义	变量含义
int i;	定义一个整型变量 i
int *p;	p 为指向整型数据的指针变量
int a[N];	定义整型数组 a，它有 N 个元素
int (*p)[N];	p 为指向含有 N 个元素的一维数组的指针变量
int *p[N];	定义指针数组 p，它有 N 个指向整型的指针元素
int f();	f 为返回整型值的函数
int (*fp)();	fp 为指向函数的指针，该函数返回一个整型值
int *fp ();	fp 为返回值是指针值的函数，该指针指向整型数据
int **p;	定义一个指向指针的指针变量

指针是 C 语言中的一种重要数据类型，也是 C 语言的特色之一。正确而灵活地运用它，可以有效地表示复杂的数据结构；能动态分配内存；方便地使用字符串；有效而方便地使用数组；在调用函数时能获得 1 个以上的返回值；能直接处理内存单元地址，这对设计系统软件是非常必要的。掌握指针的应用，可以使程序简洁、紧凑、高效。每一个学习 C 语言的人，都需要深入学习和掌握指针，也有人将指针称为 C 语言的精华。

本章的难点有以下三点。

1. 注意字符串指针变量与字符数组的区别

用字符数组和字符指针变量都可实现字符串的存储和运算，但是两者是有区别的。在使用时应注意以下几点：

（1）在 C 语言中，将用双引号括起来的字符串常量处理成一个无名字符数组，占用一段

连续的内存空间，用'\0'作为字符串的结束标志。因此，可以将一个字符串常量赋值给一个字符指针变量（实质是字符指针变量指向这个字符串），但不能将一个字符串常量整体赋值给一个字符数组，对数组元素的赋值只能逐个进行。

（2）用指针处理字符串：

```
char *ps = "Better!";
```

也可以写成：

```
char *ps;
ps = "Better!";
```

而对数组可以在定义时初始化：

```
static char st[] = {"Better!"};
```

但不能写为

```
char st[20];
st = {"Better!"}; /* 错，不能给数组整体赋值 */
```

只能对字符数组元素逐个赋值。以上几点是字符串指针变量与字符数组在使用时的区别，从中也可看出使用字符指针处理字符串比用字符数组方便。

2. 注意指向由 m 个元素组成的一维数组的指针变量（行指针变量）和指针数组的区别

行指针变量把二维数组 a 分解为一维数组 a[0]，a[1]，a[2]…之后，设 p 为行指针变量，可定义为

```
int (*p)[4];
```

表示 p 是一个指针变量，它指向包含 4 个元素的一维数组。若指向第一个一维数组 a[0]，其值等于 a、a[0]或&a[0][0]等。而 p+i 则指向一维数组 a[i]。从前面的分析可得出*(p+i)+j 是二维数组 i 行 j 列的元素的地址，而*(*(p+i)+j)则是 i 行 j 列元素的值。

```
int *p[4];
```

则是一个指针数组，表示 p 是一个数组，有 4 个数组元素，每个元素都是一个指针变量，可以存放一个整型变量的地址。

3. 指向函数的指针变量和返回指针值的函数的区别

指向函数的指针变量称为函数指针。例如，定义函数指针 fp：

```
int (*fp)(int a, int b);
```

表示 fp 是一个指向函数入口的指针变量，该函数的返回值（函数值）是整型，并有两个 int 型形参。假定 fp 得到的是 `int max(int x,int y)`函数的入口地址`(fp=max;)`，则用函数指针调用函数的一般形式为

```
(*fp)(a, b);
```

通过此调用语句，实现 max 函数的调用。而

```
int *fp(int a, int b);
```

则是一个返回指针值的函数，返回一个整型指针。

第 8 章 自定义数据类型

学习目标

✧ 掌握结构体、共用体和枚举类型的声明；
✧ 掌握结构体、共用体和枚举类型变量的定义和使用；
✧ 掌握结构体数组的定义及使用；
✧ 掌握结构体指针的定义及使用；
✧ 掌握动态单链表和静态单链表的结构定义及基本操作的实现；
✧ 了解类型重定义符 typedef 的使用方法。

现在，计算机的应用已经不再局限于进行数值计算，而更多地运用于非数值计算类问题的求解。计算机加工处理的对象也由纯粹的数值发展到具有一定结构的数据，仅使用基本数据类型已经不足以合理表示实际应用领域的数据，需要将不同类型的数据组合成一个有机的整体，以便更加直观准确地表示现实问题中的数据对象。为此，C 语言提供了自定义数据类型的几种方法：结构体、共用体、枚举、类型重定义等。用户自定义数据类型后，可用于定义和使用变量、数组、指针等，进而解决各种实际应用问题。

8.1 结构体类型

结构体是 C 语言中由用户自定义的一种数据类型，通常由若干个“成员”组成。把一组不同类型而又具有紧密联系的数据组成一个有机的数据整体，在程序设计过程中有助于提高程序的可读性和加快程序开发的效率，这个数据整体就称为结构体类型。例如，一个公司员工的工号、姓名、性别、部门、工资等，都与某一员工相关联，如果使用基本数据类型定义多个简单变量分别表示一个员工的各项信息，很难反映各信息之间的联系，简单地使用数组又无法存储不同类型的数据，而使用结构体类型可以很好地表示公司员工这种结构更复杂的数据。

声明结构体类型的一般形式为

```
struct [结构体类型名]
{
```

```
        类型  成员名 1;
        类型  成员名 2;
        ……
        类型  成员名 n;
    };
```

其中，struct 是声明结构体类型需要使用的关键字，其后紧跟着结构体类型名，它们合称为结构体类型。结构体类型名是由用户自定义的标识符，{ }内的部分称为成员表，用于声明该结构体类型包含的所有成员。成员的类型可以是基本类型，也可以是自定义的数据类型，成员的类型可以相同，也可以不同。

例如，记录公司员工信息的结构体类型可声明如下：

```
struct Worker/* 声明员工结构体类型 */
{
    char id[11];          /* 工号 */
    char name[21];        /* 姓名 */
    char gender;          /* 性别 */
    char department[21]; /* 部门 */
    float wages;          /* 工资 */
};
```

其中，Worker 是自定义的结构体类型名，它包括 id、name、gender、department、wages 等 5 个成员，成员的名称、类型和个数可以根据实际问题的需要来确定。结构体类型 struct Worker 的变量各成员在内存中依次存放，如图 8-1 所示。

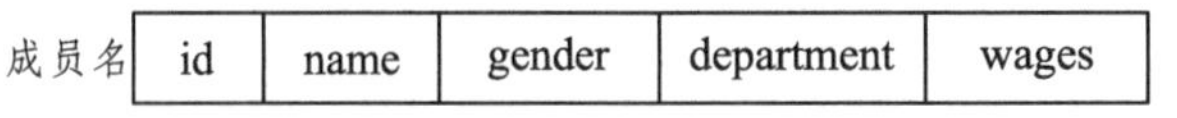

图 8-1 结构体数据在内存中的存储示意图

特别说明：声明结构体类型时，花括号内的成员名后要用“;”结束，且在“}”之后要加上结构体声明的结束符“;”。

8.2 结构体变量

8.2.1 结构体变量的定义

声明结构体类型，本质上是根据用户需处理的实际数据的结构定制一种新的数据类型，它与 int、char 等基本数据类型一样都可以用于定义变量。C 语言在程序执行过程中，对数据类型并不分配存储单元。必须使用结构体类型定义结构体类型的变量，编译时编译器才会根据所定义的结构体变量类型，在内存中依次分配该结构体变量各成员所需的内存单元。在程序中定义类结构体变量之后，就可以对结构体变量进行赋值、存取、运算等操作，实现对实际数据的相关处理。

定义结构体变量，可以采用以下 3 种方法。

方法 1：先声明结构体类型，再定义结构体变量。

假设已声明了某结构体类型，则可按如下形式定义结构体变量：

```
struct 结构体类型名 变量表;
```

比如，可以先声明结构体类型 struct Worker，再用它来定义变量，如：

```
struct Worker/* 先声明员工结构体类型 */
{
    char id[11];          /* 工号 */
    char name[21];        /* 姓名 */
    char gender;          /* 性别 */
    char department[21]; /* 部门 */
    float wages;          /* 工资 */
};
struct Worker w1, w2, w3; /*再定义结构体变量 */
```

其中，w1, w2, w3 是 struct Worker 结构体类型的变量，它们都具有相同的 struct Worker 类型结构。每个结构体变量可以存储一个员工的信息，包括 5 个数据成员。

方法 2：在声明结构体类型的同时定义变量。

如果没有事先单独声明结构体类型，也可以在声明结构体类型的同时定义结构体变量。定义形式如下：

```
struct 结构体类型名
{
    成员表
}变量表;
```

例如：

```
struct Worker/* 声明员工结构体类型 */
{
    char id[11];          /* 工号 */
    char name[21];        /* 姓名 */
    char gender;          /* 性别 */
    char department[21]; /* 部门 */
    float wages;          /* 工资 */
} w1, w2, w3;             /*定义员工结构体变量*/
```

方法 2 的作用与方法 1 相同，既声明了结构体类型 struct Worker，也定义了 3 个结构体变量 w1、w2 和 w3。在后续程序中如果需要用到更多的结构体变量，可以使用已声明的结构体类型定义变量。

方法 3：直接定义结构体类型变量。

其一般形式为

```
struct
{
    成员表
}变量表;
```

按此方法定义结构体类型变量，并未声明结构体类型名，故而在后续程序中不方便再定义该类型的其他变量。

例如：

```
struct/*无员工结构体类型名*/
{
    char id[11];          /* 工号 */
    char name[21];        /* 姓名 */
    char gender;          /* 性别 */
    char department[21];  /* 部门 */
    float wages;          /* 工资 */
} w1, w2, w3;             /*定义员工结构体变量*/
```

特别说明：在C语言源程序中（扩展名为.c）定义结构体变量时，“**struct 结构体类型名**”要联合使用不能分开。由于C++语言完全兼容C语言，且C++语言语法相对更加灵活，目前大多数情况下编写C语言程序的时候都会保存成C++文件（扩展名为.cpp）。在C++文件中声明了结构体类型之后，可以省略关键字struct，直接用“结构体类型名”定义结构体变量。由于本书讲述的是C语言相关内容，因此，本书的程序实例中依然使用C语言的语法规范，即使用“struct 结构体类型名”来定义结构体变量。

关于结构体类型需要注意以下内容：

（1）结构体类型（如struct Worker）与结构体变量（如w1、w2、w3）是两个不同的概念，不能混同。结构体类型只不过是一个类型标识，就像int、char一样，编译时并不对类型分配存储空间，只会为结构体变量分配存储空间。因此，不能对类型struct Worker赋值、存取和运算，只能对结构体变量及其成员进行赋值、存取和运算。

（2）成员名可以与程序中其他地方使用的变量同名，二者分别代表不同的对象，互不影响。如在程序中定义了一个变量wages，它与struct Worker中的成员wages同名，但互不影响。

（3）结构体类型中的成员可以是某种结构体类型的变量。如可先声明日期结构体类型，再声明员工结构体类型，员工类型的成员“出生日期”可以是日期结构体类型的变量。例如：

```
struct Date/* 声明日期结构体类型 */
{
    int month, day, year; /* 月，日，年 */
};
struct Worker/* 声明员工结构体类型 */
{
    char id[11];           /* 工号 */
    char name[21];         /* 姓名 */
    char gender;           /* 性别 */
    char department[21];   /* 部门 */
    float wages;           /* 工资 */
    struct Date birthday;  /* 出生日期，是日期型的结构体变量 */
} w1;                      /*定义员工结构体变量*/
```

8.2.2 结构体变量的引用

结构体变量是由若干相同或不同数据类型的数据组成的集合，在 ANSI C（关于 C 语言的标准）中，可以将一个结构体变量整体赋值给另一个结构体变量。一般对结构体变量的使用，包括赋值、输入、输出、算术运算等都是通过引用结构体变量的成员来实现。引用结构体变量成员的格式如下：

```
结构体变量名.成员名
```

其中，“.”称为结构体成员运算符，在所有 C 语言的运算中，优先级最高，结合性为左结合。

关于结构体变量的引用需要注意以下内容：

（1）结构体变量不能整体进存取。必须每一个结构体变量成员对应一个输入/输出格式符。例如，想输出结构体中的姓名、工资不能写为

```
printf("%s,%f",w);
```

正确的语句应为

```
printf("%s,%f",w.name, w .wages);
```

（2）如果结构体成员又是某结构体变量，则要用若干个成员运算符，一级一级地找到最低一级的成员，才能对其进行赋值、存取和算术运算等操作。例如，输出出生日期可以写为

```
printf("%d.%d.%d",w.birthday.year,w.birthday.month,w.birthday.day);
```

而不能直接用 w.birthday 来访问 w 中的成员 birthday，因为 birthday 本身也是一个结构体变量。不能写成：

```
printf("%d.%d.%d.\n",w.birthday);
```

（3）结构体成员可以像普通变量一样进行各种运算。例如：

```
w.wages=w.wages + 200;
```

（4）可以引用结构体变量的地址，也可以引用结构体变量成员的地址。输出地址时可以使用十六进制（%X 或%x）、十进制（%d）或八进制（%o）等格式符。例如：

```
scanf("%c",&w.gender);
printf("%X, %X ", &w, &w.gender);
printf("%d, %d ", &w, &w.gender);
printf("%o, %o ", &w, &w.gender);
```

但是不能整体读入结构体变量。例如，不能写成：

```
scanf("%d%s%c%s%d%d%d%f",&w );
```

（5）若两个结构体变量的类型完全一致，则可以相互赋值。例如：

```
w2=w1;
```

此语句可将 w1 中各个成员的值赋给 w2 中对应的各个成员。

结构体变量占用内存空间的大小是各成员占用空间大小之和。例如，假设已定义 struct Worker 类型的结构体变量 w，并且已将一个员工信息存入该结构体变量，则该员工的工号、姓名、性别、部门、工资、出生日期，对应结构体成员：w.id、w.name、w.gender、w.department、w.wages、w.birthday。结构体变量 w 在内存中共占 70 个字节（11+21+1+21+4+12=70），其中出生日期成员包含 3 个 int 类型的成员，占用 12 个字节。

例 **8-1** 结构体变量的引用及结构体变量和成员占用内存空间大小验证。要求声明员工结构体类型，员工的基本信息包括工号、姓名、性别、部门、工资、出生日期。

```
#include <stdio.h>
/* 预定义表头输出格式符 */
#define FormatT "%-20s%-10s%10s\n"
/* 预定义表格内容输出格式符 */
#define Format "%-20s%-10d%10d\n"
/* Date 和 Worker 结构体类型的声明 */
struct Date/* 声明日期结构体类型 */
{
    int month, day, year; /* 月，日，年 */
};
struct Worker/* 声明员工结构体类型 */
{
    char id[11];            /* 工号 */
    char name[21];          /* 姓名 */
    char gender;            /* 性别 */
    char department[21];    /* 部门 */
    float wages;            /* 工资 */
    struct Date birthday;   /* 出生日期，是日期型的结构体变量 */
} w;                        /* 定义员工结构体变量 */
int main(void)
{
    int totalB;
    /* 以表格形式输出结构体变量各成员的名称、占用内存字节数、及成员的起始地址*/
    /* 打印表头 */
    printf(FormatT, "结构体成员", "   占用字节数(B)", "  起始地址");
    /* 打印输出表格内容 */
    printf(Format, "w.id", sizeof(w.id), &w.id);
    printf(Format, "w.name", sizeof(w.name), &w.name);
    printf(Format, "w.gender", sizeof(w.gender), &w.gender);
    printf(Format, "w.department", sizeof(w.department), &w.department);
    printf(Format, "w.wages", sizeof(w.wages), &w.wages);
    printf(Format, "w.birthday", sizeof(w.birthday), &w.birthday);

    /* 求结构体各成员占用字节总数 */
    totalB = sizeof(w.id) + sizeof(w.name) + sizeof(w.gender)
    + sizeof(w.department) + sizeof(w.wages) + sizeof(w.birthday);
```

```
    printf("结构体各成员占用字节总数 = %d(B)\n\n", totalB);
    /* 打印表头 */
    printf(FormatT, "结构体类型/变量", "    占用字节数(B)", "  起始地址");
    /* 打印输出表格内容 */
    printf(Format, "struct Worker", sizeof(struct Worker), NULL);
    printf(Format, "w", sizeof(w), &w);
    return 0;
}
```

程序运行结果：

```
[root@swjtu-kp chpt-8]# ./chpt8-1
结构体成员           占用字节数(B)  起始地址
w.id                   11          4325432
w.name                 21          4325443
w.gender               1           4325464
w.department           21          4325465
w.wages                4           4325488
w.birthday             12          4325492
结构体各成员占用字节总数 = 70(B)

结构体类型/变量      占用字节数(B)  起始地址
struct Worker          72                0
w                      72          4325432
```

程序说明：结构体相关内容在输出时经常会以表格的方式输出，一般可以在程序前面预定义输出的格式符，以方便输出格式的调整，同时可以缩短后续代码的长度。本程序预定义 FormatT 为表头输出格式，Format 为表格内容输出格式。

为了方便地址的理解和计算地址差值，本程序中采用%d 格式符，以十进制形式输出结构体变量及各成员的起始地址。此外，结构体类型本身不占用内存空间，不能用&(struct Worker)来获取类型的起始地址，故程序中用 NULL 表示，输出值为 0。

结构体变量占用内存空间的大小是各成员占用空间大小之和。一个结构体类型的变量占用内存大小可以用运算符 sizeof 求出。编译系统给结构体变量分配内存空间时，按照结构体类型声明时各成员的声明顺序依次分配地址连续的内存单元。不过，目前很多编译系统为了提高数据存取的效率，对结构体成员分配内存空间时会进行字节对齐，连续分配的内存单元会有少量字节并未真正用于存储结构体变量的成员数据。因此，使用 sizeof 运算符求出的结构体变量占用的总字节数通常大于等于各成员所占字节数之和。例如，本程序中结构体成员占用字节数之和是 70 字节，但是用 sizeof 运算符求出结构体变量占用的字节数是 72 字节。结构体变量占用的字节数，不同编译系统求出的结果不一定相同。有关字节对齐的内容，本书中不再详细介绍，读者可自行查阅相关文献资料。

例 8-2 结构体变量成员数据的输入和输出。要求从键盘上输入员工信息并在屏幕上输出该员工的基本信息，包括工号、姓名、性别、部门、工资、出生日期。

```
#include <stdio.h>
#include <stdlib.h>
#include <string.h>
```

```
/* 预定义表头输出格式符 */
#define FormatT "%-11s%-21s%-8s%-21s%16s%10s\n"
/* 预定义表格内容输出格式符 */
#define Format "%-11s%-21s%-8c%-21s%10d.%2d.%2d%10.2f\n "
/* Date 和 Worker 结构体类型的声明 */
struct Date/* 声明日期结构体类型 */
{
    int month, day, year; /* 月，日，年 */
};
struct Worker/* 声明员工结构体类型 */
{
    char id[11];            /* 工号 */
    char name[21];          /* 姓名 */
    char gender;            /* 性别 */
    char department[21];    /* 部门 */
    float wages;            /* 工资 */
    struct Date birthday; /* 出生日期，是日期型的结构体变量 */
};
/* 自定义函数 delFgets：处理库函数 fgets 读入一行字符串时会出现的问题*/
char *delFgets(char *str)
{
    int n = strlen(str) - 1;
    if (str[n] == '\n')
        str[strlen(str) - 1] = '\0'; // 将字符串中读入的换行符删除
    else
        while (getchar() != '\n') // 清空输入缓冲区中本行输入的多余字符序列
            ;
    return str;
}
int main(void)
{
    struct Worker w1;
    printf("请输入一个员工信息:\n");
    printf("工号: ");
    fgets(w1.id, 11, stdin);
    delFgets(w1.id);
    printf("姓名: ");
    fgets(w1.name, 21, stdin);
    delFgets(w1.name);
```

```
    printf("性别(F 或 M): ");
    scanf("%c", &w1.gender);
    getchar();
    printf("部门: ");
    fgets(w1.department, 21, stdin);
    delFgets(w1.department);
    printf("工资: ");
    scanf("%f", &w1.wages);
    printf("出生日期(格式：年.月.日): ");
    scanf("%d.%d.%d", &w1.birthday.year, &w1.birthday.month,
         &w1.birthday.day);
    printf("\n输出员工信息:\n");
    /* 打印表头 */
    printf(FormatT, "Id", "Name", "Gender", "Department",
          "Birthday(Y.M.D)", "Wages");
    /* 打印输出表格内容 */
    printf(Format, w1.id, w1.name, w1.gender, w1.department,
          w1.birthday.year, w1.birthday.month, w1.birthday.day,
          w1.wages);
    return 0;
}
```

程序运行结果：

```
[root@swjtu-kp chpt-8]# ./chpt8-2
请输入一个员工信息:
工号: 2001
姓名: ZHANG LIN
性别(F 或 M): M
部门: TEST
工资: 6666.6
出生日期(格式：年.月.日): 1996.1.1

输出员工信息:
Id          Name                Gender  Department              Birthday(Y.M.D)     Wages
2001        ZHANG LIN           M       TEST                         1996. 1. 1   6666.60
```

程序说明：自定义函数 delFgets 用于处理库函数 fgets()读入一行字符串时会出现的问题。本程序运行时，需特别注意输入数据的格式，性别只能输入一个字符，如“F”或“M”，出生日期要用点“.”间隔年月日。

8.2.3 结构体变量的初始化

在定义结构体变量的同时，可以给它的每个成员赋初值，称为结构体变量初始化。通过结构体变量初始化，就不必每次运行程序都从键盘给结构体变量输入数据，既可减少数据的输入工作量，又能提高程序的执行效率。

结构体初始化的一般形式如下：

struct 结构体名 结构体变量={初始数据};

其中，初始数据之间用逗号分隔，数据个数与结构体成员的个数应相同，且按结构体类型声明时，成员声明的先后顺序和类型一一对应赋值。例如：

```
struct Worker w1={"2001","ZHANG LIN",'M',"TEST",6666.6,9,1,1996};
```

结构体变量初始化后，初始成员的值将依次存储在各成员对应的内存单元中。员工结构体类型的变量 w1 初始化后存储结果如图 8-2 所示。

成员名	id	name	gender	department	wages	birthday		
						month	day	year
成员值	2001	ZHANG LIN	M	TEST	6666.6	9	1	1996

图 8-2　结构体变量初始化结果

例 8-3 结构体变量初始化。要求对一个结构体变量初始化后，打印输出每个成员的值。

```
#include <stdio.h>
/* 预定义表头输出格式符 */
#define FormatT "%-11s%-21s%-8s%-21s%16s%10s\n"
/* 预定义表格内容输出格式符 */
#define Format "%-11s%-21s%-8c%-21s%10d.%2d.%2d%10.2f\n "

struct Date/* 声明日期结构体类型 */
{
    int month, day, year; /* 月，日，年 */
};
struct Worker/* 声明员工结构体类型 */
{
    char id[11];            /* 工号 */
    char name[21];          /* 姓名 */
    char gender;            /* 性别 */
    char department[21];    /* 部门 */
    float wages;            /* 工资 */
    struct Date birthday; /* 出生日期，是日期型的结构体变量 */
};
int main(void)
{
    /* 结构体变量初始化 */
    struct Worker w1 =
    {"2001", "ZHANG LIN", 'M', "TEST", 6666.6, 9, 1, 1996};
    printf("输出员工信息:\n");
    /* 打印表头 */
```

```
    printf(FormatT, "Id", "Name", "Gender", "Department",
            "Birthday(Y.M.D)", "Wages");
    printf(Format, w1.id, w1.name, w1.gender, w1.department,
            w1.birthday.year, w1.birthday.month, w1.birthday.day,
            w1.wages);
    return 0;
}
```

程序运行结果：

```
[root@swjtu-kp chpt-8]# ./chpt8-3
输出员工信息:
Id         Name                 Gender  Department           Birthday(Y.M.D)     Wages
2001       ZHANG LIN            M       TEST                     1996. 9. 1   6666.60
```

程序说明：结构体变量初始化，必须按结构体类型声明时成员声明的先后顺序和类型一一对应赋值。比如初始化出生日期成员的时候，必须按照声明的顺序，即月、日、年的顺序初始化。也可以只给出结构体变量前几个成员的初值，省略后面几个成员的初值，在后续程序中再对未初始化的成员赋值。

结构体变量的成员输出时，可以自行安排输出的顺序和格式，比如出生日期可以按年、月、日的顺序输出，中间的间隔符可以用“.”“-”“/”等字符，也可以按中文格式输出，如 2023 年 9 月 1 日。

8.3 结构体数组

一个结构体变量一次只能存储一个员工的信息，但是一个公司的员工数量少则几十、多则成百上千，所有员工的信息该如何存储和处理呢？既然具有相同基本数据类型的数据可以使用数组存储，那么结构体变量也可以构成数组。具有同一结构体类型的若干结构体变量构成的数组称为**结构体数组**。结构体数组中的每一个元素都是同一种类型的结构体变量。

8.3.1 结构体数组的定义

结构体数组的定义与结构体变量的定义类似，也有三种方法：

方法 1：先声明结构体类型，再定义结构体数组。

方法 2：在声明结构体类型的同时定义数组。

方法 3：直接定义结构体类型数组。

下面以方法 **1** 为例说明如何定义结构体数组，另外两种方法不再重复举例说明。先声明结构体类型，再定义结构体数组，如：

```
#define N 3
struct Date/* 声明日期结构体类型 */
{
    int month, day, year; /* 月，日，年 */
};
struct Worker/* 声明员工结构体类型 */
{
```

```
    char id[11];          /* 工号 */
    char name[21];        /* 姓名 */
    char gender;          /* 性别 */
    char department[21];  /* 部门 */
    float wages;          /* 工资 */
    struct Date birthday; /* 出生日期，是日期型的结构体变量 */
};
struct Worker work[N]; /* 定义结构体数组 */
```

以上定义了包含 3 个元素的结构体数组 work，可以存储 3 个员工的信息。数组元素 work[0]、work[1]、work[2]均为 struct Worker 类型的结构体变量。若员工数量经常变化，最好先预定义员工数量的最大值 N，再定义结构体数组，方便后续数组长度的调整。

8.3.2 结构体数组的初始化

结构体数组也可以初始化，初始化的形式与多维数组类似。由于结构体数组的每个元素都是一个结构体变量，需要对结构体变量的成员依次给出初值。结构体数组的初始化的一般形式如下：

```
struct 结构体名 结构体数组名={初始数据列表};
```

一般，每个结构体数组元素的初始数据用一对{}括起，不同元素初始数据之间用逗号分隔。例如：

```
struct Worker work[3] =
    {{"2001", "ZHANG LIN", 'M', "TEST", 6666.6, 9, 1, 1996},
     {"2002", "LIU XIAO", 'F', "DESIGN", 8888.8, 6, 30, 1998},
     {"2003", "YANG FAN", 'M', "MARKET", 7777.7, 2, 29, 2000}};
```

经过上述结构体数组初始化，结构体数组中各元素将连续存放在内存中，如图 8-3 所示。结构体数组元素 work[i]成员的引用可以表示为 work[i].id、work[i].name、work[i].gender 等。

成员名	id	name	gender	department	wages	birthday		
						month	day	year
work[0]	2001	ZHANG LIN	M	TEST	6666.6	9	1	1996
work[1]	2002	LIU XIAO	F	DESIGN	8888.8	6	30	1998
work[2]	2003	YANG FAN	M	MARKET	7777.7	2	29	2000

图 8-3 结构体数组在内存中的存储

定义数组时，若给所有的元素赋初值，则数组长度可以省略，即写成以下形式：

```
struct Worker workgroup[] = {{…}, {…}, {…}};
```

编译器会根据给出的初值个数来确定数组的长度。

例 **8-4** 结构体数组的初始化。要求初始化一个员工结构体数组，然后输出每个员工的数据。

```
#include <stdio.h>
/* 预定义表头输出格式符 */
```

```
#define FormatT "%-11s%-21s%-8s%-21s%16s%10s\n"
/* 预定义表格内容输出格式符 */
#define Format "%-11s%-21s%-8c%-21s%10d.%2d.%2d%10.2f\n"

struct Date/* 声明日期结构体类型 */
{
    int month, day, year; /* 月，日，年 */
};
struct Worker/* 声明员工结构体类型 */
{
    char id[11];          /* 工号 */
    char name[21];        /* 姓名 */
    char gender;          /* 性别 */
    char department[21];  /* 部门 */
    float wages;          /* 工资 */
    struct Date birthday; /* 出生日期，是日期型的结构体变量 */
};
/* 定义结构体数组并初始化 */
struct Worker work[3] =
    {{"2001", "ZHANG LIN", 'M', "TEST", 6666.6, 9, 1, 1996},
     {"2002", "LIU XIAO", 'F', "DESIGN", 8888.8, 6, 30, 1998},
     {"2003", "YANG FAN", 'M', "MARKET", 7777.7, 2, 29, 2000}};
int main(void)
{
    printf("输出员工信息表:\n");
    /* 打印表头 */
    printf(FormatT, "Id", "Name", "Gender", "Department",
           "Birthday(Y.M.D)", "Wages");
    /* 打印输出表格内容 */
    for (int i = 0; i <3; i++)
    {
        printf(Format, work[i].id, work[i].name, work[i].gender,
               work[i].department, work[i].birthday.year,
               work[i].birthday.month, work[i].birthday.day,
               work[i].wages);
    }
    return 0;
}
```

程序运行结果：

```
[root@swjtu-kp chpt-8]# ./chpt8-4
输出员工信息表:
Id          Name                 Gender  Department              Birthday(Y.M.D)     Wages
2001        ZHANG LIN            M       TEST                         1996. 9. 1   6666.60
2002        LIU XIAO             F       DESIGN                       1998. 6.30   8888.80
2003        YANG FAN             M       MARKET                       2000. 2.29   7777.70
```

8.4 结构体指针

8.4.1 指向结构体变量的指针

如果用一个指针变量指向结构体变量，则该指针变量的值为该结构体变量在内存中的起始地址，可以通过结构体指针访问结构体变量。

结构体指针变量定义的一般形式为

struct 结构体类型名 *结构体指针变量名;

例如：

```
struct Worker w1 = {"2001", "ZHANG LIN", 'M', "TEST", 6666.6, 9, 1, 1996};
struct Worker *p = &w1; /* 结构体指针变量 p 指向结构体变量 w1*/
```

结构体指针变量 p 存储 w1 的起始地址，称为结构体指针变量 p 指向结构体变量 w1，如图 8-4 所示。定义了结构体指针变量并给它赋值后，就可以通过指针变量访问结构体变量各个成员的值。

成员名	id	name	gender	department	wages	birthday		
						month	day	year
p w1	2001	ZHANG LIN	M	TEST	6666.6	9	1	1996

图 8-4 指向结构体变量的指针变量

访问结构体变量成员有如下 3 种方式：

（1）结构体变量.成员名

（2）(*结构体指针变量).成员名

（3）结构体指针变量->成员名

其中，“**->**”为**指向成员运算符**，其运算优先级和**成员运算符**“**.**”一样，是优先级最高的运算符，结合方向为自左至右（左结合性）。

例如：要访问结构体变量 w1 的成员 id，用如下 3 种方式都可以。

（1）w1.id

（2）(*p).id

（3）p->id

例 8-5 使用 3 种式访问结构体变量的成员。

```
#include <stdio.h>
/* 预定义表头输出格式符 */
#define FormatT "%-11s%-21s%-8s%-21s%16s%10s\n"
/* 预定义表格内容输出格式符 */
```

```
#define Format "%-11s%-21s%-8c%-21s%10d.%2d.%2d%10.2f\n"

struct Date/* 声明日期结构体类型 */
{
    int month, day, year; /* 月，日，年 */
};
struct Worker/* 声明员工结构体类型 */
{
    char id[11];           /* 工号 */
    char name[21];         /* 姓名 */
    char gender;           /* 性别 */
    char department[21];   /* 部门 */
    float wages;           /* 工资 */
    struct Date birthday; /* 出生日期，是日期型的结构体变量 */
};
int main(void)
{
    /* 结构体变量初始化 */
    struct Worker w1 =
        {"2001", "ZHANG LIN", 'M', "TEST", 6666.6, 9, 1, 1996};
    struct Worker *p = &w1;
    printf("使用 3 种方式访问结构体变量的成员:\n");

    /* 1."结构体变量.成员名"访问结构体变量成员 */
    printf("1.\"结构体变量.成员名\"\n");
    /* 打印表头 */
    printf(FormatT, "Id", "Name", "Gender", "Department",
           "Birthday(Y.M.D)", "Wages");
    /* 打印输出表格内容 */
    printf(Format, w1.id, w1.name, w1.gender, w1.department,
           w1.birthday.year, w1.birthday.month, w1.birthday.day,
           w1.wages);
    /* 2."(*结构体指针变量).成员名"访问结构体变量成员 */
    printf("2.\"(*结构体指针变量).成员名\"\n");
    /* 打印表头 */
    printf(FormatT, "Id", "Name", "Gender", "Department",
           "Birthday(Y.M.D)", "Wages");
    /* 打印输出表格内容 */
    printf(Format, (*p).id, (*p).name, (*p).gender, (*p).department,
```

```
           (*p).birthday.year, (*p).birthday.month, (*p).birthday.day,
             (*p).wages);
    /* 3."结构体指针变量->成员名"访问结构体变量成员 */
    printf("3.\"结构体指针变量->成员名\"\n");
    /* 打印表头 */
    printf(FormatT, "Id", "Name", "Gender", "Department",
           "Birthday(Y.M.D)", "Wages");
    /* 打印输出表格内容 */
    printf(Format, p->id, p->name, p->gender, p->department,
           p->birthday.year, p->birthday.month, p->birthday.day,
           p->wages);
    return 0;
}
```

程序运行结果：

```
[root@swjtu-kp chpt-8]# ./chpt8-5
使用3种方式访问结构体变量的成员:
1."结构体变量.成员名"
Id         Name                Gender  Department           Birthday(Y.M.D)    Wages
2001       ZHANG LIN           M       TEST                      1996. 9. 1  6666.60
2."(*结构体指针变量).成员名"
Id         Name                Gender  Department           Birthday(Y.M.D)    Wages
2001       ZHANG LIN           M       TEST                      1996. 9. 1  6666.60
3."结构体指针变量->成员名"
Id         Name                Gender  Department           Birthday(Y.M.D)    Wages
2001       ZHANG LIN           M       TEST                      1996. 9. 1  6666.60
```

8.4.2 指向结构体数组的指针

可以用指针指向普通的数组，也可以用指针指向结构体数组。指向结构体数组的指针的初始值一般设置为该结构体数组在内存区的起始地址，指针也可以在数组中前后移动以指向不同的结构体数组元素。采用结构体指针访问数组可以提高访问效率。

指向结构体数组的指针定义的一般形式为

struct 结构体类型名 *结构体指针变量名=结构体数组名;

例如：

```
struct Worker work[3] =
    {{"2001", "ZHANG LIN", 'M', "TEST", 6666.6, 9, 1, 1996},
     {"2002", "LIU XIAO", 'F', "DESIGN", 8888.8, 6, 30, 1998},
     {"2003", "YANG FAN", 'M', "MARKET", 7777.7, 2, 29, 2000}};
struct Worker *p = work;
```

上述代码定义并初始化了一个长度为 3 的结构体数组 work，并定义了结构体指针变量 p。通过语句 `p=work;`使得指针变量 p 存储了数组 work 的起始地址，也是数组元素 work[0]的地址。结构体指针 p 指向数组 work，则 p 指向 work[0]，p+1 指向 work[1]，p+i 指向 work[i]（$0 \leqslant i < 3$）。如图 8-5 所示。

	成员名	id	name	gender	department	wages	birthday		
							month	day	year
p	work[0]	2001	ZHANG LIN	M	TEST	6666.6	9	1	1996
p+1	work[1]	2002	LIU XIAO	F	DESIGN	8888.8	6	30	1998
p+2	work[2]	2003	YANG FAN	M	MARKET	7777.7	2	29	2000

图 8-5　指向结构体数组的指针变量

例 **8-6** 使用指向结构体数组元素的指针变量访问数组元素。

```
#include <stdio.h>
/* 预定义表头输出格式符 */
#define FormatT "%-11s%-21s%-8s%-21s%16s%10s\n"
/* 预定义表格内容输出格式符 */
#define Format "%-11s%-21s%-8c%-21s%10d.%2d.%2d%10.2f\n"

struct Date/* 声明日期结构体类型 */
{
    int month, day, year; /* 月，日，年 */
};
struct Worker/* 声明员工结构体类型 */
{
    char id[11];            /* 工号 */
    char name[21];          /* 姓名 */
    char gender;            /* 性别 */
    char department[21];    /* 部门 */
    float wages;            /* 工资 */
    struct Date birthday; /* 出生日期，是日期型的结构体变量 */
};
int main(void)
{
    /* 定义结构体数组并初始化 */
    struct Worker work[3] =
        {{"2001", "ZHANG LIN", 'M', "TEST", 6666.6, 9, 1, 1996},
         {"2002", "LIU XIAO", 'F', "DESIGN", 8888.8, 6, 30, 1998},
         {"2003", "YANG FAN", 'M', "MARKET", 7777.7, 2, 29, 2000}};
    struct Worker *p; /* 定义结构体指针变量 */
    printf("输出员工信息表:\n");
    /* 打印表头 */
    printf(FormatT, "Id", "Name", "Gender", "Department",
           "Birthday(Y.M.D)", "Wages");
```

```
    /*利用指针变量遍历结构体数组*/
    for (p = work; p < work + 3; p++)
    {
        printf(Format, p->id, p->name, p->gender, p->department,
               p->birthday.year, p->birthday.month, p->birthday.day,
               p->wages);
    }
    return 0;
}
```

程序运行结果：

```
[root@swjtu-kp chpt-8]# ./chpt8-6
输出员工信息表:
Id        Name                Gender  Department          Birthday(Y.M.D)   Wages
2001      ZHANG LIN           M       TEST                   1996. 9. 1   6666.60
2002      LIU XIAO            F       DESIGN                 1998. 6.30   8888.80
2003      YANG FAN            M       MARKET                 2000. 2.29   7777.70
```

8.4.3 结构体指针变量作函数的参数

在程序设计过程中，常常要将结构体类型的数据传递给函数，用于对数据进行加工处理。若直接用结构体变量作函数的参数，形参和实参之间是值传递，形参和实参各自占用独立的存储空间，空间开销大，并且形参值的改变不会导致实参值的改变，无法实现对实参值的修改。因此，通常可以使用指向结构体变量的指针作函数的参数，既可以实现形参和实参间地址的传递，节约内存空间，又可以通过修改形参值来改变实参的值。

例 **8-7** 用结构体变量作函数的参数。要求：① 定义学生结构体类型，包括学号、姓名、成绩等成员；② 定义一个修改学生类型结构体变量值的函数；③ 初始化一个结构体变量，并调用修改函数对其成员的值进行修改，要打印输出修改前和修改后结构体变量各成员的值。

```
#include <stdio.h>
#include <string.h>
struct Student /* 声明学生结构体类型 */
{
    int id;         /*学号*/
    char name[10]; /*姓名*/
    float score;    /*成绩*/
};
/*用结构体变量作函数的参数*/
struct Student  modify(struct Student a)
{
    a.id = 1002;
    strcpy(a.name, "WangLiqing");
    a.score = 80.5;
    return a;
```

```
16 }
17 int main(void)
18 {
19     /*定义并初始化结构体变量*/
20     struct Student a = {1001, "MaLin", 95.0},b;
21     printf("%d %s %4.1f\n", a.id, a.name, a.score);
22     b=modify(a); /*尝试调用函数修改结构体变量的值*/
23     printf("%d %s %4.1f\n", a.id, a.name, a.score);
24     printf("%d %s %4.1f\n", b.id, b.name, b.score);
25     return 0;
26 }
```

程序运行结果：

```
[root@swjtu-kp chpt-8]# ./chpt8-7
1001 MaLin 95.0
1001 MaLin 95.0
1002 WangLiqing 80.5
```

程序说明：本程序中使用结构体变量作函数的参数，从运行结果可以看出，调用函数 modify()前后实参 a 的值没有变化，原因是实参 a 和形参 a 之间是单向值传递，即使实参和形参同名，形参值的修改也不会影响实参的值。如果希望获得修改后的结构体变量值，可以如本程序中的 modify()函数一样通过函数返回值返回修改后的结果。把上述程序第 22 行修改为 `a=modify(a);`就可以实现对实参结构体变量 a 的修改。如果希望实参 a 的值随着形参 a 的变化而变化，还可以使用指向结构体变量的指针变量作函数的参数。对例 8-7 进行修改后，程序如例 8-8 所示。

例 **8-8** 用结构体指针变量作函数的参数。要求与例 8-7 相同。

```
#include <stdio.h>
#include <string.h>
struct Student /* 声明学生结构体类型 */
{
    int id;         /*学号*/
    char name[10]; /*姓名*/
    float score;    /*成绩*/
};
/*用结构体指针变量作函数的参数*/
void modify(struct Student *a)
{
    a->id = 1002;
    strcpy(a->name, "WangLiqing");
    a->score = 80.5;
}
```

```
int main(void)
{
    /*定义并初始化结构体变量*/
    struct Student a = {1001, "MaLin", 95.0}, b;
    printf("%d %s %4.1f\n", a.id, a.name, a.score);
    modify(&a); /*调用函数修改结构体变量的值*/
    printf("%d %s %4.1f\n\n", a.id, a.name, a.score);
    return 0;
}
```

程序运行结果：

```
[root@swjtu-kp chpt-8]# ./chpt8-8
1001 MaLin 95.0
1002 WangLiqing 80.5
```

程序说明：通过本程序的运行结果，可以看到当指向结构体变量的指针作函数形参时，实参为结构体变量的地址，实参和形参之间是地址传递，所以对形参的修改就是对实参值的修改。modify()函数可以不再设置返回值。此外，例 8-7 和例 8-8 的主要目的是说明结构体变量和指向结构体变量的指针作函数参数的区别，实际应用时可以考虑从键盘输入数据或从文件中读取数据的方式来增强程序的实用性。

8.5 共用体类型

共用体又称联合体，是一种与结构体类似的用户自定义数据类型，以关键字 union 说明。在实际问题求解过程中，为了方便，需要将不同类型的值存储在同一个变量中，而某一时刻该变量仅含有一个特定类型的值，这种情况下就可以用到共用体类型的变量，其特点为所有成员共用同一段内存空间。

8.5.1 共用体类型的声明

共用体类型的声明除了用关键字 union 代替 struct，其他内容与结构体的声明形式完全相同。共用体类型中可以有多个不同类型的成员，这些成员存放在同一个地址开始的内存单元中，共用同一段内存，存储单元的大小为最大成员的长度。

声明共用体类型的一般形式为：

```
union 共用体名
{
    类型  成员名 1;
    类型  成员名 2;
    ……
    类型  成员名 n;
};
```

例如：以下代码声明了一个名为 Data 的共用体，它有三个不同类型的成员 i、ch、f。

```
union Data
```

```
{
    int i;
    char ch;
    double f;
};
```

8.5.2　共用体变量的定义

共用体变量的定义与结构体变量的定义一样，有 3 种基本方法，如表 8-1 所示。

表 8-1　共用体变量定义的 3 种方法

（1）先声明共用体类型，再定义变量名	（2）在声明共用体类型的同时定义变量	（3）直接定义共用体类型变量，无共用体类型名

例如：
union Data
{
    int i;
    char ch;
    double d;
};
union Data a,b,c;
	例如：
	union Data
	{
	    int i;
	    char ch;
	    double d;
	}a,b,c;
		例如：
		union
		{
		    int i;
		    char ch;
		    double d;
		}a,b,c;

采用上述 3 种方法中的任意一种方法定义了共用体变量 a、b、c 后，a、b、c 所占的空间大小为共用体类型成员所占最大字节数，即 8 个字节。给变量 a、b、c 赋予整型值时使用前 4 个字节，赋予字符型的值时则使用前 1 个字节，赋予双精度实型值时则使用 8 个字节。

可以定义共用体变量、数组、指针等，共用体变量、数组和指针可以作为结构体的成员或者共用体的成员。

8.5.3　共用体变量的引用

定义了共用体变量后就可以引用它，但是不能直接引用共用体变量，只能引用共用体变量中的成员。与结构体类型相似，引用共用体变量的成员可以通过运算符“.”和“->”来进行。

例如，对于上面的例子，定义了 union Data a,b,c;后，下面的引用是正确的。

```
a.i = 1001;
a.ch = 'M';
printf("%c", a.ch);
```

但是：

```
b = 1;
printf("%d", b);
```

是不正确的。

关于共用体类型需要注意以下内容：

（1）定义共用体变量时，只能对第一个成员初始化，如 union Data a={2023};。

（2）同一个内存段可以存放几种不同类型的成员，但在某一时刻只能存放一个成员。因此，共用体变量中起作用的是最后一次存放的成员，在存入一个新成员后原有的成员就失去作用。如有：

```
a.i = 1001;
a.ch = 'M';
a.f = 13.45;
```

赋值后，最终只有 `a.f` 有效，而 a.i 和 a.ch 已经失去了意义。

（3）“结构体”与“共用体”变量的定义形式相似，但它们的含义不同。结构体变量所占内存长度是各成员占用内存长度之和，每个成员分别占有自己的内存单元。共用体变量所占的内存长度等于最长的成员的长度，所有成员共用一段内存。

例 **8-9** 混合计分制成绩管理。假设某高校学生成绩管理系统中，一个学生的信息包括学号、姓名和某门课的成绩。要求编写程序，输入一个学生的学号、姓名和成绩信息并输出。成绩有 3 种表示形式：

（1）百分制（0~100 分），适用于大部分课程；

（2）二级制（P：通过；F：不通过），适用于选修课；

（3）四级制（A：优秀；B：良好；C：及格；D：不及格），适用于设计和实习等实践课程。

特别说明：本程序使用了两次循环条件永远为真的无限循环 `while(1)`，可以重复进行成绩类型的选择和成绩的输入输出。外层 while(1)循环通过输入菜单选项 0，调用库函数 `exit()` 来结束程序的运行。内层 while(1)循环通过输入学号为-1 结束循环。exit 函数原型为 `void exit(int status);`，其功能是：终止整个程序，无条件返回到操作系统。一般，参数 status 为 0 表示正常终止，非 0 表示非正常终止。使用函数 exit，需要在程序前面加文件包含命令 `#include <stdlib.h>`。

```
#include <stdio.h>
#include <stdlib.h>
#include <string.h>
/* 自定义函数 delFgets：处理库函数 fgets 读入一行字符串时会出现的问题*/
char *delFgets(char *str)
{
    int n = strlen(str) - 1;
    if (str[n] == '\n')
        str[strlen(str) - 1] = '\0'; // 将字符串中读入的换行符删除
    else
        while (getchar() != '\n') // 清空输入缓冲区中本行输入的多余字符序列
            ;
    return str;
}
struct Student
{
```

```
    long id;
    char name[21];
    int type; /*成绩类别: 0:百分制, 1:二级制, 2:四级制*/
    union
    {
        float g100;
        char g2;
        char g4;
    } score;
};
int main(void)
{
    struct Student stu;
    while (1)
    {
        printf("**************************************************\n");
        printf("请输入学生成绩的类型(1:百分制 2:二级制 4:四级制 0:退出):");
        scanf("%d", &stu.type);
        if (stu.type == 0)
        {
            printf("谢谢使用! 再见! \n");
            exit(0);
        }
        printf("请输入学生信息(学号输入-1表示结束本教学班成绩):\n");
        while (1)
        {
            printf("\t学号:");
            scanf("%ld", &stu.id);
            if (stu.id == -1)
            {
                printf("本教学班成绩提交完毕! 再见! \n");
                break;
            }
            getchar();
            printf("\t姓名:");
            fgets(stu.name, 21, stdin);
            delFgets(stu.name);
```

```
        switch (stu.type)
        {
        case 1:
            printf("\t 成绩(0-100):");
            scanf("%f", &stu.score.g100);
            printf("输出: %ld %s ", stu.id, stu.name);
            printf("%.2f\n", stu.score.g100);
            break;
        case 2:
            printf("\t 成绩(P:通过,F:不通过):");
            stu.score.g2 = getchar();
            printf("输出: %ld %s ", stu.id, stu.name);
            switch (stu.score.g2)
            {
            case'P':
            case'p':
                printf("通过\n");
                break;
            case'F':
            case'f':
                printf("不通过\n");
                break;
            default:
                printf("成绩输入错误!\n");
                break;
            }
            break;
        case 4:
            printf("\t 成绩(A:优秀、B:良好、C:及格、D:不及格):");
            stu.score.g4 = getchar();
            printf("输出: %ld %s ", stu.id, stu.name);
            switch (stu.score.g4)
            {
            case'A':
            case'a':
                printf("优秀\n");
                break;
            case'B':
```

```
                case'b':
                    printf("良好\n");
                    break;
                case'C':
                case'c':
                    printf("及格\n");
                    break;
                case'D':
                 case'd':
                     printf("不及格\n");
                     break;
                 default:
                     printf("成绩输入错误!\n");
                     break;
                 }
                 break;
            default:
                 printf("成绩类型错误!\n");
                 break;
            }
        }
    }
    return 0;
}
```

程序运行结果：

```
[root@swjtu-kp chpt-8]# ./chpt8-9
**************************************************
请输入学生成绩的类型(1:百分制 2:二级制 4:四级制 0:退出):1
请输入学生信息(学号输入-1表示结束本教学班成绩):
        学号:20231001
        姓名:刘飞燕
        成绩(0-100):88
输出: 20231001 刘飞燕 88.00
        学号:20231002
        姓名:李鹏程
        成绩(0-100):92
输出: 20231002 李鹏程 92.00
        学号:-1
本教学班成绩提交完毕! 再见!
```

```
******************************************************
请输入学生成绩的类型(1:百分制 2:二级制 4:四级制 0:退出):2
请输入学生信息(学号输入-1表示结束本教学班成绩):
        学号:20231003
        姓名:程序员
        成绩(P:通过,F:不通过):p
输出: 20231003 程序员 通过
        学号:20231004
        姓名:马农
        成绩(P:通过,F:不通过):p
输出: 20231004 马农 通过
        学号:-1
本教学班成绩提交完毕! 再见!
******************************************************
请输入学生成绩的类型(1:百分制 2:二级制 4:四级制 0:退出):4
请输入学生信息(学号输入-1表示结束本教学班成绩):
        学号:20231005
        姓名:李想
        成绩(A:优秀、B:良好、C:及格、D:不及格):a
输出: 20231005 李想 优秀
        学号:20231006
        姓名:杨帆
        成绩(A:优秀、B:良好、C:及格、D:不及格):b
输出: 20231006 杨帆 良好
        学号:-1
本教学班成绩提交完毕! 再见!
******************************************************
请输入学生成绩的类型(1:百分制 2:二级制 4:四级制 0:退出):0
谢谢使用! 再见!
```

程序说明： 本程序中二级制成绩和四级制成绩并未直接定义为字符数组类型，而是定义为简单的字符型，且程序中输入字符型成绩时，不区分大小写，可以提高数据输入的效率并节约数据的存储空间。在数据输出时，作简单判断后即可将字符转换成字符串输出。本程序主要是验证共用体成员可以共享内存单元，测试时只定义了一个共用体变量。如果要保存不同教学班不同学生的所有信息，可以定义共用体数组，并对本程序进行适当修改。

8.6 链 表

链表是一种典型的数据结构，链表中每一个独立的数据存储空间称为一个数据结点。通过在每一个数据结点中增设指向其他数据结点的指针域，来表示数据与数据之间的逻辑关系。链表通常根据数据结点存储空间的分配方式，分为**动态链表**和**静态链表**两大类。动态链表在程序运行时根据数据存储和操作的需要，在内存的堆区动态分配和释放内存空间；静态链表一般用结构体数组表示，在内存的栈区或者静态存储区中自动分配所需的存储空间。

链表根据每个结点中增设的指针域个数和指向，可分为**单向链表**、**双向链表**。如果结点的指针域使得链表首尾相连，又可以构成**循环单链表**、**循环双向链表**，统称**循环链表**。还可以根据是否添加头结点，分为**带头结点的链表**和**不带头结点的链表**。不同分类方式结合，可以分成更多的链表类型。

本小节将以带头结点的单向链表和静态链表为主介绍链表的基本知识及其应用，更多有关链表的内容可以参考《数据结构》相关教材。

8.6.1 动态内存空间管理

在编写 C 语言程序时，对要使用到的变量或数组需要先定义再使用。变量和数组定义后，编译系统会根据数据类型和数组的大小来分配内存空间，这种内存分配方式称为**静态内存分配**。这些内存空间在程序运行前就已经在**栈区**或者**静态存储区**分配好，程序运行期间不能再修改内存空间大小。利用数组来存储大量相同类型的数据时，通常会预先设置一个足够大的数组。实际使用时如果数组长度设置偏大，会导致大量内存空间的浪费；若数组长度设置偏小，后续也无法再修改数组长度增加必要的内存空间。为此，C 语言提供了**动态内存管理**的库函数，可以在内存空间的**堆区**实现**按需分配**，空间不够用时可以追加内存空间，使用完毕后需**释放**所分配的空间。C89 标准建议在 `stdlib.h` 头文件中包含动态存储管理函数的相关信息，但许多 C 语言编译要求用“malloc.h”，在使用时应根据具体的编译环境进行选择。一般在 C 语言程序中加入文件包含命令`#include<malloc.h>`，就可以使用动态存储管理的库函数。

动态存储管理库函数有 malloc、realloc、calloc 和 free 四个函数。下面分别介绍这些函数的原型、功能及常见的使用形式。

1. 动态分配内存空间函数 malloc

函数原型为

```
void *malloc(unsigned int size);
```

功能：在内存中动态分配一个大小为 size 字节的存储区。分配成功则返回所分配的内存区地址，若内存不够，返回空指针 NULL（值为 0）。

ANSI C 要求动态分配系统返回 void 指针，void 指针具有一般性，可以指向任何类型的数据。但用户在使用时应根据实际情况，用强制类型转换的方法把 void 转换成所需的类型。所以，通常情况下其使用格式为

```
Type *p=(Type *)malloc(unsigned int size);
```

其中，Type 为数据类型，在实际运用时，Type 用可以使用的数据类型代替，如 int、char、float、double 等基本数据类型或者用户自定义的结构体、共用体类型。

例如：

```
int *p;
char *q;
struct Student *s;
p = (int *)malloc(sizeof(int));
q = (char *)malloc(n * sizeof(char));
s = (struct Student *)malloc(m * sizeof(struct Student));
```

其中，指针 p 指向动态分配得到的一个整型数所需的内存空间，一般为 4 字节；指针 q 指向可以存储 n 个字符的一组连续的内存空间，可以理解为指向动态分配的一维字符数组；指针 s 指向可以存储 m 个学生类型数据的一组连续的内存空间，可以理解为指向动态分配的一维结构体数组。

2. 动态分配内存空间函数 calloc

函数原型为

```
void *calloc(unsigned int num, unsigned int size);
```

功能：在内存中动态分配 num 个大小为 size 字节的连续存储区。分配成功则返回所分配的内存区地址，若内存不够，返回空指针 NULL（值为 0）。

例如：

```
int *p;
p = (int *)malloc(10 * sizeof(int));
```

可以等价写成：

```
p = (int *)calloc(10，sizeof(int));
```

其中，指针 p 指向动态分配的 10 个整数所需要的连续内存空间，相当于 p 指向一个长度为 10 的整型数组。

3. 重新动态分配内存空间函数 realloc

函数原型为

```
void *realloc(void *p, unsigned int size);
```

功能：若指针 p 已经指向使用 malloc 或 calloc 在内存中动态分配的空间，可以使用 realloc 函数重新分配内存空间，大小为 size 个字节。分配成功则 p 的值不变，分配失败，p 指针变为空指针 NULL（值为 0）。

例如：

```
int *p;
p = (int *)malloc(10 * sizeof(int));
p = (int *)realloc(p, (10 + 5) * sizeof(int));
```

其中，指针 p 先指向 malloc 动态分配的 10 个整数所需要的连续内存空间。如果后续希望多增加 5 个整数的存储空间，就可以使用 `p=(int *)realloc(p,(10+5)*sizeof(int));`在原有内存空间后面追加 5 个整数所需的内存空间，同时，可以保持原来的内存空间地址及所存储数据不变。

4. 释放内存空间函数 free

函数原型为

```
void free(void *p);
```

功能：释放 p 所指的内存区，无返回值。

例如：

```
free(p);
```

用于释放指针 p 所指动态分配的内存空间。

例 8-10 动态内存空间分配库函数使用实例。

```
#include <malloc.h>
#include <stdio.h>
constint N = 10;
```

```
constint M = 5;
int main(void)
{
    printf("用 malloc 分配内存空间并存储数据:\n");
    int *p = (int *)malloc(N * sizeof(int));
    int i;
    for (i = 0; i < N; i++)
    {
        *(p + i) = i;
        printf("%d ", *(p + i));
    }
    printf("\n");
    printf("用 realloc 重新分配内存空间后的数据:\n");
    p = (int *)realloc(p, (N + M) * sizeof(int));
    for (i = 0; i < N + M; i++)
    {
        printf("%d ", *(p + i));
    }
    printf("\n");
    printf("给 realloc 追加内存空间的数据赋值:\n");
    for (i = N; i < N + M; i++)
        *(p + i) = i * 10;
    for (i = 0; i < N + M; i++)
    {
        printf("%d ", *(p + i));
    }
    printf("\n");
    free(p); /*释放内存空间*/

    printf("用 calloc 分配内存空间并存储数据:\n");
    p = (int *)calloc(N, sizeof(int));
    for (i = 0; i < N; i++)
    {
        *(p + i) = 100 + i;
        printf("%d ", *(p + i));
    }
    free(p); /*释放内存空间*/
    printf("\n\n");
```

```
    return 0;
}
```

程序运行结果：

```
[root@swjtu-kp chpt-8]# ./chpt8-10
用malloc分配内存空间并存储数据:
0 1 2 3 4 5 6 7 8 9
用realloc重新分配内存空间后的数据:
0 1 2 3 4 5 6 7 8 9 194929 0 0 0 0
给realloc追加内存空间的数据赋值:
0 1 2 3 4 5 6 7 8 9 100 110 120 130 140
用calloc分配内存空间并存储数据:
100 101 102 103 104 105 106 107 108 109
```

程序说明：从运行结果可以看出，在初始分配的内存空间不足时，可以使用 realloc 函数来追加空间。使用 realloc 函数对已经分配的动态内存空间追加 5 个整数所需的内存空间后，新增的内存单元里面存储的是随机数，原有的 10 个整数的存储空间和数据仍然保留。

8.6.2 动态链表

动态链表是一种常用的数据结构，它根据数据存储和操作的需要开辟、释放内存单元，动态地进行内存管理。链表中每一个元素称为一个**结点**。每个结点都可分为两部分：**数据域**和**指针域**。数据域用于存储要处理的数据，指针域用于存储其他结点的地址。每个结点只有一个指针域的链表，称为**单向链表**，简称**单链表**。如图 8-6 所示为动态单向链表的逻辑结构示意图，图中每个结点的学号 id 和成绩 score 都属于数据域，next 属于指针域。由于单链表的指针域通常用于存储下一个结点的地址，因此常用指针变量 next 表示。

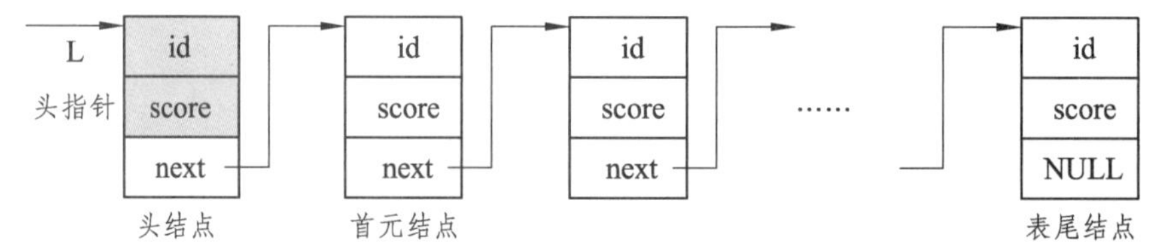

图 8-6 动态单链表逻辑结构示意图

通常为了操作方便，会在链表前面添加一个**头结点**，并用**头指针**指向头结点，头指针通常用标识符“head”“L”或“first”表示，也可以定义其他合法的标识符来表示，链表中第一个存储数据的结点称为**首元结点**。头结点的数据域一般不存储数据元素的值，逻辑结构图中头结点数据域常用阴影表示。头结点指针域用来存储**首元结点的地址**，逻辑结构图中用箭头表示指针的指向。链表中最后一个结点称为**表尾结点**，其指针域为空，用 NULL 表示，如图 8-6 所示。带头结点的单链表为空表时，仅有一个头结点，头结点不存储数据且头结点指针域为空，如图 8-7 所示。

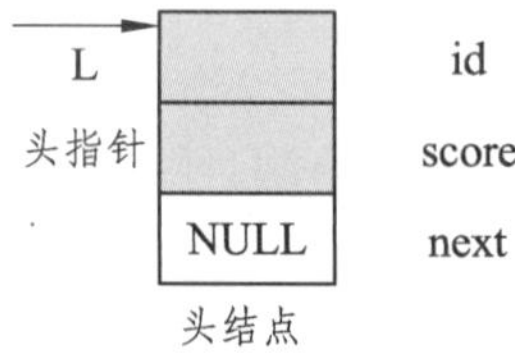

图 8-7 仅含头结点的单链表（空表）

从图 8-6 中可以看出，链表中各元素在内存中可以是不连续存储的。链表中两个相邻的结点，前一个结点称为后一个结点的**直接前驱**，后一个结点称为前一个结点的**直接后继**。比如，在带头结点的单链表中，头结点是首元结点的直接前驱，首元结点是头结点的直接后继。头结点没有直接前驱，表尾结点没有直接后继。在单链表这种**链式存储**结构中要查找第 i 个结点，需从头指针开始逐一向后寻找到第 i-1 个结点，即待查找结点的直接前驱，根据直接前驱指针域存储的地址才能找到待查找的结点，因此，链表的查找称为**顺序查找**。在**顺序存储**的数组中，给定数组下标即可快速找到对应数组元素，称为**随机查找**。顺序存储比链式存储查找效率更高。但是，如果已经找到链表中某结点的直接前驱，要实现结点的删除和插入操作，可以在常量时间内完成。在数组中插入和删除元素需要移动大量元素，而链表中插入和删除数据无须移动元素，仅需修改结点指针的指向，故链式存储比顺序存储的插入和删除效率更高。

特别说明：由于链表的访问是从头结点开始的，若不提供“头指针”，整个链表都无法访问。

了解了单链表的结构和基本概念之后，可以尝试用 C 语言来声明单链表类型并实现相关操作。前面介绍了结构体变量，它包含若干成员。这些成员可以是数值类型、字符类型、数组类型，还可以是指针类型。这个指针类型可以指向其他结构体类型，也可以指向它所在的结构体类型。如果要将一组学生的成绩用图 8-6 所示的单链表存储，再对数据进行必要的处理，就可以采用 C 语言声明单链表数据类型：

```
typedef struct Node
{
    long id;            /*学号*/
    float score;        /*成绩*/
    struct Node *next; /*指针域*/
} LNode, *LinkList;
```

其中，成员 id 用于存储学生的学号，score 用于存储成绩，成员 next 为指针类型，用于指向当前结点的直接后继。LNode 和 LinkList 本来是 struct Node 类型的结构体变量和指向结构体变量的指针变量，由于在 structNode 结构体类型名前面加了类型重定义关键字 typedef，把 LNode 和 LinkList 声明成了用户自定义的单链表数据类型名。声明为类型后，使用类型 `LNode` 等价于使用 `struct Node`，使用类型 `LinkList` 等价于使用 `struct Node*`。关于类型重定义符 typedef 的详细内容可以参见本章最后部分的内容。指向单链表结点的指针 p 可用如下 3 种等价方式进行定义：

```
(1)struct Node *p;
(2)LNode *p;
(3)LinkList p;
```

按上述方式之一定义指针 p 后，结点中各成员均可采用如 `p->id` 或 `(*p).id` 两种方式引用。

通常涉及用户自定义的数据类型都可以把类型声明和类型相关的常用函数定义写入一个扩展名为.h 的头文件。例如，对于单链表，可以新建头文件 LinkList.h，然后在该头文件里对单链表进行类型声明，并定义常用的单链表操作对应的函数。要使用头文件里面已经实现的链表类型及相关函数，一般把头文件 LinkList.h 和源程序放在同一路径中，在源程序前面加入文件包含命令`#include “LinkList.h”`即可。下面对单链表常见操作进行介绍，包括单链表的建立、遍历、销毁、查找、插入、删除和统计，并在此基础上给出一个简易的菜单式成绩管理系统综合实例，以加深对单链表基础操作实现原理的理解，并能灵活地加以运用。

1. 单链表的建立

单链表的建立是指从无到有地建立起一个单链表，首先要给每一个结点开辟所需的存储空间，然后再存入各结点的数据，并建立起结点间前后相连的关系。单链表的建立通常有两种常见的方法：**尾插法**（也称**正向建立**）和**头插法**（也称**逆向建立**）。头插法建立链表时，新分配的结点插入到单链表的表头；尾插法建立单链表时，新分配的结点插入到链表末尾。

带头结点的单链表的尾插法，主要算法思想如下：

（1）首先建立仅包含一个头结点的空单链表。

（2）逐个建立新结点，链接到单链表的表尾，成为新的表尾结点。

带头结点的单链表的头插法，主要算法思想如下：

（1）首先建立仅包含一个头结点的空单链表。

（2）逐个建立新结点，链接到单链表的表头结点和首元结点之间，成为新的首元结点。

例 **8-11** 尾插法建立单链表。编写一个函数采用尾插法建立一个带头结点的单向链表，并在主函数中调用该函数实现单链表的建立。要求单链表用于存储学生数据，包括学号和成绩，输入学号为-1 时单链表创建结束，-1 不存入链表。

首先，在头文件 LinkList.h 中实现单链表的数据类型声明，并定义采用尾插法建立单链表的函数 CreateListTailInsert()。采用尾插法建立的单链表，链表中存储数据的顺序与输入的顺序一致，因此，尾插法建立单链表也称为正向建立单链表。尾插法建立单链表的过程如图 8-8 所示。

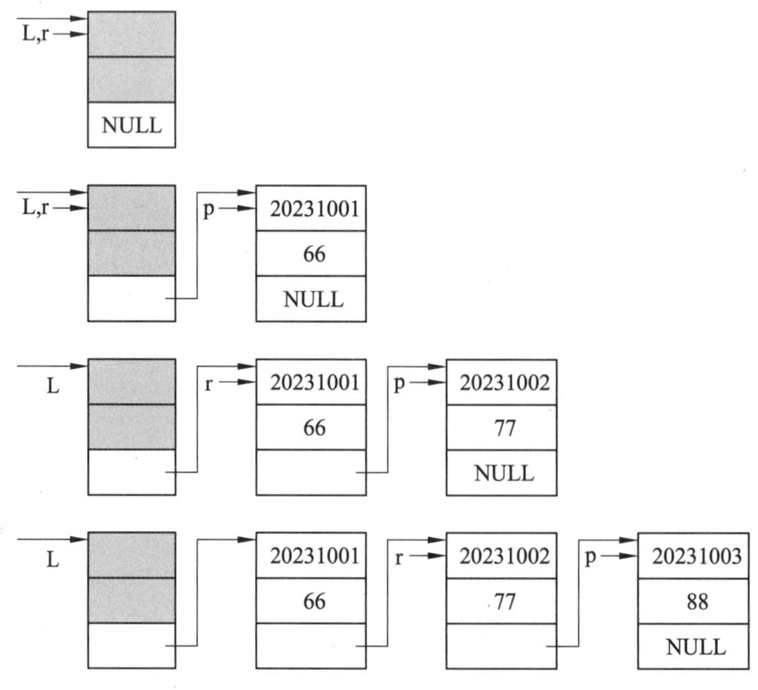

图 8-8　尾插法建立单链表过程示意图

```c
/*头文件 LinkList.h*/
#include <malloc.h>
#include <stdio.h>
#include <stdlib.h>

/*单链表数据类型声明*/
typedef struct Node
{
    long id;            /*学号*/
    float score;        /*成绩*/
    struct Node *next; /*指针域*/
} LNode, *LinkList;
LinkList CreateListTailInsert()
{ /*尾插法建立单链表函数*/
    /*L 指向头结点、r 指向表尾结点、p 指向当前结点*/
    LinkList L, p, r;
    long id;
    printf("请输入学号和成绩(学号输入-1 时结束循环):\n");
    /*分配结点空间*/
    L = (LinkList)malloc(sizeof(LNode));
    L->next = NULL; /*头结点指针域设为空*/
    r = L;          /*指针 r 指向当前表尾结点*/
    while (1)
    {
        printf("学号:");
        scanf("%ld", &id);
        if (id == -1)
            break;
        /*学号不为-1，则创建新结点输入数据，并插入到表尾*/
        p = (LinkList)malloc(sizeof(LNode)); /* 分配结点空间 */
        p->id = id;
        printf("成绩:");
        scanf("%f", &p->score);
        p->next = NULL;
        /* 要特别注意以下两条语句的先后顺序不能变 */
        r->next = p; /* 新结点链接到表尾 */
        r = p;       /* 新结点成为当前的表尾结点 */
    }
```

```
    return L;
}
```

然后，新建一个 C 语言源程序文件 8-11.cpp，为了使用已经定义的链表类型及函数，需在最前面加上文件包含命令#include "LinkList.h"。此处，用双撇号括起头文件，表示优先在源程序文件所在路径中搜索头文件。如果使用#include <LinkList.h>，默认先在标准头文件所在路径搜索该头文件。在主函数中可使用已定义的 LinkList 类型先定义单链表头指针 L，再调用函数 CreateListTailInsert()实现尾插法建立单链表。

```
/*文件 8-11.cpp*/
#include "LinkList.h"
int main(void)
{
    LinkList L;                    /*定义链表头指针*/
    L = CreateListTailInsert(); /*尾插法建立单链表*/
    return 0;
}
```

程序运行结果：

```
[root@swjtu-kp chpt-8]# ./chpt8-11
请输入学号和成绩(学号输入-1时结束循环):
学号:20231001
成绩:66
学号:20231002
成绩:77
学号:20231003
成绩:88
学号:-1
```

程序说明：若指针 p 指向链表中某个结点，可以称该结点为结点 **p**。CreateListTailInsert()函数中使用指针 r 指向当前表尾结点，通过语句 `r->next = p;`将新结点 p 链接到表尾结点 r 之后，并通过语句 `r = p;`更新当前表尾结点为新插入的结点。

两条关键语句 `r->next = p; r = p;`的顺序不能变，如果执行顺序修改为 `r = p;r->next = p;`即先将 r 指向新结点 p，那么 r 不再指向链表的表尾结点，将无法把新结点 p 链接在链表末尾。

例 8-12 头插法建立单链表。编写一个函数采用头插法建立一个带头结点的单向链表，并在主函数中调用该函数实现单链表的建立。要求单链表用于存储学生数据，包括学号和成绩，输入学号为-1 时单链表创建结束。

与尾插法建立单链表不同的是，用头插法建立单链表时，需要在例 8-11 用到的头文件 LinkList.h 中添加函数 CreateListHeadInsert ()，以实现头插法建立单链表的功能。采用头插法建立的单链表，链表中存储的数据顺序与输入顺序相反，故而头插法建立单链表也称为逆向建立单链表。头插法建立链表的过程如图 8-9 所示。

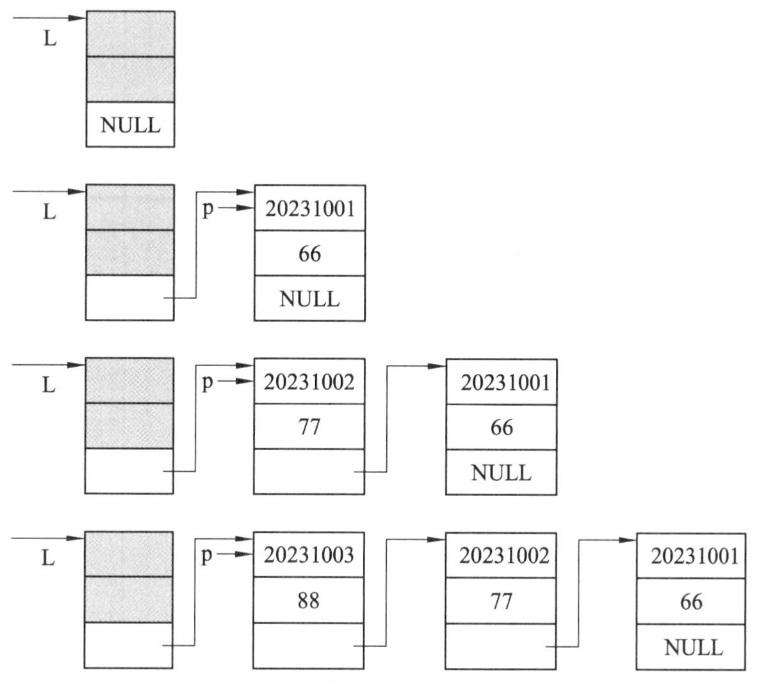

图 8-9　头插法建立单链表过程示意图

```
/*在头文件 LinkList.h 中添加本函数*/
LinkList CreateListHeadInsert()
{ /*头插法建立单链表函数*/
    /*L 指向头结点、p 指向当前结点，不需要表尾指针 r*/
    LinkList L, p;
    long id;
    printf("请输入学号和成绩(学号输入-1 时结束循环):\n");
    /* 创建头结点 */
    L = (LinkList)malloc(sizeof(LNode)); /*分配结点空间*/
    L->next = NULL;                      /*头结点指针域设为空*/
    while (1)
    {
        printf("学号:");
        scanf("%ld", &id);
        if (id == -1)
            break;
        /*学号不为-1，则创建新结点输入数据，并插入到表头*/
        p = (LinkList)malloc(sizeof(LNode)); /*分配结点空间*/
        p->id = id;
        printf("成绩:");
        scanf("%f", &p->score);
```

```
        /*要特别注意以下两条语句的先后顺序不能变*/
        p->next = L->next; /*新结点的直接后继为前一次循环的首元结点*/
        L->next = p;       /*头结点的直接后继为新结点*/
    }
    return L;
}
```

然后，新建一个 C 语言源程序文件 8-12.cpp，在最前面加上`#include "LinkList.h"`。在主函数中使用已定义的 LinkList 类型定义单链表头指针 L，再调用函数 CreateListHeadInsert() 实现头插法建立单链表。

```
/*文件 8-12.cpp*/
#include "LinkList.h"
int main(void)
{
    LinkList L;                    /*定义链表头指针*/
    L = CreateListHeadInsert(); /*头插法建立单链表*/
    return 0;
}
```

程序运行结果：

```
[root@swjtu-kp chpt-8]# ./chpt8-12
请输入学号和成绩(学号输入-1时结束循环):
学号:20231001
成绩:66
学号:20231002
成绩:77
学号:20231003
成绩:88
学号:-1
```

程序说明：CreateListHeadInsert ()函数通过语句 `p->next = L->next;` 将新结点 p 的直接后继设为当前首元结点，再通过语句 `L->next = p;`将头结点的直接后继更新为新结点 p，这两条关键语句就实现了把一个新结点插入表头成为新的首元结点的过程。

特别注意：两条关键语句 `p->next = L->next;L->next = p;`的执行顺序不能变。如果执行顺序交换，第一次执行语句 `L->next = p;`会将新结点 p 链接在头结点之后，结点 p 变成新的首元结点；再执行语句 `p->next = L->next;`新结点 p 的指针域会指向结点 p 自身，虽然可以继续循环实现单链表的逆向建立，但是循环结束后链表除了头结点，只剩下保存最后一个学生信息的结点，前面分配的所有结点都丢失无法找回了。

无论是调用尾插法还是头插法建立单链表，在主函数中调用创建单链表的函数之后，都能建立一个单链表 L。但是，例 8-11 和例 8-12 的程序只能输入数据建立链表，没有任何输出数据。要查看链表中的数据，需要遍历单链表。

2. 链表的遍历

链表的遍历，指的是按某种顺序依次访问链表中的结点。最简单的单链表遍历形式是从首元结点开始直到表尾结点依次输出各结点的数据。遍历单链表的算法步骤：

S1：设指针 p 指向头结点的下一个结点，即首元结点。

S2：若指针 p 不为空，则输出结点中的数据。

S3：指针 p 指向当前结点的下一个结点。

S4：若指针 p 不为空，重复 S2 和 S3，直到 p 为空，则链表遍历结束。

例 **8-13** 编写带头结点的单链表的遍历函数。在主函数中创建单链表，并调用遍历函数。

首先，在头文件 LinkList.h 中添加函数 TraverList()，以实现带头结点的单链表的遍历。

```
/*在头文件 LinkList.h 中添加本函数*/
void TraverList(LinkList L)
{/*遍历单链表函数*/
    LinkList p = L->next;
    printf("单链表中存储的数据（首元结点-->表尾结点）：\n");
    printf("%-12s%6s\n", "Id", "Score");
    /* 从表头到表尾依次输出链表结点中的数据 */
    while (p)
    {
        /*输出结点中的数据*/
        printf("%-12ld %-6.2f\n", p->id, p->score);
        /*指针 p 指向下一个结点*/
        p = p->next;
     }
     printf("\n");
}
```

此外，为了在运行程序的时候可以在两种建立单链表的方法中进行选择，可以在头文件中增加一个 CreatList()函数，实现菜单式的选择。菜单有三种选择：① 输入 1 调用头插法建立单链表函数；② 输入 2 调用尾插法建立单链表函数；③ 输入 0 终止程序运行。

```
/* 在头文件 LinkList.h 中添加本函数 */
LinkList CreateList()
{ /*建立单链表函数*/
    /*菜单式选择采用头插法还是尾插法建立单链表 */
    int arg;
    printf("*****************创建链表*******************\n");
    printf("(1:头插法建立单链表 2:尾插法建立单链表 0:退出)\n");
    printf("********************************************\n");
    printf("输入你的选择:");
     scanf("%d", &arg);
```

```
    switch (arg)
    {
    case 1:
        return CreateListHeadInsert(); /*头插法建立单链表*/
    case 2:
        return CreateListTailInsert(); /*尾插法建立单链表*/
    case 0:
        printf("谢谢使用！再见！\n");
        exit(0); /* 结束程序 */
    default:
        printf("输入错误！\n");
        return NULL;
    }
}
```

最后，新建源程序文件 8-13.cpp，在主函数中建立单链表之后，再调用函数 TraverList() 对单链表进行遍历，即可输出建立的学生成绩表。

```
/*文件 8-13.cpp*/
#include "LinkList.h"
int main(void)
{
    LinkList L; /*定义链表头指针 L*/
    while (1)
    {
        L = CreateList(); /*菜单式创建单链表*/
        TraverList(L);    /*遍历单链表*/
    }
    return 0;
}
```

程序运行结果：

```
[root@swjtu-kp chpt-8]# ./chpt8-13
*******************创建链表*********************
(1:头插法建立单链表 2:尾插法建立单链表 0:退出)
***********************************************
输入你的选择:1
请输入学号和成绩(学号输入-1时结束循环):
学号:20231001
成绩:66
学号:20231002
成绩:77
学号:20231003
成绩:88
学号:-1
```

```
单链表中存储的数据（首元结点-->表尾结点）：
Id          Score
20231003    88.00
20231002    77.00
20231001    66.00

******************创建链表********************
(1:头插法建立单链表 2:尾插法建立单链表 0:退出)
**********************************************
输入你的选择:2
请输入学号和成绩(学号输入-1时结束循环):

学号:20231001
成绩:66
学号:20231002
成绩:77
学号:20231003
成绩:88
学号:-1
单链表中存储的数据（首元结点-->表尾结点）：
Id          Score
20231001    66.00
20231002    77.00
20231003    88.00

******************创建链表********************
(1:头插法建立单链表 2:尾插法建立单链表 0:退出)
**********************************************
输入你的选择:0
谢谢使用！再见！
```

程序说明：TraverList()函数中首先通过语句 `p = L->next;`使指针 p 指向首元结点。

`while (p)`等价于 `while (p!=NULL)`，表示当指针 p 不为空，即 p 所指结点存在时，循环执行以下步骤：

（1）通过语句 `printf("%-12ld %-6.2f\n", p->id, p->score);`输出结点中的数据；

（2）使用语句 `p = p->next;`使指针 p 指向下一个结点。

指针 p 为空时循环结束，遍历过程执行完毕。

通过运行结果，再次印证了头插法是逆向建立单链表，尾插法是正向建立单链表。

3. 单链表的销毁

采用动态内存管理函数分配的链表结点存储空间，使用的是内存中的堆区存储单元，在不需要使用链表时，需要使用 free()函数将链表中的每一个结点占用的堆区空间进行释放，否则容易造成**内存泄漏**。

例 8-14 编写单链表的**销毁函数**。在主函数中创建单链表，输出单链表中的数据后，调用单链表销毁函数逐一释放链表结点空间。

首先，在头文件 LinkList.h 中添加函数 DistroyList()，逐一释放带头结点的单链表中各数据结点占用的内存空间，最后释放头结点占用的内存空间，最终实现单链表的销毁。带头结点的单链表销毁过程如图 8-10 所示。

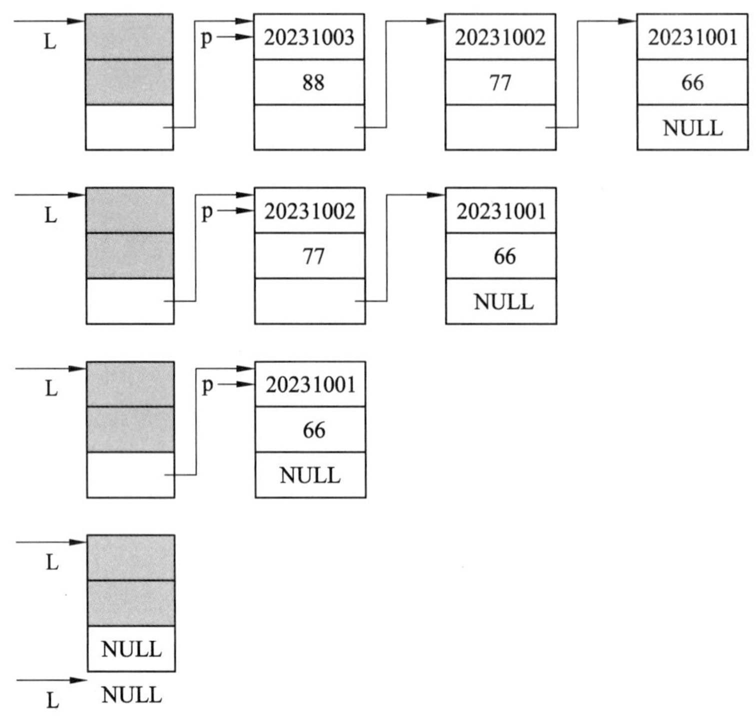

图 8-10　带头结点的单链表销毁过程示意图

```
/*在头文件 LinkList.h 中添加本函数 */
void DistroyList(LinkList L)
{ /*销毁单链表函数(逐一释放链表中各结点的内存空间)*/
    LinkList p = L->next;
    printf("开始销毁单链表:\n");
    /*从首元结点开始逐一释放数据结点*/
    while (p) /*若 p 所指结点不为空，释放 p 所指结点*/
    {
        /*输出结点中的数据，并释放空间*/
         printf("释放结点:%-12ld %-6.2f\n", p->id, p->score);
         /*要特别注意以下几条语句的先后顺序*/
         L->next = p->next; /*p 的直接后继成为新的首元结点*/
         free(p);             /*释放 p 当前指向的结点*/
         p = L->next;         /*p 指向新的首元结点*/
     }
     free(L); /*释放头结点*/
     L = NULL;
     printf("链表销毁成功! \n");
}
```

新建源程序文件 8-14.cpp，在主函数中调用单链表建立函数来建立单链表，然后调用函数 TraverList()对单链表进行遍历，最后不再需要使用单链表时对单链表进行销毁，以释放链表结点占用的堆区空间。

```
/*文件 8-14.cpp*/
#include "LinkList.h"
int main(void)
{
    LinkList L; /*定义链表头指针 L*/
    while (1)
    {
        L = CreateList(); /*菜单式创建单链表*/
        TraverList(L);    /*遍历单链表*/
         DistroyList(L);    /*销毁链表*/
     }
     return 0;
}
```

程序运行结果：

```
[root@swjtu-kp chpt-8]# ./chpt8-14
******************创建链表********************
(1:头插法建立单链表 2:尾插法建立单链表 0:退出)
**********************************************
输入你的选择:1
请输入学号和成绩(学号输入-1时结束循环):
学号:20231001
成绩:66
学号:20231002
成绩:77
学号:20231003
成绩:88
学号:-1
单链表中存储的数据（首元结点-->表尾结点）：
Id          Score
20231003    88.00
20231002    77.00
20231001    66.00

开始销毁单链表:
释放结点:20231003     88.00
释放结点:20231002     77.00
释放结点:20231001     66.00
链表销毁成功!
******************创建链表********************
(1:头插法建立单链表 2:尾插法建立单链表 0:退出)
**********************************************
输入你的选择:0
谢谢使用! 再见!
```

程序说明：DistroyList()函数中首先通过语句 `p = L->next;`使指针 p 指向首元结点。若指针 p 不为空，循环执行以下步骤：

（1）通过语句 `L->next = p->next;`修改新的首元结点为结点 p 的直接后继；

（2）使用语句 `free(p);`释放结点 p 占用存储空间；

（3）通过语句 `p = L->next;`令指针 p 指向新的首元结点。

当指针 p 为空时循环结束，链表中数据结点释放完毕。还需将头结点释放，头指针置为空。以上三个步骤的顺序也非常重要，随意调整顺序会出错。

为了清楚地展示销毁结点的过程，销毁函数中给出了相应的输出提示（第 5、10 和 18 行），但实际应用过程中这些提示通常可以省略，仅通过头指针是否为 NULL 来判断是否销毁成功。

此外，如果程序中还需要对建立的单链表进行其他操作，那么要在确认不再需要使用该单链表时进行链表的销毁，因此，链表的销毁操作通常放在程序的最后。

4. 链表的查找

如果在链表建立之后要在链表中查找某个数据是否存在，就需要实现链表的查找功能。可以根据查找方式的不同编写不同的查找函数。例如，可以查找链表中的第 i 个结点（i≥1），也可以在链表中查找数据成员为指定值的结点。

例 8-15 编写带头结点的单链表的两种**查找函数**：① 在单链表中查找第 i 个结点（i≥1）。② 在单链表中查找指定学号的学生信息结点。查找成功返回指向所查结点的指针，查找失败则返回空指针 NULL，并在主函数中调用相关函数，完成查找功能的验证。

首先，在头文件 LinkList.h 中添加两个函数 SearchList1()和 SearchList2()，分别实现查找第 i 个结点和查找指定学号所在结点的功能。两种查找方法实现时最大的区别就是循环的条件不同，循环结束后判断查找成功的条件也不同。

```
/* 在头文件 LinkList.h 中添加两个查找函数 */
LinkList SearchList1(LinkList L, int i)
{ /*单链表查找函数 1(查找第 i 个结点)*/
    LinkList p = L;
    int j = 0; /*计数器置 0*/
    /*从首元结点开始向后遍历，找到第 i 个结点*/
    while (p && j <i)
    {
        p = p->next; /*指针 p 指向下一个结点*/
         j++;          /*计数器*/
     }
     if (j == i) /*查找成功*/
         return p;
     else /*查找失败*/
         return NULL;
}
LinkList SearchList2(LinkList L, long id)
```

```
{ /*单链表查找函数 2(查找学号为 id 的结点)*/
    LinkList p = L;
    /*从首元结点开始向后遍历，找到学号为 id 的结点*/
    while (p->next && p->next->id != id)
    {
        p = p->next; /*指针 p 指向下一个结点*/
    }
    if (p->next) /*查找成功*/
        return p->next;
    else /*查找失败*/
        return NULL;
}
```

接下来新建一个 C 语言源程序文件 8-15.cpp，通过菜单选择查找方式，调用不同的查找函数实现两种查找操作。由于尾插法建立的单链表中数据存储顺序与输入顺序一致，使用起来比较方便，因此，本程序调用尾插法建立单链表函数来建立单链表。通过使用两重 while(1) 循环方便反复选择查找方式，查找方式确定后，可以反复查找。内层循环直到输入的序号为-1 或者学号为-1 时结束，外层循环输入查找方式为 0 时结束。最后，在程序即将结束时销毁链表。

```
/*文件 8-15.cpp*/
#include "LinkList.h"
int main(void)
{
    LinkList L, p;                /*定义链表头指针 L,指向查找结点的指针 p*/
    int n;                        /*菜单选项编号*/
    int i;                        /*存储待查找序号*/
    long id;                      /*存储待查找学号*/
    L = CreateListTailInsert(); /*尾插法建立单链表*/
     while (1)
     {
        printf("*****************链表查询********************\n");
        printf("(1.查找第 i 个结点; 2.查找指定学号的结点;0.退出)\n");
        printf("请输入查找方式:");
        scanf("%d,", &n);
        if (n == 0)
        {
            printf("谢谢使用查询功能，再见！ \n\n");
            break;
        }
        switch (n)
```

```
        {
        case 1:
            while (1)
            {
                printf("请输入要查找结点的序号 i(i>=1,输入-1 结束查找):");
                scanf("%d", &i);
                if (i == -1)
                    break;
                p = SearchList1(L, i); /*调用查找函数 1*/
                if (p) /*p 不空，结点存在，输出结点中的学生信息*/
                    printf("%-12ld %-6.2f\n", p->id, p->score);
                else   /*p 为空，结点查找失败*/
                    printf("链表中不存在序号为%d 的结点!\n", i);
            }
            break;
        case 2:
            while (1)
            {
                printf("请输入要查找结点的学号 id(输入-1 结束查找):");
                scanf("%ld", &id);
                if (id == -1)
                    break;
                p = SearchList2(L, id); /*调用查找函数 2*/
                if (p) /*p 不空，结点存在，输出结点中的学生信息*/
                    printf("%-12ld %-6.2f\n", p->id, p->score);
                else   /*p 为空，结点查找失败*/
                    printf("链表中不存在学号为%ld 的结点!\n", id);
            }
            break;
        default:
            printf("查找方式输入错误！\n");
        }
    }
    DistroyList(L); /* 销毁链表 */
    return 0;
}
```

程序运行结果：

```
[root@swjtu-kp chpt-8]# ./chpt8-15
请输入学号和成绩(学号输入-1时结束循环):
学号:20231001
成绩:66
学号:20231002
成绩:77
学号:20231003
成绩:88
学号:-1
******************链表查询*********************
(1.查找第i个结点; 2.查找指定学号的结点;0.退出)
请输入查找方式:1
请输入要查找结点的序号i(i>=1,输入-1结束查找):3
20231003     88.00
请输入要查找结点的序号i(i>=1,输入-1结束查找):-1
******************链表查询*********************
(1.查找第i个结点; 2.查找指定学号的结点;0.退出)
请输入查找方式:2
请输入要查找结点的学号id(输入-1结束查找):20231002
20231002     77.00
请输入要查找结点的学号id(输入-1结束查找):20231001
20231001     66.00
请输入要查找结点的学号id(输入-1结束查找):20231005
链表中不存在学号为20231005的结点!
请输入要查找结点的学号id(输入-1结束查找):-1
******************链表查询*********************
(1.查找第i个结点; 2.查找指定学号的结点;0.退出)
请输入查找方式:0
谢谢使用查询功能，再见!

开始销毁单链表:
释放结点:20231001     66.00
释放结点:20231002     77.00
释放结点:20231003     88.00
链表销毁成功!
```

程序说明：函数 SearchList2()中先通过语句 `p=L;`使指针 p 指向头结点。从首元结点开始依次向后查找，循环条件 `while (p->next && p->next->id != id)`表示当结点 p 的直接后继 p->next 存在（不为空），且结点中存储的学号不是待查找的学号 id 时，通过循环体语句 `p=p->next;`将指针 p 指向下一个结点，然后循环进行查找，直到结点 p 的直接后继 p->next 为空或者结点 p->next->id 中存储的是待查找的学号，循环结束。

特别说明：while 循环括号中的两个条件不能交换顺序，因为如果 p->next 为空，使用 p->next->id 会出错，所以必须先判断 p->next 是否为空。凡是要判断指向结点的指针是否为空及判断指针所指结点中数据的值时，都必须先判断指针是否为空。

5. 链表的插入

如果在链表建立之后希望往链表中添加数据，就需要实现链表的插入功能。链表的插入操作用函数实现时，可以根据需要编写不同的插入函数。无论是哪种形式的插入操作，其基本思想都是先查找插入的位置，再新建结点并存入数据，最后把新结点插入链表中。

例如，若已经建立了一个带头结点的单链表用于存储学生成绩，且各结点按学号升序排列，现在要在单链表中添加一个学号为 id 的学生的成绩信息，且保持链表仍然按学号有序排列。可按如下**算法步骤**实现：

S1：查找插入的位置，即找到待插入结点的直接前驱结点。

S2：若链表中不存在学号为 id 的结点，则为新结点分配结点空间，并存入数据。若链表中已经存在学号为 id 的结点，由于学号是唯一的，不能重复，因此给出错误提示。

S3：修改相关结点的指针域，将新结点插入在 S1 找到的直接前驱结点之后。

例 8-16 编写带头结点的单链表的两种**插入函数**：① 在单链表中第 i 个结点后插入一个新的学生信息结点。② 在按学号升序排列的单链表中插入指定学号的学生信息，并保持单链表按学号有序排列。需在主函数中调用相关函数，完成插入功能的验证。

首先，在头文件 LinkList.h 中添加两个函数 InsertList1()和 InsertList2()，分别实现在第 i 个结点之后插入新结点和在按学号升序排列的链表中插入新结点的功能。在单链表中插入新结点的过程如图 8-11 所示。

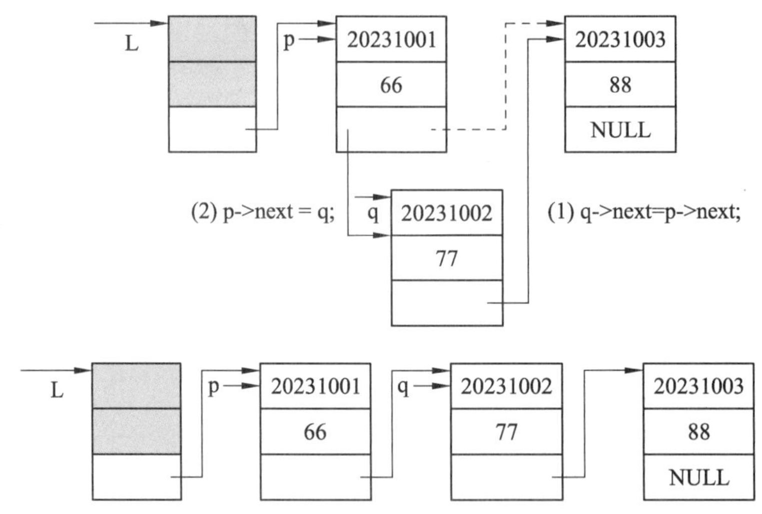

图 8-11　单链表插入新结点过程示意图

```
/*在头文件 LinkList.h 中添加两个插入函数 */
void InsertList1(LinkList L, int i)
{ /*单链表插入函数 1(在第 i 个结点后插入新结点)*/
    /*p 用于指向查找到的第 i 个结点,q 指向新结点*/
    LinkList p, q;
    p = SearchList1(L, i); /*查找第 i 个结点*/
    if (p)                      /*第 i 个结点存在，执行插入操作*/
    {
```

```
        /*分配新结点空间,并存入待插入的数据 */
        q = (LinkList)malloc(sizeof(LNode));
        printf("待插入学号:");
        scanf("%ld", &q->id);
        printf("待插入成绩:");
        scanf("%f", &q->score);
        /*要特别注意以下两条语句的先后顺序不能变 */
        q->next = p->next; /*新结点 q 的直接后继设为 p 的直接后继*/
        p->next = q;       /*p 的直接后继更新为新结点 q*/
    }
    else /*第 i 个结点不存在*/
        printf("插入位置%d 错误!\n", i);
}
void InsertList2(LinkList L)
{ /*单链表插入函数 2(按学号升序排列插入)*/
    /*p 用于指向新结点的直接前驱结点，q 指向新结点*/
    LinkList p, q;
    long id;
    p = L; /*指针 p 指向头结点*/
    printf("待插入学号:");
    scanf("%ld", &id);
    /*分配新结点空间,并存入待插入的数据 */
    q = (LinkList)malloc(sizeof(LNode));
    q->id = id; /*将学号存入结点空间*/
    printf("待插入成绩:");
    scanf("%f", &q->score);
    /*查找学号为 id 的结点的直接前驱 p*/
    while (p->next && p->next->id < id)
    {
        p = p->next; /*指针 p 指向下一个结点*/
    }
    if (p->next && p->next->id == id)
    {
        printf("学号为%ld 的信息已经存在!\n");
        return;
    }
    else /*找到插入位置，新结点 q 插入在结点 p 之后*/
    {
        /*要特别注意以下两条语句的先后顺序不能变 */
```

```
        q->next = p->next; /*新结点 q 的直接后继设为 p 的直接后继*/
        p->next = q;       /*p 的直接后继更新为新结点 q*/
    }
}
```

接下来新建一个 C 语言源程序文件 8-16.cpp，通过菜单选择插入方式，调用不同的插入函数实现链表的插入操作。本程序也采用尾插法建立单链表，为简化问题，要求在输入数据时按学号升序依次输入学生的学号和成绩信息，从而构造出一个按学号升序排列的有序单链表。在按学号升序插入时，循环是否结束的条件也改为询问是否进行查询，输入 y，插入操作继续；输入 n，插入操作结束。

```
/*文件 8-16.cpp*/
#include "LinkList.h"
int main(void)
{
    LinkList L;                     /*定义链表头指针 L*/
    int n;                          /*菜单选项编号*/
    int i;                          /*存储待插入位置*/
    char choice;                    /*选择是和否*/
    L = CreateListTailInsert();     /*尾插法建立单链表*/
    TraverList(L);                  /*遍历单链表*/
    while (1)
    {
        printf("******************链表插入**********************\n");
        printf("(1.在第 i 个结点之后插入; 2.按学号升序排列插入;0.退出)\n");
        printf("请输入插入方式:");
        scanf("%d,", &n);
        if (n == 0)
        {
            printf("谢谢使用插入功能，再见！\n\n");
            break;
        }
        switch (n)
        {
        case 1:
            while (1)
            {
                printf("请输入结点序号 i(i>=1,输入-1 结束插入):");
                scanf("%d", &i);
                if (i == -1)
                    break;
```

```
                InsertList1(L, i); /*调用插入函数 1*/
                TraverList(L);     /*遍历单链表*/
            }
            break;
        case 2:
            while (1)
            {
                printf("是否需要执行按学号有序插入操作？(y/n)):");
                getchar();
                scanf("%c", &choice);
                if (choice == 'n')
                    break;
                InsertList2(L); /*调用插入函数 2*/
                TraverList(L);  /*遍历单链表*/
            }
            break;
        default:
            printf("插入方式输入错误！\n");
        }
    }
    DistroyList(L); /*销毁链表*/
    return 0;
}

```

程序运行结果：

```
[root@swjtu-kp chpt-8]# ./chpt8-16
请输入学号和成绩(学号输入-1时结束循环):
学号:20231001
成绩:66
学号:20231003
成绩:88
学号:-1
单链表中存储的数据（首元结点-->表尾结点）：
Id          Score
20231001    66.00
20231003    88.00

*********************链表插入************************
(1.在第i个结点之后插入; 2.按学号升序排列插入;0.退出)
请输入插入方式:1
请输入结点序号i(i>=1,输入-1结束插入):1
待插入学号:20231002
待插入成绩:77
单链表中存储的数据（首元结点-->表尾结点）：
Id          Score
20231001    66.00
20231002    77.00
20231003    88.00
```

```
请输入结点序号i(i>=1,输入-1结束插入):-1
*********************链表插入************************
(1.在第i个结点之后插入; 2.按学号升序排列插入;0.退出)
请输入插入方式:2
是否需要执行按学号有序插入操作?(y/n)):y
待插入学号:20231006
待插入成绩:86
单链表中存储的数据（首元结点-->表尾结点）:
Id          Score
20231001    66.00
20231002    77.00
20231003    88.00
20231006    86.00
是否需要执行按学号有序插入操作?(y/n)):n
*********************链表插入************************
(1.在第i个结点之后插入; 2.按学号升序排列插入;0.退出)
请输入插入方式:0
谢谢使用插入功能，再见!

开始销毁单链表:
释放结点:20231001     66.00
释放结点:20231002     77.00
释放结点:20231003     88.00
释放结点:20231006     86.00
链表销毁成功!
```

程序说明：两种插入操作都需要先找到待插入的新结点的直接前驱，才能将新结点插入在直接前驱之后。

函数 InsertList1()中通过语句 `p = SearchList1(L, i);`调用例 8-15 实现的查找函数来返回链表中的第 i 个结点的地址，并用指针 p 保存，即结点 p 是待插入结点的直接前驱。

然而，函数 InsertList2()中没有调用 `SearchList2(L, id);`来查找学号为 id 的结点。这是因为链表中不一定存在学号为 id 的结点，即使存在学号为 id 的结点，由于学号的唯一性也不能重复插入。因此，采用类似按学号查询的方式，在链表中循环查找待插入结点的直接前驱 p。

不论是哪一种插入方式，只要直接前驱查找成功，则指向直接前驱的指针 p 不为空。接下来就可以分配新结点空间并存入学生数据，并通过两条语句 `q->next = p->next; p->next = q;`将新结点 q 的直接后继设为 p 的直接后继，然后将结点 p 的直接后继更新为新结点 q，插入过程如图 8-11 所示。

特别说明：实现结点插入的两条语句的执行顺序不能变。如果先执行语句 `p->next = q;`，那么新结点 q 成为结点 p 的直接后继，原来结点 p 的直接后继地址将会丢失。再执行语句 `q->next = p->next;`，只会让新结点 q 的指针域指向 q 自身，q 之后并没有链接上原来链表中的后续结点，会导致数据丢失。

6. 链表的删除

如果要删除链表中的结点，也可以根据不同的删除方式，编写不同的删除函数。常见的删除方式有：① 删除链表中第 i 个结点；② 删除链表中指定数据的结点。无论是哪一种删除方式，都可用如下算法步骤实现：

S1：找到待删除结点的前一个结点，即找到直接前驱。

S2：修改被删除结点的直接前驱的指针域，使其指向待删除结点的直接后继。

S3：释放待删除结点的存储空间。

例 **8-17** 编写带头结点的单链表的两种删除函数：① 在单链表中删除第 i 个结点（i≥1）。② 在单链表中删除指定学号的学生信息结点，并在主函数中调用相关函数，实现删除操作。

首先，在头文件 LinkList.h 中添加两个函数 DeleteList1()和 DeleteList2()，分别实现在单链表中删除第 i 个结点（i≥1）和删除指定学号结点的功能。单链表删除结点过程如图 8-12 所示。

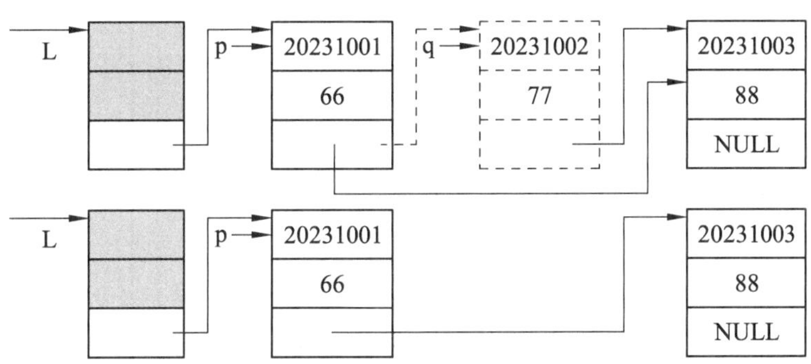

图 8-12　单链表删除结点过程示意图

```
/* 在头文件 LinkList.h 中添加两个删除函数 */
void DeleteList1(LinkList L, int i)
{ /*单链表删除函数 1(删除链表中第 i 个结点)*/
    LinkList p, q;
    /*查找第 i-1 个结点,即 p 指向待删除结点的直接前驱*/
    p = SearchList1(L, i - 1);
    /*第 i-1 个结点和第 i 个结点都存在，执行删除操作*/
    if (p && p->next) /*第 i-1 个结点和第 i 个结点都存在*/
    {
         /* 要特别注意以下语句的先后顺序 */
         q = p->next;        /*q 指向第 i 个结点*/
         p->next = q->next; /*p 的直接后继改为结点 q 的直接后继*/
         free(q);            /*释放结点 q 的内存空间*/
     }
     else /*第 i-1 个结点或第 i 个结点不存在*/
         printf("删除位置%d 错误!\n", i);
}
void DeleteList2(LinkList L, long id)
{ /*单链表插入函数 2(在链表中删除指定学号为 id 的结点)*/
     LinkList p, q;
     p = L; /*指针 p 指向头结点*/
     /*查找学号为 id 的结点的前驱结点*/
     while (p->next && p->next->id != id)
```

```
    {
        p = p->next; /*指针 p 指向下一个结点*/
    }
    if (p->next) /*学号为 id 的结点存在，执行删除操作*/
    {
        q = p->next;         /*q 指向待删除结点*/
        p->next = q->next; /*结点 p 的直接后继改为结点 q 的直接后继*/
        free(q);             /*释放结点 q 的内存空间*/
    }
    else /*学号为 id 的结点不存在*/
        printf("不存在学号为%ld 的结点!\n", id);
}
```

然后，新建一个 C 语言源程序文件 8-17.cpp，通过菜单选择删除方式，调用不同的删除函数，实现删除第 i 个结点和删除指定学号结点的功能。

```
/*文件 8-17.cpp*/
#include "LinkList.h"
int main(void)
{
    LinkList L;         /*定义链表头指针 L*/
    int n;              /*菜单选项编号*/
    int i;              /*存储待删除结点序号*/
    long id;            /*存储待删除结点学号*/
    L = CreateList(); /*创建单链表*/
    TraverList(L);     /*遍历单链表*/
    while (1)
    {
        printf("********************链表插入******************\n");
        printf("(1.删除第 i 个结点; 2.删除指定学号所在结点;0.退出)\n");
        printf("请输入删除方式:");
        scanf("%d,", &n);
        if (n == 0)
        {
            printf("谢谢使用删除功能，再见! \n\n");
            break;
        }
        switch (n)
        {
        case 1:
            while (1)
```

```
            {
                printf("请输入要删除结点的序号 i(i>=1,输入-1 结束):");
                scanf("%d", &i);
                if (i == -1)
                    break;
                DeleteList1(L, i); /*调用删除函数 1*/
                TraverList(L);     /*遍历单链表*/
            }
            break;
        case 2:
            while (1)
            {
                printf("请输入要删除结点的学号 id(输入-1 结束):");
                scanf("%ld", &id);
                if (id == -1)
                    break;
                DeleteList2(L, id); /*调用删除函数 2*/
                TraverList(L);      /*遍历单链表*/
            }
            break;
        default:
            printf("删除方式输入错误！\n");
        }
    }
    DistroyList(L); /*销毁链表*/
    return 0;
}
```

程序运行结果：

```
[root@swjtu-kp chpt-8]# ./chpt8-17
请输入学号和成绩(学号输入-1时结束循环):
学号:20231001
成绩:66
学号:20231002
成绩:77
学号:20231003
成绩:88
学号:-1
单链表中存储的数据（首元结点-->表尾结点）：
Id          Score
20231001    66.00
20231002    77.00
20231003    88.00
```

```
**********************链表插入******************
(1.删除第i个结点; 2.删除指定学号所在结点;0.退出)
请输入删除方式:1
请输入要删除结点的序号i(i>=1,输入-1结束):2
单链表中存储的数据（首元结点-->表尾结点）：
Id           Score
20231001     66.00
20231003     88.00

请输入要删除结点的序号i(i>=1,输入-1结束):-1
**********************链表插入******************
(1.删除第i个结点; 2.删除指定学号所在结点;0.退出)
请输入删除方式:2
请输入要删除结点的学号id(输入-1结束):20231001
单链表中存储的数据（首元结点-->表尾结点）：
Id           Score
20231003     88.00

请输入要删除结点的学号id(输入-1结束):-1
**********************链表插入******************
(1.删除第i个结点; 2.删除指定学号所在结点;0.退出)
请输入删除方式:0
谢谢使用删除功能，再见!

开始销毁单链表:
释放结点:20231003     88.00
链表销毁成功!
```

7. 链表的统计

数据的统计功能在很多数据管理系统中都是基本功能。以单链表存储的学生成绩表为例，进行统计最高分、最低分和平均分等常见操作。

例 **8-18** 编写带头结点的单链表的统计函数，统计单链表中的最高分、最低分和平均分。

首先，在头文件 LinkList.h 中添加题目所需的功能函数。

```
/*在头文件 LinkList.h 中添加以下 5 个函数*/
int SMenu()
{ /*统计子菜单*/
    int n;
    printf("************欢迎使用统计功能***********\n");
    printf("    1.最高分 2.最低分 3.平均分 0.退出\n");
    printf("******************************************\n");
    scanf("%d", &n);
    return (n);
}
void MaxList(LinkList L)
{ /*求最高分*/
    LinkList p = L->next;
```

```
    float max = 0;
    long maxId = 0;
    while (p)
    {
        if (max < p->score)
        {
            max = p->score;
            maxId = p->id;
        }
        p = p->next;
    }
    printf("最高分学生信息：学号=%ld,成绩=%5.2f\n", maxId, max);
}
void MinList(LinkList L)
{ /*求最低分*/
    LinkList p = L->next;
    float min = 100;
    long minId = 0;
    while (p)
    {
        if (min > p->score)
        {
            min = p->score;
            minId = p->id;
        }
        p = p->next;
    }
    printf("最低分学生信息：学号=%ld,成绩=%5.2f\n", minId, min);
}
void AveList(LinkList L)
{ /*求最平均分*/
    LinkList p = L->next;
    float ave = 0;
    long count = 0;
    while (p)
    {
        ave += p->score;
        count++;
        p = p->next;
```

```
    }
    ave = ave / count;
    printf("共%d 人,平均分=%5.2f\n", count, ave);
}
void StatisticsList(LinkList L)
{ /*单链表统计函数*/
    int choice;
    while (1)
    {
        choice = SMenu();
        switch (choice)
        {
        case 1:
            MaxList(L);
            break; /*求最高分*/
        case 2:
            MinList(L);
            break; /*求最低分*/
        case 3:
            AveList(L);
            break; /*求最平均分*/
        case 0:
            return; /*退出子系统*/
        }
    }
}
```

然后，新建一个 C 语言源程序文件 8-18.cpp，调用 StatisticsList()函数实现单链表中存放的学生成绩数据的统计。

```
/*文件 8-18.cpp*/
#include "LinkList.h"
int main(void)
{
    LinkList L;                      /*定义链表头指针 L*/
    L = CreateListTailInsert();  /*尾插法建立单链表*/
    TraverList(L);                   /*遍历单链表*/
    StatisticsList(L);               /*调用单链表统计函数*/
    DistroyList(L);                  /*销毁链表*/
     return 0;
}
```

程序运行结果：

```
[root@swjtu-kp chpt-8]# ./chpt8-18
请输入学号和成绩(学号输入-1时结束循环):
学号:1001
成绩:^Z
[1]+  Stopped                 ./chpt8-18
[root@swjtu-kp chpt-8]# ./chpt8-18
请输入学号和成绩(学号输入-1时结束循环):
学号:20231001
成绩:66
学号:20231002
成绩:88
学号:20231003
成绩:84
学号:-1
单链表中存储的数据（首元结点-->表尾结点）：
Id          Score
20231001    66.00
20231002    88.00
20231003    84.00

*************欢迎使用统计功能************
    1.最高分 2.最低分 3.平均分 0.退出
*****************************************
1
最高分学生信息：学号=20231002,成绩=88.00
*************欢迎使用统计功能************
    1.最高分 2.最低分 3.平均分 0.退出
*****************************************
2
最低分学生信息：学号=20231001,成绩=66.00
*************欢迎使用统计功能************
    1.最高分 2.最低分 3.平均分 0.退出
*****************************************
3
共3人,平均分=79.33
*************欢迎使用统计功能************
    1.最高分 2.最低分 3.平均分 0.退出
*****************************************
0
开始销毁单链表:
释放结点:20231001    66.00
释放结点:20231002    88.00
释放结点:20231003    84.00
链表销毁成功!
```

8. 单链表综合应用实例

例 **8-19** 编写程序实现一个简易学生成绩管理系统。要求采用带头结点的单链表存储学生成绩表，每位学生有学号和成绩两个数据成员。采用菜单式管理提供友好的用户界面，系统具有创建成绩表、输出成绩表、添加学生成绩信息、删除学生成绩信息、按学号查询成绩、统计成绩等常用功能。

前面例 8-11 至例 8-18 在头文件 `LinkList.h` 中添加了单链表数据类型的定义和基本操作实现的函数。为了使用这些基本操作实现一个简易学生成绩管理系统，并且使程序运行界面更加友好，新建源程序文件 8-19.cpp 并添加一个系统主菜单函数 Menu()，并在主函数中调用相关函数。使用已声明的单链表数据类型和已定义的单链表基本操作相关函数，需在程序 8-19.cpp 最前面中添加文件包含命令`#include "LinkList.h"`。

```
/*文件 8-19.cpp*/
#include "LinkList.h"
int Menu()
{ /*系统主菜单*/
   int n;
   printf("*****************学生成绩管理系统*****************\n");
   printf("   1.创建 2.输出 3.添加 4.删除 5.查询 6.统计 0.退出\n");
   printf("*********************欢迎访问*********************\n");
   scanf("%d", &n);
     return (n);
}
int main(void)
{
     int choice;
     LinkList L, p;
     long id;
     while (1)
     {
         choice = Menu();/*主菜单*/
         switch (choice)
         {
         case 1: /*创建*/
             L = CreateListTailInsert();
             break;
         case 2: /*输出*/
             if (L)
                 TraverList(L);
             else
                 printf("请先创建成绩表!\n");
             break;
         case 3: /*添加*/
             if (L)
```

```
                InsertList2(L);
            else
                printf("请先创建成绩表!\n");
            break;
        case 4: /*删除*/
            if (L)
            {
                printf("请输入要删除结点的学号:");
                scanf("%ld", &id);
                if (id == -1)
                    break;
                DeleteList2(L, id);
            }
            else
                printf("请先创建成绩表!\n");
            break;
        case 5: /*查询*/
            if (L)
            {
                printf("请输入要查询的学号:");
                scanf("%ld", &id);
                if (id == -1)
                    break;
                p = SearchList2(L, id);
                if (p)
                  printf("查询结果:%-12ld %-6.2f\n", p->id, p->score);
                else
                  printf("查询失败:学号%ld 不存在!\n", id);
            }
            else
                printf("请先创建成绩表!\n");
            break;
        case 6: /*统计*/
            if (L)
                StatisticsList(L);
            else
                printf("请先创建成绩表!\n");
            break;
        case 0: /*退出*/
```

```
                printf("\n 谢谢使用本系统,再见!\n\n");
                DistroyList(L); /*销毁链表*/
                exit(0);
                break; /*退出系统*/
            }
        }
    return 0;
}
```

以下为完整的头文件 LinkList.h。在该头文件前面部分给出了单链表函数原型列表，相当于函数目录，方便在调用相关函数的时候进行查询函数名、函数参数及返回值类型。本例程序 8-19.cpp 只根据成绩管理的需要调用了头文件中的部分必要函数。

```
/*头文件 LinkList.h*/
#include <malloc.h>
#include <stdio.h>
#include <stdlib.h>

/*单链表数据类型声明*/
typedef struct Node
{
    long id;            /*学号*/
     float score;        /*成绩*/
     struct Node *next; /*指针域*/
} LNode, *LinkList;

/**************单链表函数原型列表*************/
/*****************************************/
/*尾插法建立单链表*/
LinkList CreateListTailInsert();
/*头插法建立单链表*/
LinkList CreateListHeadInsert();
/*菜单选择式建立单链表*/
LinkList CreateList();
/*遍历单链表*/
void TraverList(LinkList L);
/* 销毁单链表*/
void DistroyList(LinkList L);
/*单链表查找函数 1(查找第 i 个结点)*/
LinkList SearchList1(LinkList L, int i);
/*单链表查找函数 2(查找学号为 id 的结点)*/
```

```
LinkList SearchList2(LinkList L, long id);
/*单链表插入函数 1(在第 i 个结点后插入新结点)*/
void InsertList1(LinkList L, int i);
/*单链表插入函数 2(按学号升序排列插入)*/
void InsertList2(LinkList L);
/*单链表删除函数 1(删除链表中第 i 个结点)*/
void DeleteList1(LinkList L, int i);
/*单链表插入函数 2(在链表中删除指定学号的结点)*/
void DeleteList2(LinkList L, long id);
/*单链表统计函数*/
void StatisticsList(LinkList L);
/*统计子菜单*/
int SMenu();
/*求最高分*/
void MaxList(LinkList L);
/*求最低分*/
void MinList(LinkList L);
/*求最平均分*/
void AveList(LinkList L);
/*********************************************/

LinkList CreateListTailInsert()
{ /*尾插法建立单链表函数*/
    /*L 指向头结点、r 指向表尾结点、p 指向当前结点*/
    LinkList L, p, r;
    long id;
    printf("请输入学号和成绩(学号输入-1 时结束循环):\n");
    /*分配结点空间*/
    L = (LinkList)malloc(sizeof(LNode));
    L->next = NULL; /*头结点指针域设为空*/
    r = L;           /*指针 r 指向当前表尾结点*/
    while (1)
    {
        printf("学号:");
        scanf("%ld", &id);
        if (id == -1)
            break;
        /*学号不为-1，则创建新结点输入数据，并插入到表尾*/
        p = (LinkList)malloc(sizeof(LNode)); /* 分配结点空间 */
```

```
        p->id = id;
        printf("成绩:");
        scanf("%f", &p->score);
        p->next = NULL;
        /* 要特别注意以下两条语句的先后顺序不能变 */
        r->next = p; /* 新结点链接到表尾 */
        r = p;       /* 新结点成为当前的表尾结点 */
    }
    return L;
}
/*在头文件 LinkList.h 中添加本函数*/
LinkList CreateListHeadInsert()
{ /*头插法建立单链表函数*/
    /*L 指向头结点、p 指向当前结点，不需要表尾指针 r*/
    LinkList L, p;
    long id;
    printf("请输入学号和成绩(学号输入-1 时结束循环):\n");
    /* 创建头结点 */
    L = (LinkList)malloc(sizeof(LNode)); /*分配结点空间*/
    L->next = NULL;                      /*头结点指针域设为空*/
    while (1)
    {
        printf("学号:");
        scanf("%ld", &id);
        if (id == -1)
            break;
        /*学号不为-1，则创建新结点输入数据，并插入到表头*/
        p = (LinkList)malloc(sizeof(LNode)); /*分配结点空间*/
        p->id = id;
        printf("成绩:");
        scanf("%f", &p->score);
        /*要特别注意以下两条语句的先后顺序不能变*/
        p->next = L->next; /*新结点的直接后继为前一次循环的首元结点*/
        L->next = p;       /*头结点的直接后继为新结点*/
    }
    return L;
}
/* 在头文件 LinkList.h 中添加本函数 */
LinkList CreateList()
```

```
{ /*建立单链表函数*/
    /*菜单式选择采用头插法还是尾插法建立单链表 */
    int arg;
    printf("******************创建链表********************\n");
    printf("(1:头插法建立单链表 2:尾插法建立单链表 0:退出)\n");
    printf("**********************************************\n");
    printf("输入你的选择:");
    scanf("%d", &arg);
    switch (arg)
    {
    case 1:
        return CreateListHeadInsert(); /*头插法建立单链表*/
    case 2:
        return CreateListTailInsert(); /*尾插法建立单链表*/
    case 0:
        printf("谢谢使用！再见！\n");
        exit(0); /* 结束程序 */
    default:
        printf("输入错误！\n");
        return NULL;
    }
}
/*在头文件 LinkList.h 中添加本函数*/
void TraverList(LinkList L)
{ /*遍历单链表函数*/
    LinkList p = L->next;
    printf("单链表中存储的数据（首元结点-->表尾结点）：\n");
    printf("%-12s%6s\n", "Id", "Score");
    /* 从表头到表尾依次输出链表结点中的数据 */
    while (p)
    {
        /*输出结点中的数据*/
        printf("%-12ld %-6.2f\n", p->id, p->score);
        /*指针 p 指向下一个结点*/
        p = p->next;
    }
    printf("\n");
}
/*在头文件 LinkList.h 中添加本函数 */
```

```
void DistroyList(LinkList L)
{ /*销毁单链表函数(逐一释放链表中各结点的内存空间)*/
    LinkList p = L->next;
    printf("开始销毁单链表:\n");
    /*从首元结点开始逐一释放数据结点*/
    while (p) /*若 p 所指结点不为空，释放 p 所指结点*/
    {
        /*输出结点中的数据，并释放空间*/
        printf("释放结点:%-12ld %-6.2f\n", p->id, p->score);
        /*要特别注意以下几条语句的先后顺序*/
        L->next = p->next; /*p 的直接后继成为新的首元结点*/
        free(p);           /*释放 p 当前指向的结点*/
        p = L->next;       /*p 指向新的首元结点*/
    }
    free(L); /*释放头结点*/
    L = NULL;
    printf("链表销毁成功！ \n");
}
/* 在头文件 LinkList.h 中添加两个查找函数 */
LinkList SearchList1(LinkList L, int i)
{ /*单链表查找函数 1(查找第 i 个结点)*/
    LinkList p = L;
    int j = 0; /*计数器置 0*/
    /*从首元结点开始向后遍历，找到第 i 个结点*/
    while (p && j <i)
    {
        p = p->next; /*指针 p 指向下一个结点*/
        j++;         /*计数器*/
    }
    if (j == i) /*查找成功*/
        return p;
    else /*查找失败*/
        return NULL;
}
LinkList SearchList2(LinkList L, long id)
{ /*单链表查找函数 2(查找学号为 id 的结点)*/
    LinkList p = L;
    /*从首元结点开始向后遍历，找到学号为 id 的结点*/
    while (p->next && p->next->id != id)
```

```
    {
        p = p->next; /*指针 p 指向下一个结点*/
    }
    if (p->next) /*查找成功*/
        return p->next;
    else /*查找失败*/
        return NULL;
}
/*在头文件 LinkList.h 中添加两个插入函数 */
void InsertList1(LinkList L, int i)
{ /*单链表插入函数 1(在第 i 个结点后插入新结点)*/
    /*p 用于指向查找到的第 i 个结点,q 指向新结点*/
    LinkList p, q;
    p = SearchList1(L, i); /*查找第 i 个结点*/
    if (p)                    /*第 i 个结点存在，执行插入操作*/
    {
        /*分配新结点空间,并存入待插入的数据 */
        q = (LinkList)malloc(sizeof(LNode));
        printf("待插入学号:");
        scanf("%ld", &q->id);
        printf("待插入成绩:");
        scanf("%f", &q->score);
        /*要特别注意以下两条语句的先后顺序不能变 */
        q->next = p->next; /*新结点 q 的直接后继设为 p 的直接后继*/
        p->next = q;       /*p 的直接后继更新为新结点 q*/
    }
    else /*第 i 个结点不存在*/
        printf("插入位置%d 错误!\n", i);
}
void InsertList2(LinkList L)
{ /*单链表插入函数 2(按学号升序排列插入)*/
    /*p 用于指向新结点的直接前驱结点， q 指向新结点*/
    LinkList p, q;
    long id;
    p = L; /*指针 p 指向头结点*/
    printf("待插入学号:");
    scanf("%ld", &id);
    /*分配新结点空间,并存入待插入的数据 */
    q = (LinkList)malloc(sizeof(LNode));
```

```
    q->id = id; /*将学号存入结点空间*/
    printf("待插入成绩:");
    scanf("%f", &q->score);
    /*查找学号为 id 的结点的直接前驱 p*/
    while (p->next && p->next->id < id)
    {
        p = p->next; /*指针 p 指向下一个结点*/
    }
    if (p->next && p->next->id == id)
    {
        printf("学号为%ld 的信息已经存在!\n");
        return;
    }
    else /*找到插入位置，新结点 q 插入在结点 p 之后*/
    {
        /*要特别注意以下两条语句的先后顺序不能变 */
        q->next = p->next; /*新结点 q 的直接后继设为 p 的直接后继*/
        p->next = q;       /*p 的直接后继更新为新结点 q*/
    }
}
/* 在头文件 LinkList.h 中添加两个删除函数 */
void DeleteList1(LinkList L, int i)
{ /*单链表删除函数 1(删除链表中第 i 个结点)*/
    LinkList p, q;
    /*查找第 i-1 个结点,即 p 指向待删除结点的直接前驱*/
    p = SearchList1(L, i - 1);
    /*第 i-1 个结点和第 i 个结点都存在，执行删除操作*/
    if (p && p->next) /*第 i-1 个结点和第 i 个结点都存在*/
    {
        /* 要特别注意以下语句的先后顺序 */
        q = p->next;       /*q 指向第 i 个结点*/
        p->next = q->next; /*p 的直接后继改为结点 q 的直接后继*/
        free(q);           /*释放结点 q 的内存空间*/
    }
    else /*第 i-1 个结点或第 i 个结点不存在*/
        printf("删除位置%d 错误!\n", i);
}
void DeleteList2(LinkList L, long id)
{ /*单链表插入函数 2(在链表中删除指定学号为 id 的结点)*/
```

```
    LinkList p, q;
    p = L; /*指针 p 指向头结点*/
    /*查找学号为 id 的结点的前驱结点*/
    while (p->next && p->next->id != id)
    {
        p = p->next; /*指针 p 指向下一个结点*/
    }
    if (p->next) /*学号为 id 的结点存在，执行删除操作*/
    {
        q = p->next;        /*q 指向待删除结点*/
        p->next = q->next; /*结点 p 的直接后继改为结点 q 的直接后继*/
        free(q);            /*释放结点 q 的内存空间*/
    }
    else /*学号为 id 的结点不存在*/
        printf("不存在学号为%ld 的结点!\n", id);
}
/*在头文件 LinkList.h 中添加以下 5 个函数*/
int SMenu()
{ /*统计子菜单*/
    int n;
    printf("*************欢迎使用统计功能************\n");
    printf("    1.最高分 2.最低分 3.平均分 0.退出\n");
    printf("*****************************************\n");
    scanf("%d", &n);
    return (n);
}
void MaxList(LinkList L)
{ /*求最高分*/
    LinkList p = L->next;
    float max = 0;
    long maxId = 0;
    while (p)
    {
        if (max < p->score)
        {
            max = p->score;
            maxId = p->id;
        }
        p = p->next;
```

```
    }
    printf("最高分学生信息：学号=%ld,成绩=%5.2f\n", maxId, max);
}
void MinList(LinkList L)
{ /*求最低分*/
    LinkList p = L->next;
    float min = 100;
    long minId = 0;
    while (p)
    {
        if (min > p->score)
        {
            min = p->score;
            minId = p->id;
        }
        p = p->next;
    }
    printf("最低分学生信息：学号=%ld,成绩=%5.2f\n", minId, min);
}
void AveList(LinkList L)
{ /*求最平均分*/
    LinkList p = L->next;
    float ave = 0;
    long count = 0;
    while (p)
    {
        ave += p->score;
        count++;
        p = p->next;
    }
    ave = ave / count;
    printf("共%d 人,平均分=%5.2f\n", count, ave);
}
void StatisticsList(LinkList L)
{ /*单链表统计函数*/
    int choice;
    while (1)
    {
        choice = SMenu();
```

```
        switch (choice)
        {
        case 1:
            MaxList(L);
            break; /*求最高分*/
        case 2:
            MinList(L);
            break; /*求最低分*/
        case 3:
            AveList(L);
            break; /*求最平均分*/
        case 0:
            return; /*退出子系统*/
        }
    }
}
```

程序运行结果：

```
[root@swjtu-kp chpt-8]# ./chpt8-19
******************学生成绩管理系统******************
   1.创建 2.输出 3.添加 4.删除 5.查询 6.统计 0.退出
**********************欢迎访问**********************
2
请先创建成绩表!
******************学生成绩管理系统******************
   1.创建 2.输出 3.添加 4.删除 5.查询 6.统计 0.退出
**********************欢迎访问**********************
1
请输入学号和成绩(学号输入-1时结束循环):
学号:20231001
成绩:66
学号:20231002
成绩:77
学号:20231003
成绩:88
学号:-1
******************学生成绩管理系统******************
   1.创建 2.输出 3.添加 4.删除 5.查询 6.统计 0.退出
**********************欢迎访问**********************
2
单链表中存储的数据（首元结点-->表尾结点）：
Id          Score
20231001    66.00
20231002    77.00
20231003    88.00
```

```
******************学生成绩管理系统******************
   1.创建 2.输出 3.添加 4.删除 5.查询 6.统计 0.退出
**********************欢迎访问**********************
3
待插入学号:20231005
待插入成绩:85
******************学生成绩管理系统******************
   1.创建 2.输出 3.添加 4.删除 5.查询 6.统计 0.退出
**********************欢迎访问**********************
2
单链表中存储的数据（首元结点-->表尾结点）:
Id          Score
20231001    66.00
20231002    77.00
20231003    88.00
20231005    85.00


******************学生成绩管理系统******************
   1.创建 2.输出 3.添加 4.删除 5.查询 6.统计 0.退出
**********************欢迎访问**********************
4
请输入要删除结点的学号:20231006
不存在学号为20231006的结点!

******************学生成绩管理系统******************
   1.创建 2.输出 3.添加 4.删除 5.查询 6.统计 0.退出
**********************欢迎访问**********************
4
请输入要删除结点的学号:20231005
******************学生成绩管理系统******************
   1.创建 2.输出 3.添加 4.删除 5.查询 6.统计 0.退出
**********************欢迎访问**********************
2
单链表中存储的数据（首元结点-->表尾结点）:
Id          Score
20231001    66.00
20231002    77.00
20231003    88.00

******************学生成绩管理系统******************
   1.创建 2.输出 3.添加 4.删除 5.查询 6.统计 0.退出
**********************欢迎访问**********************
5
请输入要查询的学号:20231001
查询结果:20231001      66.00
******************学生成绩管理系统******************
   1.创建 2.输出 3.添加 4.删除 5.查询 6.统计 0.退出
**********************欢迎访问**********************
5
请输入要查询的学号:20231006
查询失败:学号20231006不存在!
```

```
******************学生成绩管理系统******************
   1.创建 2.输出 3.添加 4.删除 5.查询 6.统计 0.退出
**********************欢迎访问**********************
6
*************欢迎使用统计功能************
    1.最高分 2.最低分 3.平均分 0.退出
****************************************
1
最高分学生信息：学号=20231003,成绩=88.00
*************欢迎使用统计功能************
    1.最高分 2.最低分 3.平均分 0.退出
****************************************
2
最低分学生信息：学号=20231001,成绩=66.00
*************欢迎使用统计功能************
    1.最高分 2.最低分 3.平均分 0.退出
****************************************
3
共3人,平均分=77.00
*************欢迎使用统计功能************
    1.最高分 2.最低分 3.平均分 0.退出
****************************************
0
******************学生成绩管理系统******************
   1.创建 2.输出 3.添加 4.删除 5.查询 6.统计 0.退出
**********************欢迎访问**********************
0

谢谢使用本系统,再见!

开始销毁单链表:
释放结点:20231001     66.00
释放结点:20231002     77.00
释放结点:20231003     88.00
链表销毁成功!
```

8.6.3 静态链表

动态链表根据数据存储和处理的需要在内存空间的堆区分配或者释放结点空间，将逻辑上相邻的结点表示为链表中的直接前驱和直接后继，相邻结点的存储空间通常是不连续的。如果对内存的管理相对没有那么严格，为了加快编码速度，一般情况下可以采用静态链表来存储数据，以省去动态分配空间和释放空间等环节。

静态链表使用内存空间的栈区或静态存储区中的连续空间存储数据。静态单链表通常用一个一维的**结构体数组**来表示，每个结构体数组元素增加一个整型成员 next 表示指针域。指针域 next 用来记录直接后继的数组下标 index，从而体现数据之间的逻辑关系。如果静态链表使用的数组定义为全局数组，那么使用的是静态存储区，如果定义为局部数组，那么使用的是栈区。

在算法类竞赛中通常都使用全局数组来存储数据，以便定义很大的数组。建立带头结点的循环静态链表及删除静态链表结点的过程示例如图 8-13 所示。其中，数组下标为 0 的数组元素是静态链表的头结点，数据域为 0，指针域 next 记录首元结点的数组下标。表尾结点的指针域 next 存储头结点的下标 0，形成一个循环静态链表。删除静态链表中的数据时，只是修改了该结点直接前驱的指针域，使其指向被删除结点的直接后继。被删除结点的数据依然存储在数组中，但是，从静态链表头结点按指针域存储的地址依次向后搜索时，已经无法找到被删除的结点。

	index	id	score	next
头结点	0	0	0	1
首元结点	1	20231001	66	2
	2	20231002	77	3
表尾结点	3	20231003	88	0

（a）新建带头结点的循环静态链表

	index	id	score	next
头结点	0	0	0	1
首元结点	1	20231001	66	2
已删除	2	20231002	77	3
表尾结点	3	20231003	88	0

（b）删除第 2 个结点后

	index	id	score	next
头结点	0	0	0	1
已删除	1	20231001	66	2
已删除	2	20231002	77	3
表尾结点	3	20231003	88	0

（c）删除第 1 个结点后

	index	id	score	next
头结点	0	0	0	1
已删除	1	20231001	66	2
已删除	2	20231002	77	3
已删除	3	20231003	88	0

（d）删除最后一个结点后

图 8-13　带头结点的循环静态链表存储及结点删除示例

例 **8-20** 用循环静态链表实现学生数据的存储、遍历和删除等操作。

```
#include <stdio.h>
#define N 3
/* 预定义表头输出格式符 */
#define FormatT "%-6s%-12s%7s %6s\n"
/* 预定义表格内容输出格式符 */
#define Format "%-6d%-12ld %7.2f%6d\n"
/* 单链表数据类型声明 */
typedef struct Node
{
    long id;      /* 学号 */
    float score; /* 成绩 */
    int next;     /* 指针域 */
} StaticList;
StaticList s[N + 1] =
```

```
    {{0, 0}, {20231001, 66}, {20231002, 77}, {20231003, 88}};
/*建立带头结点的静态循环单链表函数*/
void ListCreate(StaticList *s, int n)
{
    int i;
    /*每个结点的指针域指向下一个结点*/
    for (i = 0; i <n; i++)
    {
        s[i].next = i + 1;
    }
    /*最后一个结点指针域指向头结点，形成循环静态单链表*/
    s[n].next = 0;
}
/*遍历静态链表函数*/
void ListTraver(StaticList *s)
{
    int i;
    printf("***************************************************\n");
    printf("静态单链表中存储的数据（首元结点-->表尾结点）：\n");
    printf(FormatT, "Index", "Id", "Score", "Next");
    for (i = 0; s[i].next != 0; i = s[i].next)
    {
        printf(Format, i, s[i].id, s[i].score, s[i].next);
    }
    /*输出最后一个结点的数据*/
    printf(Format, i, s[i].id, s[i].score, s[i].next);
}
/*求静态链表长度函数*/
int ListLength(StaticList *s)
{
    int len = 0, i;
    for (i = 0; s[i].next != 0; i = s[i].next)
        len++;
    return len;
}
/*删除静态链表中第 x 个结点*/
```

```
void ListDelete(StaticList *s, int x)
{
    int len = ListLength(s), i, n;
    if (x<1 || x> len)
    {
        printf("删除位置出错！\n");
        return;
    }
    else
    {
        /*寻找第 x 个结点的直接前驱结点（下标用 i 记录）*/
        for (i = 0, n = 0; s[i].next != 0&& n <x - 1; i = s[i].next)
            n++;
        n = s[i].next; /*用 n 记录第 x 个结点的下标*/
        printf("删除结点的数据：\n");
        printf(Format, n, s[n].id, s[n].score, s[n].next);
        s[i].next = s[n].next; /*修改 x 直接前驱的后继结点为 x 的直接后继*/
    }
}
int main(void)
{
    int n;
    ListCreate(s, N); /*建立带头结点的静态循环单链表*/
    ListTraver(s);    /*遍历静态链表*/
    while (1)
    {
      printf("**************************************************\n");
      printf("请输入要删除结点的序号(1~%d),结束请输入-1:", ListLength(s));
      scanf("%d,", &n);
      if (n == -1)
            break;
      ListDelete(s, n); /*删除静态链表中第 n 个结点*/
      ListTraver(s);    /*遍历静态链表*/
    }
    return 0;
}
```

程序运行结果：

```
[root@swjtu-kp chpt-8]# ./chpt8-20
*******************************************************
静态单链表中存储的数据（首元结点-->表尾结点）：
Index Id            Score   Next
0     0              0.00    1
1     20231001      66.00    2
2     20231002      77.00    3
3     20231003      88.00    0
*******************************************************
请输入要删除结点的序号(1~3),结束请输入-1:2
删除结点的数据:
2     20231002      77.00    3
*******************************************************
静态单链表中存储的数据（首元结点-->表尾结点）：
Index Id            Score   Next
0     0              0.00    1
1     20231001      66.00    3
3     20231003      88.00    0
*******************************************************
请输入要删除结点的序号(1~2),结束请输入-1:1
删除结点的数据:
1     20231001      66.00    3

*****************************************************
静态单链表中存储的数据（首元结点-->表尾结点）：
Index Id            Score   Next
0     0              0.00    3
3     20231003      88.00    0
*****************************************************
请输入要删除结点的序号(1~1),结束请输入-1:1
删除结点的数据:
3     20231003      88.00    0
*****************************************************
静态单链表中存储的数据（首元结点-->表尾结点）：
Index Id            Score   Next
0     0              0.00    0
*****************************************************
请输入要删除结点的序号(1~0),结束请输入-1:3
删除位置出错!
*****************************************************
静态单链表中存储的数据（首元结点-->表尾结点）：
Index Id            Score   Next
0     0              0.00    0
*****************************************************
请输入要删除结点的序号(1~0),结束请输入-1:-1
```

程序说明：本程序中没有实现静态循环链表的查找、插入和修改等常见功能，可结合其他基本操作的实现原理，自行实现其他功能，并添加到程序中。此外，也可以仿照动态链表的实现原理，将静态链表的类型定义及常用函数单独在一个头文件 StaticList.h 中实现，在源程序文件中只需加入文件包含命令，就可以使用声明的类型和定义的函数。

8.7 枚举类型

如果变量的取值范围是有限的，就可定义该变量为枚举类型。例如：月份只能取 1 月到 12 月；星期的取值只能是星期一至星期日；逻辑变量只能取 0、1 两个值。为了支持这种取值个数有限的数据表示，ANSI C 引入了枚举类型。枚举类型用关键字 enum 表示，枚举就是将变量有限个可能的值一一列出。

1. 枚举类型的声明

枚举类型声明的一般形式为

enum 枚举类型名{枚举元素 1,枚举元素 2……,枚举元素 n};

声明一个枚举类型时，{}中的值称为枚举元素或枚举常量，是由用户自行定义的标识符，也称为枚举值。C 语言在编译时按顺序分配给它们的值为 0、1、2、3、4…。虽然枚举值对应整型值，但使用枚举值可以增加程序的可读性，且限制了枚举变量的取值范围，解决实际问题时比直接使用整型更好。

例如：

```
enum weekday {sun,mon,tue ,wed,thu,fri,sat};
```

声明了一个枚举类型 enum weekday,{}中列出了此类型数据可以取的值是 sun 到 sat 七个，其中 sun 的值为 0，mon 的值为 2，…，sat 的值为 6。

枚举元素的值在声明时也可以由程序指定，如：

```
enum weekday {sun =7,mon=1,tue,wed,thu,fri,sat};
```

枚举元素 sun 的值为 7，mon 的值为 1，后面的值顺序加 1，sat 就为 6。

枚举类型声明之后，就可以定义相应的枚举变量。

2. 枚举变量的定义

枚举类型的变量定义形式如下：

enum 枚举类型名 枚举变量名;

例如，完成类型声明后，可定义如下变量：

```
enum weekday a,b;
```

或声明枚举类型的同时直接定义，如：

```
enum {sun,mon,tue,wed,thu,fri,sat}a,b;
```

3. 枚举变量的引用

对枚举类型变量的引用方式如下：

（1）直接将枚举常量的值赋给枚举变量。如：

```
a = mon;
printf("%d", a); /*将输出整数 1*/
```

（2）可将枚举变量和枚举常量的值进行判断比较。如：

```
if (a == mon) ……
    if (a > sun)……
```

特别说明：

✧ 不能给枚举元素（常量）赋值，如 sun=7;mon=1; 是错误的。

✧ 不能将一个整数值直接赋给一个枚举变量，如 a=2;b=6; 是错误的。因为整数和枚举变量属于不同类型，若要赋值，必须先进行强制类型转换，如：

```
a = (enum weekday)7;
b = (enum weekday)6;
```

✧ 枚举变量可以进行加减整型数据的运算，如：

```
b = (enum weekday)(a + 1);
```

✧ 可以通过 printf()函数输出枚举变量的值，但不能直接输出枚举元素对应的标识符。如果要输出枚举值的标识符，可以将枚举值转换为相应字符串进行输出。

例 **8-21** 枚举类型应用举例。已知今天星期几，求 d 天后是星期几。

```
#include <stdio.h>
int main(void)
{
    enum weekday{sun,mon,tue,wed,thu,fri,sat};/*声明枚举类型*/
    enum weekday today,someday;/*定义枚举变量*/
    char day[7][10]=
        {"星期日","星期一","星期二","星期三","星期四","星期五","星期六"};
    int d=10;
    today = sun;/*给枚举变量赋值为枚举元素值*/
     printf("今天是：%s\n",day[today]);
     someday=(enumweekday)((today+d)%7);/*求 d 天后是星期几*/
     printf("%d 天后是：%s\n",d,day[someday]);
     return 0;
}
```

程序运行结果：

```
[root@swjtu-kp chpt-8]# ./chpt8-21
今天是：星期日
10天后是：星期三
```

程序说明：此程序功能是根据当前枚举变量 today 的值计算 d 天之后是星期几。其中，((today+d)%7)使用了取余数运算（%），可以保证无论 d 的取值是多少，枚举变量 someday 的取值始终在范围 0~6 之间。字符数组 day 的作用是便于将枚举常量转换为其对应的字符串输出，也可使用 switch 语句实现该功能。

8.8 类型重定义

为了便于程序的移植和实际问题求解的需要，用户除了可以使用 C 语言提供的标准类型（如 int、char 和 float 等）和自定义的数据类型（如数组、结构体、共用体和枚举）外，还允许使用 typedef 定义新的数据类型名，以取代已有的类型名。

类型重定义的一般形式为

typedef 原数据类型名 新类型名;

例如：

```
typedef int AGE;
```

其作用是定义新类型名 AGE，类型 AGE 等价于基本数据类型名 int，以后就可以利用 AGE 定义 int 型变量了。例如：

```
AGE a1;
```

等价于：

```
int a1;
```

使用类型重定义的优点是能够增加程序的可读性。由上述语句可以看出，当用 AGE 定义变量 a1 时，可以判断出 a1 变量可能表示人的年龄。

用 typedef 不但可以定义简单数据类型，还可以定义比较复杂的数据类型，如结构体、数组、指针、函数等。下面分别举例加以介绍。

1. 简单数据类型

例如：定义新数据类型名 ID、GENDER、SCORE。

```
typedef long ID;
typedef char GENDER;
typedef float SCORE;
```

这样就可以使用 ID、GENDER 和 SCORE 分别代替基本数据类型 long、char 和 float，使用它们可以定义变量和数组等。例如：

```
ID i, j, k;
GENDER a, b;
SCORE s[3];
```

在上面的定义中，变量 i、j、k 被定义成了 long 类型，可以表示学号或工号等编号信息；变量 a、b 被定义成了 char 类型，可以表示性别；一维数组 s 长度为 3，可用于存储 3 个成绩。它们等价于如下定义：

```
long i, j, k;
char a, b;
float s[3];
```

2. 结构体类型

例如：三维空间的坐标点可定义一种数据类型。

```
typedef struct
{
    int x, y, z;
} POINT;
```

这样就可以用新类型名 POINT 定义结构体变量，每个结构体变量表示三维空间中的一个点，它包含三个成员，可分别表示该点的 x 坐标值、y 坐标值和 z 坐标值。例如：

```
POINT p1, p2, p3;
```

等价于如下定义：

```
struct
{
    int x, y, z;
} p1, p2, p3;
```

3. 数　组

例如：假设经常要定义长度为 30 的字符数组，可以自定义数组类型。

```
typedef char ARRAY[30];
```

然后，就可以用 ARRAY 定义变量，例如：

```
ARRAY a, b, c;
```

这样定义以后，变量 a、b 和 c 都是长度为 30 的一维字符数组。等价于：

```
char a[30], b[30], c[30];
```

4. 指　针

例如：C 语言中可以用字符指针指向一个字符串，如果经常要使用到字符指针，就可以定义一种数据类型来表示字符指针。可定义如下：

```
typedef char *STRING;
```

这样就可以用新类型 STRING 来定义指向字符串的字符指针变量。例如：

```
STRING addr, name;
```

等价于：

```
char *addr, *name;
```

定义了字符指针变量，就可以将一个字符串常量的地址赋给该指针变量，即使字符指针指向字符串。同时，还可以使用库函数 puts 进行字符串的输出。

例如：

```
addr1 = "SouthWest JiaoTong University";
name = "Yang Jianghu";
puts(addr);
puts(name);
```

5. 函　数

typedef 还可用于函数类型的定义，例如：

```
typedef int FUN();
```

这样就可对同类型的函数简化定义如下：

```
FUN a;
```

等价于：

```
int a();
```

特别说明：

- ✧ typedef 不能创造新的类型，只能为已有的类型增加一个类型名；
- ✧ typedef 只能用来定义类型名，而不能用来定义变量。

8.9 本章小结

本章介绍了结构体、共用体、枚举等用户自定义数据类型的声明、变量的定义和引用，以及结构体数组的定义和使用、结构体指针的定义和使用等知识，并通过典型的实例加以应用。

结构体与共用体变量的定义形式相似，但它们的含义不同。结构体变量所占内存长度是各成员占的内存长度之和，每个成员分别占有自己的内存单元。共用体变量所占的内存长度等于最长的成员长度，所有成员共用一段内存。结构体变量和共用体变量都不能整体进行存取，但是结构体变量可以初始化，而共用体变量只能初始化第一个成员。结构体成员运算符“.”的左侧必须为结构体变量名，指向成员运算符“->”的左侧必须为指向结构体变量的指针变量。

本章还详细介绍了动态链表和静态链表的定义及基本操作的实现。链表是一种很重要的数据结构，动态链表可以根据需要实现动态的存储空间分配，它被广泛应用于各种数据处理领域。静态链表在对内存管理不是特别严格的情况下比较适用，在算法竞赛中也使用得比较多。

枚举类型可以直观形象地表示有限个数的数据。用 typedef 可以给已定义的类型取一个别名，并不产生新的数据类型，可以增强程序的可读性。熟练掌握自定义数据类型相关知识，可以解决大量应用问题。

第9章 文 件

学习目标

- ✧ 理解文件的基本概念；
- ✧ 掌握文件指针的定义、文件的打开和关闭；
- ✧ 掌握文本文件的读写；
- ✧ 掌握二进制文件的读写。

9.1 文件的基本概念

前面各章节程序运行过程中的数据仅在程序运行时保存在内存空间中，程序运行结束，这些数据不再保存到磁盘中。如果希望保存程序运行过程中的数据，可以使用文件。文件是数据的组织形式，是存放在外部存储介质上的数据集合。计算机操作系统对数据以文件为单位进行管理，按文件名对文件进行各种操作。比如要读取数据，必须按文件名找到该文件，才能对它进行操作；而要存储数据，也必须事先建立一个文件，再向它输出数据。下面介绍文件的基本概念。

1. 磁盘文件和标准设备文件

磁盘文件是以磁盘为对象的数据文件，其内容通常是程序运行过程中所得到的一些中间数据或最终结果。磁盘文件没有记录的概念，无文件类型的区别，文件空间也不预先确定，另外文件也无顺序存取和随机存取的区别。例如，源程序、目标程序、一篇文章等都是磁盘文件。

标准设备文件（标准 I/O 文件）是以终端为对象的标准化设备文件。从操作系统的角度来看，每一个与文件相关联的输入输出设备都可看作是一个文件。它将键盘定义为标准输入文件，从键盘上输入的任何内容都表示是从标准输入文件输入；显示器或打印机定义为标准输出文件，在屏幕或打印机上显示信息就意味着向标准输出设备输出。

2. 缓冲文件系统和非缓冲文件系统

缓冲文件系统对每一个正在使用的文件，都由系统自动在内存中为其开辟一个缓冲区。

缓冲区的大小由不同的 C 语言程序版本决定，一般为 512 字节。数据先被送入缓冲区，待缓冲区满后，再向内存或磁盘传送。

非缓冲文件系统，系统不自动开辟缓冲区，而是由程序为每一个文件设定缓冲区。C89 标准不采用非缓冲文件系统，而只采用缓冲文件系统。

3. 二进制文件和 ASCII 文件

C 语言把文件看作字符的序列，即把文件看作是由一个一个的字符顺序组成的。这些字符数据的存储方式有两种形式。

ASCII 文件（也称**文本文件**或 text 文件）的字符数据采用 ASCII 代码存储方式，每一个字符占用一个字节，其内容就是该字符的 ASCII 码。扩展名为.txt、.h、.c、.cpp 等的文件大多数都是文本文件，可以用记事本方式打开正常查看，不会出现乱码。例如，整数 32767，是由 5 个字符组成的，在 ASCII 文件中存储时会占用 5 个字节，每一个字符以其 ASCII 码存放，存储形式如图 9-1（a）所示。

二进制文件是把内存中的数据按规定的二进制形式存储。二进制文件也可以存储为扩展名为.txt 的文件，但是用记事本方式打开通常会出现乱码。同样是整数 32767，以二进制文件形式存储只需 2 个字节，与在内存中存储的形式一致，如图 9-1（b）所示。

00000011	00000010	00000111	00000110	00000111

（a）ASCII 文件存储形式

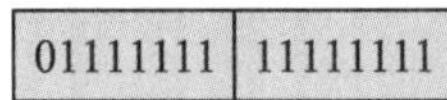

01111111	11111111

（b）二进制文件存储形式

图 9-1　整数 32767 在文件中的存储形式

一般情况下，二进制文件形式比 ASCII 码形式所占用的空间少，而且与数据在内存中的存储形式一致，文件无须转换即可读写，但不能直接输出字符形式；ASCII 码形式与字符一一对应，便于字符的输出，也便于处理字符，但占用空间较多，并且读写文件时将其转换为二进制会花费较多的转换时间。

不管是二进制文件还是 ASCII 文件，它们都是以字节为单位进行读写，都是将存储的内容看成**数据流**。输入输出数据流的开始和结束只受程序的控制，而不受数据本身物理符号（如换行符等）的控制。这种文件又称为**流式文件**，文件可以看作是一个**字节流**或**二进制流**。C 语言允许以一个字符为单位对文件进行读写，从而增加了处理的灵活性。

9.2　文件的打开与关闭

在 C 语言中，用文件指针标识文件，对文件进行操作之前要先打开文件，然后才能进行文件的读写操作，操作结束后要关闭文件。

9.2.1　文件指针

文件指针是贯穿缓冲文件系统的主线，一个文件指针是指向文件有关信息的指针。在缓冲文件系统中，每个被使用的文件都要在内存中开辟一个区域，用来存放与文件有关的信息，包含文件名、文件状态、缓冲区状态等信息。用来存放文件相关信息的是一个 FILE 类型的结构体变量，FILE 类型在头文件 stdio.h 中声明，不同的编译器对 FILE 的声明不一样，但均包含文件操作所需的各种信息。

在 C 语言程序中，编程者一般不直接定义 FILE 类型的结构体变量，而是定义一个文件类型的指针变量。文件指针定义的一般形式为

```
FILE *指针变量名;
```

例如，一个文件指针变量通常定义如下：

```
FILE *fp;
```

其中，fp 是一个指向 FILE 类型结构体变量的指针变量，通常简称**文件指针**。当要访问某个文件时，可以通过 fp 找到该文件对应的结构体变量，然后再通过结构体变量中的文件信息找到该文件，从而实施对文件的操作。

若想从一个输入文件读入数据，操作结果输出到另一个文件，则可定义 2 个文件指针变量，定义如下：

```
FILE *fin, *fout;
```

其中，文件指针 fin 指向输入文件，fout 指向输出文件。

若有 N 个文件，则可定义 N 个文件指针，分别指向各自存放信息的结构体变量。可以定义一个 FILE 类型的指针数组，用来存放 N 个文件指针（N 为常数）。定义如下：

```
FILE *fp[N];
```

其中，数组元素 fp[0]、fp[1]…fp[N-1]是分别指向 N 个文件的文件指针，确切地说是指向 FILE 类型结构体变量的指针变量。

特别说明：

✧ 文件类型名 FILE 的各个字符是英文大写字符。文件指针变量的名字不一定为 fp，只要是合法的标识符即可，但命名时要尽量做到“见名知意”。

✧ 在 C 语言程序开始运行时，系统会自动打开 3 个标准设备文件：**标准输入**文件（通常指键盘，用文件指针 stdin 指向）、**标准输出**文件（通常指显示器，用文件指针 stdout 指向）、**标准出错输出**文件（一般也指显示器，用文件指针 stderr 指向）。

9.2.2 文件的打开

打开文件是将文件的内容从磁盘上读入到内存缓冲区，建立文件的各种信息，并使文件指针指向该文件，以备对其进行读写操作。文件的打开是通过函数 fopen 实现的，该函数是 C89 标准库函数，在头文件 stdio.h 中声明。

函数原型为

```
FILE *fopen(char *filename, char *mode);
```

功能：按指定文件使用方式（mode）打开指定文件（filename）。如果打开操作成功，返回值是指向文件结构体的文件指针，否则返回一个空指针 NULL，即常量 0。其中，filename 为文件名，可以是**字符串常量、字符型数组名或指向字符串的字符指针**。文件名的结构为“**主文件名.扩展名**”，其中“扩展名”不能省略，必要时文件名还可包括路径名称。mode 是文件的使用方式，由一些特定的符号来表示，具体含义见表 9-1。

表 9-1　文件的使用方式表

文件类型	文件使用方式	作　用
文本文件	"r"	打开一个已经存在的文本文件。只读
	"w"	创建一个新的文本文件，原有同名文件会被覆盖。只写
	"a"	打开一个已经存在的文本文件，在文件末尾追加数据。如果文件不存在，则新建文件，再写入数据。只写
	"r+"	打开一个已经存在的文本文件。可读可写
	"w+"	建立一个新的文本文件，原有同名文件会被覆盖。可读可写
	"a+"	打开一个已经存在的文本文件，在文件末尾追加数据。如果文件不存在，则新建文件，再写入数据。可读可写
二进制文件	"rb"	打开一个已经存在的二进制文件。只读
	"wb"	创建一个新的二进制文件，原有同名文件会被覆盖。只写
	"ab"	打开一个已经存在的二进制文件，在文件末尾追加数据。如果文件不存在，则新建文件，再写入数据。只写
	"rb+"	打开一个已经存在的二进制文件。可读可写
	"wb+"	建立一个新的二进制文件，原有同名文件会被覆盖。可读可写
	"ab+"	打开一个已经存在的二进制文件，在文件末尾追加数据。如果文件不存在，则新建文件，再写入数据。可读可写

使用 fopen 函数的常用格式如下：

```
FILE *fp;
fp = fopen("file1.txt", "r");
```

其中，`"r"`表示以“只读”方式打开当前路径下的文本文件"file1.txt"，并使文件指针 fp 指向该文件。

关于文件使用方式的说明：

（1）文件使用方式中各字符的含义：`r(read)`：读；`w(write)`：写；`a(append)`：添加；`t(text)`：文本文件，可省略不写；`b(binary)`：二进制文件；`+`：可读和写。

（2）`"r"`方式用于打开一个已存在的文本文件，且只能由文件向计算机输入数据，而不能由计算机向文件输出数据。`"r"`方式打开的文件如果不存在，则打开文件失败。

（3）`"w"`方式可以建立并打开一个文本文件，若文件不存在，则按指定文件名先建立再打开；若文件已存在，则会删去原文件中的内容，该方式只能向文件输出数据，而不能由它向计算机输入数据。

（4）`"a"`方式表示在文件末尾追加数据，文件存在就打开文件在末尾追加数据，如果文件不存在，则先新建文件再写入数据。

（5）用`"r+"`、`"w+"`和`"a+"`方式打开的文件都可输入输出数据。区别在于："r+"要求文件事先已存在，"w+"可建立新文件，"a+"在文件末尾追加数据，原有内容不删除。

（6）另外的几种含`"b"`的方式与上述 6 种方式类似，只是操作对象为二进制文件。

特别说明：

✧ 打开的文件名 filename 中可以包含盘符和路径。例如：

```
FILE *fp = fopen("c:\\temp\\file1.txt", "r");
```

表示以只读方式打开计算机 C 盘中 temp 文件夹里面的文件 file1.txt。如不含盘符和路径，则默认为程序当前路径。因为双撇号括起的字符串中“\”开始表示转义字符，如果要表示路径中的斜杠，必须用双斜杠“\\”。

✧ 在程序中使用 fopen 函数时，可能会出现文件打开失败的情况，因此通常在打开文件的同时进行文件是否打开成功的判断。例如：

```
if ((fp = fopen("file1.txt", "r")) == NULL)
{
    printf("Can not open this file!\n");
    exit(0);
}
```

如果文件打开失败，则显示出错提示“Can not open this file!”，并调用 exit 函数关闭所有文件，终止程序的执行。

✧ 在使用 fopen 等与文件相关的库函数时，需要使用文件包含命令`#include<stdio.h>`将所需头文件包含到源程序文件中。

9.2.3 文件的关闭

在使用完一个文件后，关闭文件是非常必要的。不关闭文件就退出程序，可能导致数据的丢失。文件的关闭通过函数 fclose 实现。

函数原型为

```
int fclose(FILE *fp);
```

功能：关闭文件指针 fp 指向的文件。将使用完的文件从输入/输出缓冲区写回到磁盘，切断缓冲区与该文件的所有联系，同时释放文件缓冲区。如果关闭操作成功，返回值为 0，否则返回非 0。

使用 fclose 函数的一般形式为`fclose(fp);`，使用文件后一定要关闭文件。

9.3 文件的读写

成功打开一个文件之后，会返回一个指向该文件的文件指针，通过这个指针便可对文件进行读写操作。常用的文件读写操作可通过调用以下函数来实现。

（1）字符读写函数：fgetc()和 fputc()。

（2）字符串读写函数：fgets()和 fputs()。

（3）格式化读写函数：fscanf()和 fprintf()。

（4）数据块读写函数：fread()和 fwrite()。

（5）随机读写函数：fseek()、ftell()和 rewind()。

9.3.1 字符读写

标准设备文件的字符输入输出用 getchar 和 putchar 函数实现，而磁盘文件的字符输入和输出可用函数 fgetc 和 fputc 实现。

1. 读字符函数 fgetc

函数原型为

```
    int fgetc(FILE *fp);
```

功能：从文件指针 fp 所指向的文件的当前位置读取一个字符，并将**文件位置指针**移到下一个位置。函数返回值为读入的字符。当读入的字符为文件结束符或出错时，返回文件结束标志 EOF（EOF 值为-1，是在头文件 stdio.h 中预定义的符号常量）。

fgetc 的常见调用形式为

```
c = fgetc(fp);
```

其中，c 是字符型变量，用于存放读入的字符；fp 是文件指针。

特别说明：调用此函数要求该文件必须是以读或读写方式打开的。

2. 写字符函数 fputc

函数原型为

```
    int fputc(char ch,FILE *fp);
```

其中，ch 是字符型变量或字符常量；fp 是指向一个已打开文件的文件指针。

功能：在文件的当前位置写入一个字符。将字符 ch 输出到 fp 所指文件的当前位置。操作成功则返回输出的字符 ch，否则返回 EOF。

fputc 的常见调用形式为

```
fputc(ch, fp);
```

其中，ch 是写入文件的字符型变量，也可以是字符常量（如'\n'）；fp 是文件指针。

特别说明：调用此函数要求该文件必须是以写或读写方式打开的。

例 **9-1** 逐个字符将从键盘输入的 N 行字符写入指定的文件。

```
#include <stdio.h>
#include <stdlib.h>
#include <string.h>
#define N 6
/* 自定义函数 delFgets：处理库函数 fgets 读入一行字符串时会出现的问题*/
char *delFgets(char *str)
{
    int n = strlen(str) - 1;
    if (str[n] == '\n')
        str[strlen(str) - 1] = '\0'; // 将字符串中读入的换行符删除
     else
        while (getchar() != '\n') // 清空输入缓冲区中本行输入的多余字符序列
            ;
     return str;
}
int main(void)
```

```
{
    FILE *fp;             /*定义文件指针变量*/
    char filename[31]; /*定义存放文件名的字符数组*/
    char line[81], *p; /*line 用于存放一行字符*/
    int i;                /*定义循环变量*/
    printf("请输入一个文件名:");
    fgets(filename, 31, stdin); /*从键盘输入文件名*/
    /*将读入的文件名最后的换行符删除或者清空输入缓冲区*/
    delFgets(filename);
    if ((fp = fopen(filename, "w")) == NULL) /*打开文件失败*/
    {
        printf("Can not open file \"%s\"!\n", filename);
        exit(0); /*退出程序*/
    }
    printf("请输入%d 行字符串\n", N);
    for (i = 1; i <= N; i++)
    {
        fgets(line, 81, stdin); /*从键盘输入一行字符*/
        /*将读入的一行字符串最后的换行符删除或者清空输入缓冲区*/
        delFgets(line);
        p = line;             /*指针 p 指向数组 line*/
        while (*p != '\0') /*逐个字符写入文件*/
        {
            fputc(*p, fp);
            p++;
        }
        fputc('\n', fp); /*写入换行符*/
    }
    fclose(fp); /*关闭文件*/
    return 0;
}
```

程序运行结果：

```
[root@swjtu-kp ~]# cd chpt-9
[root@swjtu-kp chpt-9]# ls
9-1.cpp  chpt9-1
[root@swjtu-kp chpt-9]# ./chpt9-1
请输入一个文件名:file1.cpp
请输入6行字符串
#include<stdio.h>
int main(void)
```

```
{
  printf("Create file success!\n");
  return 0;
}
[root@swjtu-kp chpt-9]# ls
9-1.cpp  chpt9-1  file1.cpp
[root@swjtu-kp chpt-9]# gcc -o fout1 file1.cpp
[root@swjtu-kp chpt-9]# ls
9-1.cpp  chpt9-1  file1.cpp  fout1
[root@swjtu-kp chpt-9]# ./fout1
Create file success!
```

程序说明：

✧ 编译后在程序运行前，使用命令 `ls` 查看 chpt-9 文件夹，可以看到文件夹中只有两个文件：源程序文件 9-1.cpp 和编译得到的可执行程序文件 chpt9-1。

✧ 在终端输入命令`./chpt9-1`运行可执行程序 chpt9-1，可创建新文件并写入 N 行字符序列。例如，输入文件名 file1.cpp 将在程序当前路径以"w"方式新建并打开文件 file1.cpp，然后将输入的 N 行字符写入该文件。从程序运行结果可以看到，此处建立的文件 file1.cpp 保存的是一个 6 行的简单 C 语言源程序。程序运行结束后用 ls 命令再次查看 chpt-9 文件夹，可以看到新建的文件 file1.cpp 已经成功保存在当前文件夹中。可以用记事本或者任意一种 C 语言程序编辑工具打开查看文本文件中的内容，如图 9-2 所示。

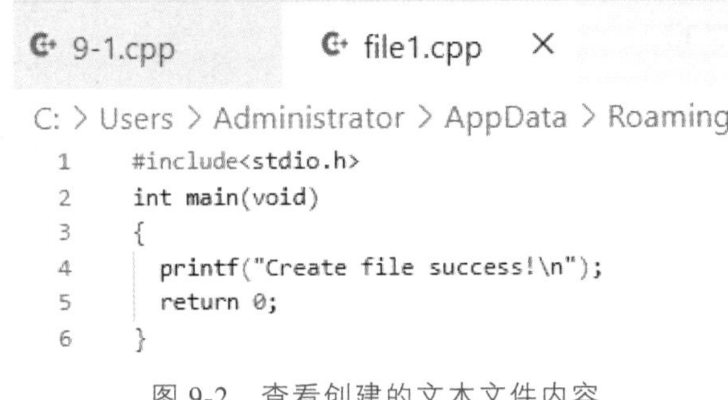

图 9-2 查看创建的文本文件内容

✧ 由于本次运行程序创建的文件 file1.cpp 保存了一个简单的合法 C 语言程序，为了加深理解，接下来可以在终端输入命令 `gcc -o fout1 file1.cpp` 对 file1.cpp 进行编译，然后在终端输入命令`./fout1` 运行程序，可看到 file1.cpp 运行结果：`Create file success!`。可以认为本程序实例实现了一个简单的 C 语言程序编辑和保存功能。

✧ 本程序运行结果是创建了一个.cpp 文件，实际上存储数据的文件名可以由用户自己定义，扩展名也可以是“.txt”“.dat”“.c”“.h”等，不同扩展名表示不同文件类型。可以从键盘随意输入 N 行字符写入创建的文件。

✧ 每次将读入的一行字符写入文件后，要用 `fputc('\n',fp);`写入一个换行符，否则文件中 N 行字符将连接在一行。

✧ 每一行字符处理之前，都要用语句 p=line;使行指针 p 指向行缓冲区 line 的起始地址，否则会出错。

例 **9-2** 逐个字符复制一个文本文件到另外一个文本文件，并在终端上显示文件内容。

```
#include <stdio.h>
```

```c
#include <stdlib.h>
#include <string.h>
/* 自定义函数 delFgets：处理库函数 fgets 读入一行字符串时会出现的问题*/
char *delFgets(char *str)
{
    int n = strlen(str) - 1;
    if (str[n] == '\n')
        str[strlen(str) - 1] = '\0'; // 将字符串中读入的换行符删除
    else
        while (getchar() != '\n') // 清空输入缓冲区中本行输入的多余字符序列
            ;
    return str;
}
int main(void)
{
    FILE *fin, *fout;
    char filein[31], fileout[31];
    char c;

    /*打开源文件和目标文件*/
    printf("请输入源文件名(filein): ");
    fgets(filein, 31, stdin); /*从键盘输入文件名*/
    /*将读入的文件名最后的换行符删除或者清空输入缓冲区*/
    delFgets(filein);
    if ((fin = fopen(filein, "r")) == NULL)
    {
        printf("Can not open file \"%s\"!\n", filein);
        exit(0);
    }

    printf("请输入目标文件名(fileout): ");
    fgets(fileout, 31, stdin); /*从键盘输入文件名*/
    /*将读入的文件名最后的换行符删除或者清空输入缓冲区*/
    delFgets(fileout);
    if ((fout = fopen(fileout, "w")) == NULL)
    {
        printf("Can not open file \"%s\"!\n", fileout);
        exit(0);
    }
```

```
    /*实现文件的复制和显示*/
    printf("\n源文件和目标文件中的内容相同，具体如下：\n");
    c = fgetc(fin); /*从源文件读入第一个字符，存入 c*/
    while (c != EOF) /*c 中字符不是文件结束符*/
    {
        fputc(c, fout); /*将 c 中字符写入目标文件*/
        putchar(c);     /*将 c 中字符显示在屏幕上*/
        c = fgetc(fin); /*从源文件读入下一个字符，存入 c*/
    }
    /*关闭文件*/
    fclose(fin);
    fclose(fout);
    return 0;
}
```

程序运行结果：

```
[root@swjtu-kp chpt-9]# ./chpt9-2
请输入源文件名(filein): file1.cpp
请输入目标文件名(fileout): fileout.txt

源文件和目标文件中的内容相同，具体如下：
#include<stdio.h>
int main(void)
{
  printf("Create file success!\n");
  return 0;
}
```

程序说明：文件结束符 EOF，只适用于判断文本文件是否结束。因为文本文件中字符的编码值不会是负数，而二进制文件，读入的一个字节的二进制数据的值有可能是-1（EOF），故而用 EOF 表示二进制文件的结束不适用。

9.3.2 字符串读写

对文件的输入输出，除了以字符为单位进行处理之外，还可以字符串为单位进行处理，也称作“行处理”。磁盘文件中的一个字符串可以通过调用函数 fgets 和 fputs 进行读和写。

1. 读字符串函数 fgets

函数原型为

```
char *fgets(char *buf,int n,FILE *fp);
```

其中，buf 是指向字符串的指针（字符数组的内存地址），允许读取的最大字符个数是 n-1；fp 是要读取数据的文件指针。

功能：从 fp 所指向的文件中读取一个字符串（字符数不大于 n-1），然后在末尾添加一个字符串结束符'\0'，存放于 buf 指向的字符数组中。读取过程中若遇换行符或文件结束符 EOF，则停止读取。函数调用成功返回值是字符数组 buf 的起始地址，如读到文件尾或出错时，则返回 NULL。

fgets 的常见调用形式为

```
fgets(line, n, fp);
```

表示从 fp 所指文件中读取一个字符串（最多读取 n-1 个字符），末尾添加'\0'，然后存入字符数组 line。

特别说明：

✧ 函数 fgets 从文件中读取字符时，只要遇到以下条件之一，读取立即结束，函数返回：

（1）已经读取了 n-1 个字符；

（2）读取到换行符；

（3）已到文件尾。

✧ 尽管参数中指定了读取字符的个数最多为 n-1 个，但实际上读到的一行字符串长度常常比指定长度要短，此时，会将行末的换行符也存入 **buf** 数组，再添加一个字符串结束符'\0'。若输入缓冲区中的一行字符串长度超出了 n-1，会截取前 n-1 个字符存入 buf 数组，再添加一个字符串结束符'\0'，输入缓冲区中剩余的字符序列不会自动清空，会影响到后续数据的读取。Windows 操作系统可以使用库函数（如 fflush）来清空输入缓冲区，但是不同操作系统使用的函数会有区别。

✧ 为了增强不同操作系统的适用性，本书涉及 fgets 函数的使用时，都会自定义一个函数 **delFgets** 来处理库函数 **fgets** 读入一行字符串时会出现的这些问题，该函数在前面的章节中已经多次使用到，本章再次进行说明。

2. 写字符串函数 fputs

函数原型为

```
int fputs(char *str,FILE *fp);
```

其中，str 是指向字符串的指针（字符数组的内存地址）；fp 是要写入数据的文件指针。

功能：将 str 所指字符串的内容写入 fp 所指文件中。但串末的字符串结束符'\0'会自动舍去而不写入文件中。这与函数 fgets 在输入字符串的末尾追加字符'\0'的特性是相呼应的。函数操作成功返回 0，否则返回 EOF。

fputs 的常见调用形式为

```
fputs(line, fp);
```

其中，line 是指向字符串的指针或字符数组名、字符串常量；fp 是所要写入文件的文件指针，表示将字符串 line 存入 fp 所指文件的当前位置。

例 **9-3** 逐行将从键盘输入的 N 行字符写入指定的文件。

```
#include <stdio.h>
#include <stdlib.h>
#include <string.h>
#define N 6
/* 自定义函数 delFgets：处理库函数 fgets 读入一行字符串时会出现的问题*/
char *delFgets(char *str)
{
    int n = strlen(str) - 1;
```

```
    if (str[n] == '\n')
        str[strlen(str) - 1] = '\0'; // 将字符串中读入的换行符删除
    else
        while (getchar() != '\n') // 清空输入缓冲区中本行输入的多余字符序列
            ;
    return str;
}
int main(void)
{
    FILE *fp;           /*定义文件指针变量*/
    char filename[31]; /*定义存放文件名的字符数组*/
    char line[81], *p; /*line 用于存放一行字符*/
    int i;              /*定义循环变量*/
    printf("请输入一个文件名:");
    fgets(filename, 31, stdin); /*从键盘输入文件名*/
    /*将读入的文件名最后的换行符删除或者清空输入缓冲区*/
    delFgets(filename);
    if ((fp = fopen(filename, "w")) == NULL) /*打开文件失败*/
    {
        printf("Can not open file \"%s\"!\n", filename);
        exit(0); /*退出程序*/
    }
    printf("请输入%d 行字符串\n", N);
    for (i = 1; i <= N; i++)
    {
        fgets(line, 81, stdin); /*从键盘输入一行字符*/
        fputs(line, fp);
    }
    fclose(fp); /*关闭文件*/
    return 0;
}
```

程序运行结果：

```
[root@swjtu-kp chpt-9]# ./chpt9-3
请输入一个文件名:竹石.txt
请输入6行字符串
竹石
[清] 郑板桥
咬定青山不放松,
立根原在破岩中。
千磨万击还坚劲,
任尔东西南北风。
[root@swjtu-kp chpt-9]# ls
9-0.h    9-2b.cpp  9-3.cpp  chpt9-1err  chpt9-3  file1.cpp        fileout.txt  竹石.txt
9-1.cpp  9-2.cpp   chpt9-1  chpt9-2     f1.txt   file9-3竹石.txt  fout1
```

程序说明：使用语句 `fgets(line, 81, stdin);`从键盘输入一行字符串时，由于输入的字符串长度一般小于 81，因此 line 中存储的字符串末尾都存入了换行符`'\n'`和`'\0'`。用`fputs(line, fp);`将 line 中字符串写入文件时无须在每行末尾添加换行符。

创建的文本文件可以记事本方式打开。用记事本打开文件“竹石.txt”，如图 9-3 所示。

竹石.txt - 记事本
文件(F) 编辑(E) 格式(O) 查看(V) 帮助(H)
竹石
[清] 郑板桥
咬定青山不放松，
立根原在破岩中。
千磨万击还坚劲，
任尔东西南北风。

图 9-3　查看按字符串读写方式创建的文件内容

例 **9-4** 逐行将一个文本文件复制到另外一个文件，并在终端显示。

```
#include <stdio.h>
#include <stdlib.h>
#include <string.h>
/* 自定义函数 delFgets：处理库函数 fgets 读入一行字符串时会出现的问题*/
char *delFgets(char *str)
{
    int n = strlen(str) - 1;
    if (str[n] == '\n')
        str[strlen(str) - 1] = '\0'; // 将字符串中读入的换行符删除
    else
        while (getchar() != '\n') // 清空输入缓冲区中本行输入的多余字符序列
            ;
    return str;
}
int main(void)
{
    FILE *fin, *fout;
    char filein[31], fileout[31];
    char line[81];
    int i;

    /*打开源文件和目标文件*/
    printf("请输入源文件名(filein): ");
    fgets(filein, 31, stdin); /*从键盘输入文件名*/
    /*将读入的文件名最后的换行符删除或者清空输入缓冲区*/
    delFgets(filein);
```

```
    if ((fin = fopen(filein, "r")) == NULL)
    {
        printf("Can not open file \"%s\"!\n", filein);
        exit(0);
    }
    printf("请输入目标文件名(fileout): ");
    fgets(fileout, 31, stdin); /*从键盘输入文件名*/
    /*将读入的文件名最后的换行符删除或者清空输入缓冲区*/
    delFgets(fileout);
    if ((fout = fopen(fileout, "w")) == NULL)
    {
        printf("Can not open file \"%s\"!\n", fileout);
        exit(0);
    }
    /*实现文件的复制*/
    while (!feof(fin))
    {
        fgets(line, 81, fin); /*从源文件读入一行字符*/
        fputs(line, fout);    /*逐行写入目标文件*/
        puts(line);           /*将该行字符显示在屏幕上*/
    }
    /*关闭文件*/
    fclose(fin);
    fclose(fout);
    return 0;
}
```

程序运行结果：

```
[root@swjtu-kp chpt-9]# ./chpt9-4
请输入源文件名(filein): 竹石.txt
请输入目标文件名(fileout): file4.txt
竹石

[清] 郑板桥

咬定青山不放松，

立根原在破岩中。

千磨万击还坚劲，

任尔东西南北风。
```

程序说明：该程序运行后，文件 file4.txt 中内容与源文件“竹石.txt”完全一样，但是屏幕上用 puts 函数每输出一行字符后面就输出一个空行。原因是：fgets 从键盘读入一行较短的字符串时，末尾存储了换行符'\n'，然后添加串结束符'\0'。函数 fputs 向文件写入数据时，会将串尾的'\n'写入文件，并舍弃字符串末尾的字符串结束符'\0'；而函数 puts 会把串尾字符'\n'之后的'\0'也转换成换行符输出，相当于字符串后有两个'\n'，故而屏幕上每输出一行字符就输出一个空行。

9.3.3 格式化读写

标准设备文件的格式化输入输出用 scanf 和 printf 函数实现，而磁盘文件的格式化输入输出可通过函数 fscanf 和 fprintf 来完成。

1. 格式化读函数 fscanf

函数原型为

```
int fscanf(FILE *fp,char *format,arg_list);
```

其中，fp 是指向输入文件的文件指针；format 是输入格式；arg_list 是参数表。

功能：按指定格式 format 从 fp 指向的文件中读取信息。使用方式与 scanf 函数近似，区别在于 scanf 从键盘输入缓冲区读取数据，而 fscanf 读取的对象是文件。该函数返回值为实际被赋值的参数的个数。

fscanf 的常见调用形式为

```
fscanf(fp, "%d%s", &n, name);
```

表示从 fp 所指文件中读入一个整数值并赋值给变量 n，再读入一个字符串存入字符数组 name。

特别说明：fscanf 后两个参数与 scanf 函数中的参数含义相同。当 fp 为标准输入 stdin 时，函数 fscanf 与 scanf 在功能上完全相同。例如：`fscanf(stdin,"%d",&n);`等价于`scanf("%d",&n);`。

2. 格式化写函数 fprintf

函数原型为

```
int fprintf(FILE *fp,char *format,arg_list);
```

其中，fp、format、arg_list 与 fscanf 函数中的参数含义相同。

功能：将参数表 arg_list 内的各参数值以 format 所指定的格式输出到 fp 指向文件中。如果操作成功，返回实际输出的字符个数，否则返回一个负值。

fprintf 的常见调用形式为

```
fprintf(fp, "%d,%s", n, name);
```

表示先将变量 n 以有符号十进制整数格式写入 fp 所指文件，再将字符数组 name 中存放的字符串写入 fp 所指文件，中间以逗号间隔。

特别说明：fprintf 后两个参数与 printf 函数中的参数含义相同。当 fp 为标准输出 stdout 时，fprintf 与 printf 在功能上完全相同。例如：`fprintf(stdout,"%d",n);`等价于`printf("%d",n);`。

例 **9-5** 采用格式化写函数将 N 个学生的成绩写入一个文本文件，并显示在终端。

```
#include <stdio.h>
#include <stdlib.h>
#include <string.h>
#define N 5

/* 自定义函数 delFgets：处理库函数 fgets 读入一行字符串时会出现的问题*/
```

```c
char *delFgets(char *str)
{
    int n = strlen(str) - 1;
    if (str[n] == '\n')
        str[strlen(str) - 1] = '\0'; // 将字符串中读入的换行符删除
    else
        while (getchar() != '\n') // 清空输入缓冲区中本行输入的多余字符序列
            ;
    return str;
}
struct student
{
    unsigned id;
    char name[11];
    int score;
} stu[N] = {{20231001, "王维安", 98},
            {20231002, "李云翔", 56},
            {20231003, "陈子寒", 32},
            {20231010, "刘星雨", 63},
            {20230007, "胡江杨", 85}};

int main(void)
{
    FILE *fp;
    char file[31];
    int i;
    /*打开文件*/
    printf("请输入存储成绩表的文件名(file):\n");
    fgets(file, 31, stdin); /*从键盘输入文件名*/
    /*将读入的文件名最后的换行符删除或者清空输入缓冲区*/
    delFgets(file);
    if ((fp = fopen(file, "w")) == NULL)
    {
        printf("Can not open file \"%s\"!\n", file);
        exit(0);
    }
    /*将数据写入文件并显示在屏幕上*/
    printf("学生成绩表如下:\n");
    for (i = 0; i <N; i++)
```

```
    {
        /*逐条记录写入目标文件*/
        fprintf(fp, "%u %s %d\n"
                stu[i].id, stu[i].name, stu[i].score);
        /*逐条将记录显示在屏幕上*/
        printf("%-9u%-11s%4d\n",
               stu[i].id, stu[i].name, stu[i].score);
    }
    /*关闭文件*/
    fclose(fp);
    return 0;
}
```

程序运行结果：

```
[root@swjtu-kp chpt-9]# ./chpt9-5
请输入存储成绩表的文件名(file):
file5.txt
学生成绩表如下:
20231001 王维安    98
20231002 李云翔    56
20231003 陈子寒    32
20231010 刘星雨    63
20230007 胡江杨    85
```

程序说明：运行程序后，文件 file5.txt 中将保存 5 行数据，每行记录一个学生的学号、姓名和成绩，中间用空格隔开，如图 9-4 所示。

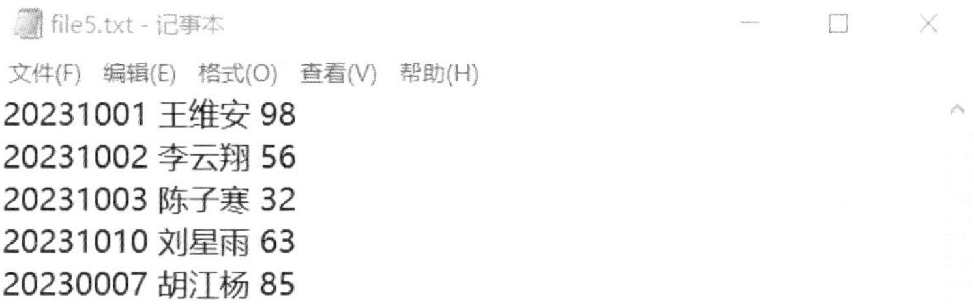

```
file5.txt - 记事本
文件(F) 编辑(E) 格式(O) 查看(V) 帮助(H)
20231001 王维安 98
20231002 李云翔 56
20231003 陈子寒 32
20231010 刘星雨 63
20230007 胡江杨 85
```

图 9-4　格式化写文件结果示例

例 9-6 格式化读写文件，将例 9-5 建立的学生成绩表中的不及格学生信息写入文件 fail6.txt。

```
#include <stdio.h>
#include <stdlib.h>
#include <string.h>
#define N 5
/* 自定义函数 delFgets：处理库函数 fgets 读入一行字符串时会出现的问题*/
char *delFgets(char *str)
{
    int n = strlen(str) - 1;
    if (str[n] == '\n')
```

```
        str[strlen(str) - 1] = '\0'; // 将字符串中读入的换行符删除
    else
        while (getchar() != '\n') // 清空输入缓冲区中本行输入的多余字符序列
            ;
    return str;
}
int main(void)
{
    FILE *fin, *fout;
    char filein[31];
    long id;
    char name[11];
    int score;

    /*打开源文件和目标文件*/
    printf("请输入源文件名(filein)!\n");
    fgets(filein, 31, stdin); /*从键盘输入文件名*/
    /*将读入的文件名最后的换行符删除或者清空输入缓冲区*/
    delFgets(filein);
    if ((fin = fopen(filein, "r")) == NULL)
    {
        printf("Can not open file \"%s\"!\n", filein);
        exit(0);
    }
    if ((fout = fopen("fail6.txt", "w")) == NULL)
    {
        printf("Can not open file !\n");
        exit(0);
    }

    /*从源文件逐条读取记录，将不及格学生记录写入 fout 所指文件*/
    printf("不及格学生成绩表如下:\n");
    while (!feof(fin))
    {
        fscanf(fin, "%ld %s %d\n", &id, name, &score); /*逐条读取记录*/
        /*不及格记录写入 fout 所指文件，并显示在屏幕上*/
        if (score <60)
        {
            fprintf(fout, "%ld %s %d\n", id, name, score);
```

```
            printf("%ld %s %d\n", id, name, score);
        }
    }
    /*关闭文件*/
    fclose(fin);
    fclose(fout);
    return 0;
}
```

程序运行结果：

```
[root@swjtu-kp chpt-9]# ./chpt9-6
请输入源文件名(filein)!
file5.txt
不及格学生成绩表如下:
20231002 李云翔 56
20231003 陈子寒 32
```

程序说明：

✧ 程序中调用的函数 feof，其功能是检查文件指针所指文件的当前状态是否为“文件结束”，文件结束返回非 0；否则，返回 0。feof 的函数原型为 `int feof(FILE *fp);`，该函数对检查文本文件和二进制文件是否“文件结束”均可使用。

✧ 用 fscanf 和 fprintf 函数读写文件使用方便、容易理解，但系统要将输入的 ASCII 码转换为二进制形式存储在内存中，输出到文件时又要将二进制形式转换成字符形式，比较浪费时间。若数据量较大，则不推荐使用。

9.3.4 数据块读写

在编程求解具体问题时，常常要求一次读入一组数据块（如结构体变量各成员的值），ANSI C 提供 fread 和 fwrite 两个函数用于数据块的读写。如果文件以二进制形式打开，用 fread 和 fwrite 函数读写文件，则在输入输出时不需要进行 ASCII 码和二进制的转换，可直接传送二进制形式的数据，提高数据读写的速度。

1. 数据块读函数 fread

函数原型为

```
int fread(void *buf,unsigned size,unsigned n,FILE *fp);
```

其中，buf 是存放读入数据的指针；size 是要读数据块的字节数；n 是数据块的个数；fp 是所要读入文件的文件指针。

功能：从 fp 所指文件的当前位置开始读取 size×n 个字节的数据。实质为对 fp 所指向的文件读 n 次，每次读一个数据块，该数据块为 size 个字节的一组数据，它们可以是一个实数或是一个结构体变量的值。函数调用成功，返回 n 的值，若文件结束或出错，返回 0。

fread 的常见调用形式为

```
fread(buf, sizeof(int), 20, fp);
```

表示从 fp 所指文件当前位置开始读取 20 个整数，存入内存的 buf 缓冲区中。

2. 数据块写函数 fwrite

函数原型为

```
int fwrite (void *buf, unsigned size, unsigned n,FILE *fp);
```

其中，各参数含义与 fread()函数的参数类似。

功能：往 fp 所指文件的当前位置开始写入 size×n 个字节的数据。实质为对 fp 所指向的文件写 n 次，每次写一个数据块，该数据块为 size 个字节的一组数据，它们可以是一个实数或是一个结构体变量的值。函数调用成功，返回 n 的值。

fwrite 的常见调用形式为

```
fwrite(buf, sizeof(int), 20, fp);
```

表示从内存的 buf 缓冲区中读取 20 个整数，写入 fp 所指文件的当前位置。

例 9-7 二进制文件的数据块读写。从键盘输入 N 个学生信息（学号、姓名和 3 门课成绩），将其存入一个二进制文件，再从文件中读取数据，输出到屏幕。

```
#include <stdio.h>
#include <stdlib.h>
#include <string.h>
#define N 3
/* 自定义函数 delFgets：处理库函数 fgets 读入一行字符串时会出现的问题*/
char *delFgets(char *str)
{
    int n = strlen(str) - 1;
    if (str[n] == '\n')
        str[strlen(str) - 1] = '\0'; // 将字符串中读入的换行符删除
    else
        while (getchar() != '\n') // 清空输入缓冲区中本行输入的多余字符序列
            ;
    return str;
}
struct student
{
    long id;
    char name[10];
    float score[3];
} stu[N];
int main(void)
{
    FILE *fp;
    char file[30];
    int i;
```

```
    /*以写方式打开一个二进制文件*/
    printf("请输入文件名(file)!\n");
    fgets(file, 31, stdin); /*从键盘输入文件名*/
    /*将读入的文件名最后的换行符删除或者清空输入缓冲区*/
    delFgets(file);
    if ((fp = fopen(file, "wb")) == NULL)
    {
        printf("Can not open file \"%s\"!\n", file);
        exit(0);
    }
    /*从键盘输入 N 个学生信息*/
    printf("请输入%d 个学生信息(学号、姓名和 3 门课成绩):\n", N);
    for (i = 0; i <N; i++)
    {
        scanf("%d%s", &stu[i].id, stu[i].name);
        scanf("%f%f%f",
              &stu[i].score[0], &stu[i].score[1], &stu[i].score[2]);
    }
    /*将 N 块学生信息写入文件*/
    for (i = 0; i <N; i++)
        fwrite(&stu[i], sizeof(struct student), 1, fp);
    fclose(fp); /*关闭文件*/
    /*以读方式重新打开刚才建立的二进制文件*/
    if ((fp = fopen(file, "rb")) == NULL)
    {
        printf("Can not open file \"%s\"!\n", file);
        exit(0);
    }
    /*从二进制文件中读取 N 块数据*/
    for (i = 0; i <N; i++)
        fread(&stu[i], sizeof(struct student), 1, fp);
    /*将数据输出到屏幕*/
    printf("输出%d 个学生信息(学号、姓名和 3 门课成绩):\n", N);
    for (i = 0; i <N; i++)
    {
        printf("%-10d %-10s ", stu[i].id, stu[i].name);
        printf("%5.1f ", stu[i].score[0]);
        printf("%5.1f ", stu[i].score[1]);
        printf("%5.1f\n", stu[i].score[2]);
```

```
    }
    fclose(fp); /*关闭文件*/
    return 0;
}
```

程序运行结果：

```
[root@swjtu-kp chpt-9]# ./chpt9-7
请输入文件名(file)!
file7.dat
请输入3个学生信息(学号、姓名和3门课成绩):
20232001 LiuNing 88 96 84
20232002 YangHui 78 86 79
20232003 HuJiang 86 89 91
输出3个学生信息(学号、姓名和3门课成绩):
20232001   LiuNing    88.0  96.0  84.0
20232002   YangHui    78.0  86.0  79.0
20232003   HuJiang    86.0  89.0  91.0
```

程序说明：该程序运行后，以`"wb"`文件使用方式建立一个新的二进制文件 file7.dat，并采用 fread 和 fwrite 函数对二进制文件进行读取。程序运行结束后，如果用记事本打开二进制文件 file7.dat，则文件中会出现乱码，如图 9-5 所示。

图 9-5　记事本打开二进制文件出现乱码示例

仔细观察 file7.dat 会发现英文字母都原样显示，只有数值型数据，如学号、成绩是乱码，这是因为英文字母在二进制文件中依然占用 1 个字节，存储的是字母对应的 ASCII 码；而数值型数据是以二进制形式存储的，每个数值型数据根据其类型用多个字节表示。以记事本方式打开的时候，只是把每个字节对应的二进制以字符形式显示，故而出现乱码。

9.3.5　随机读写

前面介绍的文件读写函数都是顺序读写，即读写文件只能从头开始，依次读写各数据。使用 fopen 打开一个文件可以得到一个文件位置指针，这个指针就会被用于读写文件。在读取一个文件的时候，文件位置指针指向下一个要读取的字符（一开始指向第一个字符），每当调用一次读取函数时，如 fgetc/fgets，这个文件位置指针就会向后移动一个或者多个字符。如图 9-6 所示为打开文件时的文件位置指针示意。文件位置指针与文件指针是不同的概念，请勿混淆。

在实际程序开发中，经常需要读写文件的任意需要位置，即文件的随机读写。要实现文件的随机读写，就需要先移动文件位置指针，再进行读写。指定这个文件位置指针指向的位置，即指向第几个字符，然后从这个字符开始读写。文件的随机读写方式可以实现从文件的任意位置开始读写数据。

图 9-6 打开文件时的文件位置指针

实现随机读写的关键是要按要求移动文件位置指针，这称为文件的定位。

1. 文件位置指针定位函数 fseek

函数原型为

```
int fseek(FILE *fp,long offset,int origin);
```

其中，fp 是文件指针；offset 是偏移量；origin 是起始地址。

功能：按照偏移量 offset 和起始地址 origin 的值，设置与 fp 相连接的文件位置指针的位置。操作成功，返回 0 值，否则返回-1。

起始地址 origin 指出以什么位置为基准进行移动，它的取值为 0、1、2。其中，0 表示文件开始，1 表示当前位置，2 表示文件末尾。为方便用户记忆和使用，在头文件 stdio.h 中还为 origin 定义了 3 个宏名，如表 9-2 所示。

表 9-2 起始地址对应的宏名和值

起始地址	宏 名	值
文件开始	SEEK_SET	0
文件当前位置	SEEK_CUR	1
文件末尾	SEEK_END	2

偏移量 offset 指从起始地址 origin 到要确定的新位置之间的字节数，也就是以起始地址为基点，向文件尾方向移动的字节数。大多数 C 语言程序版本要求 offset 必须是一个长整型量（long），以支持大于 64 KB 的文件。按 C89 标准规定，在数字末尾加一个字母 L 或 l 就表示长整型。这样，当文件很长时（如大于 64 KB 时），偏移量仍在长整型数据所表示的范围内，不会出错。

由于文本文件要发生字符转换，计算位置时会发生混乱，所以函数 **fseek** 一般只用于二进制文件。

下面是几个 fseek 函数调用的例子：

（1）`fseek(fp,30L,0);`表示将文件位置指针向文件末尾方向移动到离文件开始 30 个字节处。

（2）`fseek(fp,-20L,1);`表示将文件位置指针从当前位置向文件开始方向移动 20 个字节。

（3）`fseek(fp,-10L,2);`表示将文件位置指针从文件末尾向文件开始方向移动 10 个字节。

使用中可以用 fseek 把文件位置指针移到文件内的任意位置，甚至超出文件尾部，但不能把它移到文件开始之前，否则会出错。

2. 文件位置指针当前值函数 ftell

函数原型为

```
long ftell(FILE *fp);
```

功能：返回 fp 所指文件的文件位置指针的当前值。这个值是文件位置指针从文件开始到当前位置的位移量字节数，是一个长整型数据。

当调用函数 ftell 出错时（如文件不存在等），函数返回值为-1L。若指定的文件不能被随机搜索，则返回值没有意义。

例如：

```
long i;
if ((i = ftell(fp)) == -1L)
    printf("File error!\n");
```

当返回值为-1L 时，输出“File error!”，用来指出调用 ftell 函数出错。

3. 文件位置指针复位函数 rewind

函数原型为

```
void rewind(FILE *fp);
```

功能：使 fp 所指文件的文件位置指针重新返回到文件开始处，并清除文件结束标志和错误标志。函数无返回值。

例 9-8 随机读写文件实例。根据例 9-7 中所得二进制文件中存储的数据，求出学生人数，分别输出文件中奇数行的学生信息和偶数行的学生信息。

```
#include <stdio.h>
#include <stdlib.h>
#include <string.h>
#define N 10
/* 自定义函数 delFgets：处理库函数 fgets 读入一行字符串时会出现的问题*/
char *delFgets(char *str)
{
    int n = strlen(str) - 1;
    if (str[n] == '\n')
         str[strlen(str) - 1] = '\0'; // 将字符串中读入的换行符删除
     else
         while (getchar() != '\n') // 清空输入缓冲区中本行输入的多余字符序列
             ;
     return str;
}
struct student
```

```
{
    long id;
    char name[10];
    float score[3];
} stu[N];
int main(void)
{
    FILE *fp;
    char file[31];
    int i, n;
    /*以读方式打开一个二进制文件*/
    printf("请输入文件名(file)!\n");
    fgets(file, 31, stdin); /*从键盘输入文件名*/
    /*将读入的文件名最后的换行符删除或者清空输入缓冲区*/
    delFgets(file);
    if ((fp = fopen(file, "rb")) == NULL)
    {
        printf("Can not open file \"%s\"!\n", file);
        exit(0);
    }
    fseek(fp, 0L, SEEK_END);        /*将文件位置指针移至文件尾*/
    n = ftell(fp);                  /*求文件数据占用的总字节数*/
    n = n / sizeof(struct student); /*求学生数据的个数，即人数*/
    printf("该文件存储了%d 个学生的信息。\n", n);
    rewind(fp); /*将文件位置指针移至文件头*/
    for (i = 0; i < n; i++)
        fread(&stu[i], sizeof(struct student), 1, fp);
    printf("\n 输出文件中奇数行的学生信息(学号、姓名和 3 门课成绩):\n");
    for (i = 0; i < n; i = i + 2)
    {
        printf("%-10d %-10s ", stu[i].id, stu[i].name);
        printf("%5.1f ", stu[i].score[0]);
        printf("%5.1f ", stu[i].score[1]);
        printf("%5.1f\n", stu[i].score[2]);
    }
    rewind(fp); /*将文件位置指针移至文件头*/
    printf("\n 输出文件中偶数行的学生信息(学号、姓名和 3 门课成绩):\n");
    for (i = 1; i < n; i = i + 2)
    {
```

```
        fseek(fp, sizeof(struct student), SEEK_CUR);
        fread(&stu[i], sizeof(struct student), 1, fp);
        printf("%-10d %-10s ", stu[i].id, stu[i].name);
        printf("%5.1f ", stu[i].score[0]);
        printf("%5.1f ", stu[i].score[1]);
        printf("%5.1f\n", stu[i].score[2]);
    }
    fclose(fp); /*关闭文件*/
    return 0;
}
```

程序运行结果：

```
[root@swjtu-kp chpt-9]# ./chpt9-8
请输入文件名(file)!
file7.dat
该文件存储了3个学生的信息。

输出文件中奇数行的学生信息(学号、姓名和3门课成绩):
20232001   LiuNing     88.0  96.0  84.0
20232003   HuJiang     86.0  89.0  91.0

输出文件中偶数行的学生信息(学号、姓名和3门课成绩):
20232002   YangHui     78.0  86.0  79.0
```

9.4　文件检测函数

1. 文件结束检测函数 feof

函数原型为

```
int feof(FILE *fp);
```

功能：检查文件指针 fp 所指文件的文件位置指针是否到达文件末尾。返回值为 0，表示未到文件尾；返回非 0 值，表示到达文件末尾。该函数对测试文本文件和二进制文件是否为“文件结束”均适用。

2. 文件出错检测函数 ferror

函数原型为

```
int ferror(FILE *fp);
```

功能：检测文件指针 fp 所指文件最近一次的操作是否发生错误。返回值为 0，表示未出错，返回值非 0，表示出错。要检测文件读写过程是否出错，就可在调用某读写函数后，再调用函数 ferror 进行检查。

3. 清除出错标记函数 clearerr

函数原型为

```
void clearerr(FILE *fp);
```

功能：清除对 fp 所指文件进行读写操作时出现的错误，使 fp 所指文件的错误标志和文件结束标志置 0。调用 fopen 时文件的出错标记会设置为 0，文件读写操作一旦出错，就修改出错标记，并将一直保持到对同一个文件执行 clearerr 或 rewind 等操作。

9.5 本章小结

本章主要介绍了文件的打开、关闭、读写等基本函数的使用。当处理大量的数据，并需要保存这些数据到磁盘文件时，就可以调用文件的基本操作来实现数据的存储；反之，也可以从文件中读取数据，通过程序进行数据的加工处理。掌握文件的基本操作对实际问题的求解将有很大帮助。

文件是指存储在外部介质上的数据集合，从用户角度上看，文件可以分为磁盘文件和标准输入输出文件。常用的磁盘文件按照处理方法的不同又可分为缓冲文件系统和非缓冲文件系统。ANCII C 重点研究缓冲文件系统。根据文件中数据的存储形式不同，又可将文件分为文本文件和二进制文件。

用户需要根据文件类型的不同，使用不同的函数实现文件的操作。格式化读写函数 fscanf()和 fprintf()，一般用于文本文件的读写。数据块读写函数 fread()、fwrite()和随机读写函数 fseek()、ftell()，一般用于二进制文件的读写。本章介绍的其他关于文件的函数对文本文件和二进制文件均适用。

附　录

附录 I　标准 ASCII 码字符集

<table>
<tr><th>十进制码</th><th>字　符</th><th>十进制码</th><th>字　符</th><th>十进制码</th><th>字　符</th><th>十进制码</th><th>字　符</th></tr>
<tr><td>0</td><td>NUL</td><td>32</td><td>(space)</td><td>64</td><td>@</td><td>96</td><td>`</td></tr>
<tr><td>1</td><td>SOH</td><td>33</td><td>!</td><td>65</td><td>A</td><td>97</td><td>a</td></tr>
<tr><td>2</td><td>STX</td><td>34</td><td>"</td><td>66</td><td>B</td><td>98</td><td>b</td></tr>
<tr><td>3</td><td>ETX</td><td>35</td><td>#</td><td>67</td><td>C</td><td>99</td><td>c</td></tr>
<tr><td>4</td><td>EOT</td><td>36</td><td>$</td><td>68</td><td>D</td><td>100</td><td>d</td></tr>
<tr><td>5</td><td>END</td><td>37</td><td>%</td><td>69</td><td>E</td><td>101</td><td>e</td></tr>
<tr><td>6</td><td>ACK</td><td>38</td><td>&</td><td>70</td><td>F</td><td>102</td><td>f</td></tr>
<tr><td>7</td><td>BEL</td><td>39</td><td>'</td><td>71</td><td>G</td><td>103</td><td>g</td></tr>
<tr><td>8</td><td>BS</td><td>40</td><td>(</td><td>72</td><td>H</td><td>104</td><td>h</td></tr>
<tr><td>9</td><td>HT</td><td>41</td><td>)</td><td>73</td><td>I</td><td>105</td><td>i</td></tr>
<tr><td>10</td><td>LF</td><td>42</td><td>*</td><td>74</td><td>J</td><td>106</td><td>j</td></tr>
<tr><td>11</td><td>VT</td><td>43</td><td>+</td><td>75</td><td>K</td><td>107</td><td>k</td></tr>
<tr><td>12</td><td>FF</td><td>44</td><td>,</td><td>76</td><td>L</td><td>108</td><td>l</td></tr>
<tr><td>13</td><td>CR</td><td>45</td><td>-</td><td>77</td><td>M</td><td>109</td><td>m</td></tr>
<tr><td>14</td><td>SO</td><td>46</td><td>.</td><td>78</td><td>N</td><td>110</td><td>n</td></tr>
<tr><td>15</td><td>SI</td><td>47</td><td>/</td><td>79</td><td>O</td><td>111</td><td>o</td></tr>
<tr><td>16</td><td>DLE</td><td>48</td><td>0</td><td>80</td><td>P</td><td>112</td><td>p</td></tr>
<tr><td>17</td><td>DC1</td><td>49</td><td>1</td><td>81</td><td>Q</td><td>113</td><td>q</td></tr>
<tr><td>18</td><td>DC2</td><td>50</td><td>2</td><td>82</td><td>R</td><td>114</td><td>r</td></tr>
<tr><td>19</td><td>DC3</td><td>51</td><td>3</td><td>83</td><td>S</td><td>115</td><td>s</td></tr>
<tr><td>20</td><td>DC4</td><td>52</td><td>4</td><td>84</td><td>T</td><td>116</td><td>t</td></tr>
<tr><td>21</td><td>NAK</td><td>53</td><td>5</td><td>85</td><td>U</td><td>117</td><td>u</td></tr>
<tr><td>22</td><td>SYN</td><td>54</td><td>6</td><td>86</td><td>V</td><td>118</td><td>v</td></tr>
<tr><td>23</td><td>ETB</td><td>55</td><td>7</td><td>87</td><td>W</td><td>119</td><td>w</td></tr>
<tr><td>24</td><td>CAN</td><td>56</td><td>8</td><td>88</td><td>X</td><td>120</td><td>x</td></tr>
<tr><td>25</td><td>EM</td><td>57</td><td>9</td><td>89</td><td>Y</td><td>121</td><td>y</td></tr>
<tr><td>26</td><td>SUB</td><td>58</td><td>:</td><td>90</td><td>Z</td><td>122</td><td>z</td></tr>
<tr><td>27</td><td>ESC</td><td>59</td><td>;</td><td>91</td><td>[</td><td>123</td><td>{</td></tr>
<tr><td>28</td><td>FS</td><td>60</td><td><</td><td>92</td><td>\</td><td>124</td><td>|</td></tr>
<tr><td>29</td><td>GS</td><td>61</td><td>=</td><td>93</td><td>]</td><td>125</td><td>}</td></tr>
<tr><td>30</td><td>RS</td><td>62</td><td>></td><td>94</td><td>^</td><td>126</td><td>~</td></tr>
<tr><td>31</td><td>US</td><td>63</td><td>?</td><td>95</td><td>_</td><td>127</td><td>Del</td></tr>
</table>

附录Ⅱ 控制字符含义

控制字符	含 义	控制字符	含 义
NUL(null)	空字符	SOH(start of handing)	标题开始
STX(start of text)	正文开始	ETX(end of text)	正文结束
EOT(end of transmission)	传输结束	ENQ(enquiry)	请求
ACK(acknowledge)	收到通知	BEL(bell)	响铃
BS(backspace)	退格	HT(horizontal tab)	水平制表符
LF(NL line feed, new line)	换行键	VT(vertical tab)	垂直制表符
FF(NP form feed, new page)	换页键	CR(carriage return)	回车键
SO(shift out)	不用切换	SI(shift in)	启用切换
DLE(data link escape)	数据链路转义	DC1(device control 1)	设备控制 1
DC2(device control 2)	设备控制 2	DC3(device control 3)	设备控制 3
DC4(device control 4)	设备控制 4	NAK(negative acknowledge)	拒绝接收
SYN(synchronous idle)	同步空闲	ETB(end of transblock)	传输块结束
CAN(cancel)	取消	EM(end of medium)	介质中断
SUB(substitute)	替补	ESC(escape)	溢出
FS(file separator)	文件分割符	GS(group separator)	分组符
RS(record separator)	记录分离符	US(unit separator)	单元分隔符

附录Ⅲ　运算符的优先级和结合性

<table>
<tr><th>优先级</th><th>运算符</th><th>含　义</th><th>要求运算对象的个数</th><th>结合方法</th></tr>
<tr><td>1</td><td>()
[]
→
·</td><td>圆括号
下标运算标
指向结构体成员运算符
结构体成员运算符</td><td></td><td>自左至右</td></tr>
<tr><td>2</td><td>!
~
++
--
-
(类型)
*
&
sizeof</td><td>逻辑非运算符
按位取反运算符
自增运算符
自减运算符
负号运算符
类型转换运算符
指针运算符
地址与运算符
长度运算符</td><td>1（单目运算符）</td><td>自右至左</td></tr>
<tr><td>3</td><td>*
/
%</td><td>乘法运算符
除法运算符
求余运算符</td><td>2（双目运算符）</td><td>自左至右</td></tr>
<tr><td>4</td><td>+
-</td><td>加法运算符
减法运算符</td><td>2（双目运算符）</td><td>自左至右</td></tr>
<tr><td>5</td><td><<
>></td><td>左移运算符
右移运算符</td><td>2（双目运算符）</td><td>自左至右</td></tr>
<tr><td>6</td><td>< <= > >=</td><td>关系运算符</td><td>2（双目运算符）</td><td>自左至右</td></tr>
<tr><td>7</td><td>==
!=</td><td>等于运算符
不等于运算符</td><td>2（双目运算符）</td><td>自左至右</td></tr>
<tr><td>8</td><td>&</td><td>按位与运算符</td><td>2（双目运算符）</td><td>自左至右</td></tr>
<tr><td>9</td><td>^</td><td>按位异或运算符</td><td>2（双目运算符）</td><td>自左至右</td></tr>
<tr><td>10</td><td>|</td><td>按位或运算符</td><td>2（双目运算符）</td><td>自左至右</td></tr>
<tr><td>11</td><td>&&</td><td>逻辑与运算符</td><td>2（双目运算符）</td><td>自左至右</td></tr>
<tr><td>12</td><td>||</td><td>逻辑运算符</td><td>2（双目运算符）</td><td>自左至右</td></tr>
<tr><td>13</td><td>?:</td><td>条件运算符</td><td>2（双目运算符）</td><td>自左至右</td></tr>
<tr><td>14</td><td>= += -=
*= /= %= >>=
<<= &= ^= |=</td><td>赋值运算符</td><td>2（双目运算符）</td><td>自右至左</td></tr>
<tr><td>15</td><td>,</td><td>逗号运算符（顺序求职运算符）</td><td></td><td>自左至右</td></tr>
</table>

说明：

① 同一优先级的运算符优先级别相同，运算次序由结合方向决定。例如，*与/具有相同的优先级别，其结合方向为自左至右，因此，3*5/4 的运算次序是先乘后除。-和++为同一优先级，结合方向为自右至左，因此-i++相当于-(i++)。

② 不同的运算符要求有不同的运算对象个数，如+（加）和-（减）为双目运算符，要求在运算符两侧各有一个运算对象（如 3+5、8-3 等）。而++和-（负号）运算符是单目运算符，只能在运算符的一侧出现一个运算对象，如-a、i++、--i、(float)i、sizeof(int)、*p 等。条件运算符是 C 语言中唯一的一个三目运算符，如 x?a:b。

③ 从上述表中可以大致归纳出各类运算符的优先级：

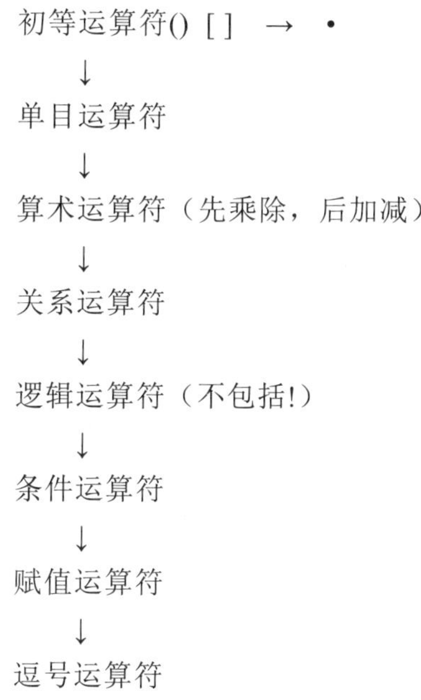

以上优先级别由上到下递减。初等运算符优先级最高，逗号运算符优先级最低。位运算符的优先级比较分散。为了容易记忆，使用位运算符时可加圆弧号。

附录Ⅳ　printf 函数与 scanf 函数使用介绍

printf 格式字符

格式字符	说　明	举　例	输出结果
d 或 i	以带符号的十进制形式输出整数（整数不输出符号）	printf(“%d” ,32); printf(“%i” ,32);	32 32
u	以无符号十进制形式输出整数	printf(“%u” ,32);	32
o	以无符号八进制形式输出整数	printf(“%o” ,32);	40
x 或 X	以无符号十六进制形式输出整数，用 x 时字母用 a~f，用 X 时字母用 A~F	printf(“%x” ,255); printf(“%X” ,255);	ff FF
c	以字符形式输出一个字符	printf(“%c” ,’A’);	A
s	输出字符串	printf(“%s” , “hello”);	hello
e 或 E	以指数形式输出实数。默认精度 6 位小数。指数部分占 5 位（如 e+005），其中 e 占 1 位，指数符号占 1 位，指数占 3 位。数值规范化（小数点前有且仅有 1 位非零数字）	printf(“%e” ,123.4567); printf(“%E” ,123.4567);	1.234567e+002 1.234567E+002
f	以小数形式输出实数，默认精度 6 位小数	printf(“%f” ,123.4567);	123.456700
g 或 G	选用%f 和%e 格式输出宽度较短的一种格式，不输出无意义的 0	printf(“%g” ,123.4567);	123.4567
p	以无符号十六进制整数表示变量的指针值	int a=10; printf("%p",&a);	0012FF7C
%	输出符号%本身	printf(“%%”);	%

printf 宽度指示符

宽度指示符	说　明	举　例	输出结果
n	输出至少占 n 个字符，若不足 n 个，空位用空格填充（有标志字符‘-’，右边填空格，否则左边填空格）	printf(“%5d” ,123); printf(“%-5d” ,123);	□□123 123□□
0n	输出至少占 n 个字符，若不足 n 个，则左边填 0	printf(“%5d” ,123); printf(“%-5d” ,123);	00123 123□□

printf 精度指示符

精度指示符	说　明	举　例	输出结果
无	默认精度	参见表“printf 格式字符”	
.0	对 d、i、o、u、x 格式符为默认精度，对 e、E、f 格式符则不输出小数点	printf(“%.0d” ,10) printf(“%.0f” ,10.5)	10 11
.n	对实数，表示输出 n 为小数；对字符串，表示截取的字符个数	printf(“%.2f” ,1.234); printf(“%.2s” , “hello”);	1.23 he
.*	在待转换数据前的数据中指定待转换数据的精度。右例中意思为待转换数据 1.5 的转换精度为 3 位小数	printf(“%.*f” ,3,1.5);	1.500

printf 格式修饰符

格式修饰符	说　明	举　例	输出结果
h	表示 short，用于输出 short int 和 short unsigned int 型数据	short int i=100; printf(“hd” ,i);	100
l	表示 long，用于输出 long int 和 double 型数据	long i=32768; printf(“%ld” ,i);	32768
L	用于输出 long double 型数据		

printf 标志符

标志符	说　明	举　例	输出结果
无	输出结果右对齐，左边填空格或零	printf(“%5d” ,32)	□□□32
-	输出结果左对齐，右边填空格	printf(“%-5d” ,32)	32□□□
+	带符号的转换，结果为非负以正号（+）开头，否则以负号（-）开头	printf(“%+5d” ,32) printf(“%-+5d” ,-32)	□□+32 -32□□
空格	结果为非负数，输出用空格代替正号，否则以负号（-）开头	printf(“%⊔ 5d” ,32) printf(“%⊔ 5d” ,-32)	□□□32 □□-32

scanf 格式字符

格式字符	说　明
d	输入有符号的十进制整数
i	输入有符号的八、十或十六进制整数
u	输入无符号的十进制整数
o	输入无符号的八进制整数
x	输入无符号的十六进制整数
c	输入单个字符
s	输入字符串，将字符串送到一个字符数组中，输入时以非空白字符开始，以第一个空白字符结束，字符串以串结束标志'\0'作为其最后一个字符
f	输入实数，可以用小数或指数形式输入
e、E、g、G	与 f 作用相同，e 与 f、g 可相互替换（大小写作用相同）

scanf 的格式修饰符

格式修饰符	说　明
l	输入长整型数据（可用%ld、%lo、%lx、%lu、%li）以及 double 型数据（用%lf 或%le）
L	输入 long double 型数据（用%Lf 或%Le）
h	输入短整型数据（可用%hd、%ho、%hx、%hi）
width	指定输入数据所占宽度（列数），域宽应为正整数
*	表示本输入项在读入后不赋给相应的变量

附录Ⅴ　C 语言常用标准库函数

库函数并不是 C 语言的一部分，它是由编译程序根据一般用户的需要编制并提供用户使用的一组程序。每一种 C 编译系统都提供了一批库函数，不同的编译系统所提供的库函数的数目和函数名以及函数功能是不完全相同的。ANSI C 标准提出了一批建议提供的标准库函数。它包括了目前多数 C 编译系统所提供的库函数，但也有一些是某些 C 编译系统未曾实现的。考虑到通用性，本书列出了 ANSI C 标准建议提供的部分常用库函数。

由于 C 语言库函数的种类和数目很多（例如：还有屏幕和图形函数、时间日期函数、与本系统有关的函数等，每一类函数又包括各种功能的函数），限于篇幅，本附录不能全部介绍，只从教学需要的角度列出最基本的库函数。读者在编制 C 语言程序时可能要用到更多的函数，请查阅所用系统的手册。

1. 数学函数

使用数学函数时，应该在源文件中使用命令：

`#include<math.h>` 或者 `#include"math.h"`

函数名	函数与形参类型	功　能	返回值
abs	int abs(int x);	求整数 x 的绝对值	计算结果
acos	double acos(double x);	计算 $\cos^{-1}(x)$的值 -1<=x<=1	计算结果
asin	double asin(double x);	计算 $\sin^{-1}(x)$的值 -1<=x<=1	计算结果
atan	double atan(doublex);	计算 $\tan^{-1}(x)$的值	计算结果
atan2	double atan2(double x, double y);	计算 $\tan^{-1}(x/y)$的值	计算结果
cos	double cos(double x);	计算 cos(x)的值 x 的单位为弧度	计算结果
cosh	double cosh(double x);	计算 x 的双曲余弦 cosh(x)的值	计算结果
exp	double exp(double x);	求 e^x 的值	计算结果
fabs	double fabs(double x);	求 x 的绝对值	计算结果
floor	double floor(double x);	求出不大于 x 的最大整数	该整数的双精度实数
fmod	double fmod(double x, double y);	求整除 x/y 的余数	返回余数的双精度实数
frexp	double frexp(double val, int *eptr);	把双精度数 val 分解成数字部分(尾数)和以 2 为底的指数，即 val=x*2^n,n 存放在 eptr 指向的变量中	数字部分 x 0.5<=x<1
log	double log(double x);	求 $\log_e x$ 即 lnx	计算结果
log10	double log10(double x);	求 $\log_{10} x$	计算结果

续表

函数名	函数与形参类型	功 能	返回值
modf	double modf(double val, int *iptr);	把双精度数 val 分解成数字部分和小数部分，把整数部分存放在 ptr 指向的变量中	val 的小数部分
pow	double pow(double x, double y);	求 x^y 的值	计算结果
sin	double sin(double x);	求 sin(x)的值 x 的单位为弧度	计算结果
sinh	double sinh(double x);	计算 x 的双曲正弦函数 sinh(x)的值	计算结果
sqrt	double sqrt (double x);	计算 $\sqrt{x}$,x≥0	计算结果
tan	double tan(double x);	计算 tan(x)的值 x 的单位为弧度	计算结果
tanh	double tanh(double x);	计算 x 的双曲正切函数 tanh(x)的值	计算结果

2. 字符函数

在使用字符函数时，应该在源文件中使用命令：

`#include<ctype.h>` 或者 `#include"ctype.h"`

函数名	函数和形参类型	功 能	返回值
isalnum	int isalnum(int ch);	检查 ch 是否是字母或数字	是字母或数字返回 1；否则返回 0
isalpha	int isalpha(int ch);	检查 ch 是否是字母	是字母返回 1；否则返回 0
iscntrl	int iscntrl(int ch);	检查 ch 是否是控制字符（其 ASCII 码在 0 和 0xlF 之间）	是控制字符返回 1；否则返回 0
isdigit	int isdigit(int ch);	检查 ch 是否是数字	是数字返回 1；否则返回 0
isgraph	int isgraph(int ch);	检查 ch 是否是可打印字符（其 ASCII 码在 0x21 和 0x7e 之间），不包括空格	是可打印字符返回 1；否则返回 0
islower	int islower(int ch);	检查 ch 是否是小写字母(a～z)	是小写字母返回 1；否则返回 0
isprint	int isprint(int ch);	检查 ch 是否是可打印字符（其 ASCII 码在 0x21 和 0x7e 之间），不包括空格	是可打印字符返回 1；否则返回 0
ispunct	int ispunct(int ch);	检查 ch 是否是标点字符(不包括空格)，即除字母、数字和空格以外的所有可打印字符	是标点返回 1；否则返回 0

续表

函数名	函数和形参类型	功　能	返回值
isspace	int isspace(int ch);	检查ch是否是空格、跳格符（制表符）或换行符	是，返回1；否则返回0
issupper	int isalsupper(int ch);	检查ch是否是大写字母（A～Z）	是大写字母返回1；否则返回0
isxdigit	int isxdigit(int ch);	检查ch是否是一个16进制数字(即0～9，或A到F，a～f)	是，返回1；否则返回0
tolower	int tolower(int ch);	将ch字符转换为小写字母	返回ch对应的小写字母
toupper	int touupper(intch);	将ch字符转换为大写字母	返回ch对应的大写字母

3. 字符串函数

使用字符串中函数时，应该在源文件中使用命令：

#include<string.h>　或者　#include"string.h"

函数名	函数和形参类型	功　能	返回值
strcat	char *strcat(char *str1, char *str2);	把字符str2接到str1后面，取消原来str1最后面的串结束符'\0'	返回str1
strchr	char *strchr(char *str s, int ch);	找出str指向的字符串中第一次出现字符ch的位置	返回指向该位置的指针，如找不到，则应返回NULL
strcmp	int *strcmp(char *str1, char *str2);	比较字符串str1和str2	str1<str2，为负数 str1=str2，返回0 str1>str2，为正数
strcpy	char *strcpy(char *str1, char *str2);	把str2指向的字符串拷贝到str1中去	返回str1
strlen	unsigned intstrlen(char *str);	统计字符串str中字符的个数（不包括终止符'\0'）	返回字符个数
strncat	char *strncat(char *str1, char *str2; unsigned int count);	把字符串str2指向的字符串中最多count个字符连到串str1后面，并以NULL结尾	返回str1
strncmp	int strncmp(char *str1, char *str2, unsigned int count);	比较字符串str1和str2中至多前count个字符	str1<str2，为负数 str1=str2，返回0 str1>str2，为正数
strncpy	char *strncpy(char *str1, char *str2, unsigned int count);	把str2指向的字符串中最多前count个字符拷贝到串str1中去	返回str1

续表

函数名	函数和形参类型	功　能	返回值
strnset	void *setnset(char *buf, char ch, unsigned int count);	将字符 ch 拷贝到 buf 指向的数组前 count 个字符中	返回 buf
strset	void *setnset(void *buf, char ch);	将 buf 所指向的字符串中的全部字符都变为字符 ch	返回 buf
strstr	char *strstr(char *str1, char *str2);	寻找 str2 指向的字符串在 str1 指向的字符串中首次出现的位置	返回 str2 指向的字符串首次出现的地址，否则返回 NULL

4. 内存操作函数

使用字符串中函数时，应该在源文件中使用命令：

#include<string.h>　或者　#include"string.h"

函数名	函数和形参类型	功　能	返回值
memcmp	int memcmp(void *buf1, void *buf2, unsigned int count);	按字典顺序比较由 buf1 和 buf2 指向内存的前 count 个字符	buf1<buf2，为负数 buf1=buf2，返回 0 buf1>buf2，为正数
memcpy	void *memcpy(void *to, void *from, unsigned int count);	将 from 所指内存的前 count 个字符拷贝到 to 所指内存中。From 和 to 指向内存不允许重叠	返回指向 to 的指针
memove	void *memove(void *to, void *from, unsigned int count);	将 from 所指内存的前 count 个字符拷贝到 to 所指内存中。From 和 to 所指内存不允许重叠	返回指向 to 的指针
memset	void *memset(void *buf, char ch, unsigned int count);	将字符 ch 拷贝到 buf 所指内存的前 count 个字节中	返回 buf

5. 输入输出函数

在使用输入输出函数时，应该在源文件中使用命令：

#include<stdio.h>　或者　#include"stdio.h"

函数名	函数和形参类型	功　能	返回值
clearerr	void clearer(FILE *fp);	清除文件指针错误指示器	无
close	int close(int fp);	关闭文件（非 ANSI 标准）	关闭成功返回 0，不成功返回-1
creat	int creat(char *filename, int mode);	以 mode 所指定的方式建立文件(非 ANSI 标准）	成功返回正数，否则返回-1
eof	int eof(int fp);	判断 fp 所指的文件是否结束	文件结束返回 1，否则返回 0

续表

函数名	函数和形参类型	功　能	返回值
fclose	int fclose(FILE *fp);	关闭 fp 所指的文件，释放文件缓冲区	关闭成功返回 0，不成功返回非 0
feof	int feof(FILE *fp);	检查文件是否结束	文件结束返回非 0，否则返回 0
ferror	int ferror(FILE *fp)	测试 fp 所指的文件是否有错误	无错误返回 0，否则返回非 0
fflush	int fflush(FILE *fp);	将 fp 所指的文件的全部控制信息和数据存盘	存盘正确返回 0，否则返回非 0
fgets	char *fgets(char *buf, int n, FILE *fp);	从 fp 所指的文件读取一个长度为（n-1）的字符串，存入起始地址为 buf 的空间	返回地址 buf；若遇文件结束或出错，则返回 NULL
fgetc	int fgetc(FILE *fp);	从 fp 所指的文件中取得下一个字符	返回所得到的字符，出错返回 EOF
fopen	FILE *fopen(char *filename, char *mode);	以 mode 指定的方式打开名为 filename 的文件	成功，则返回一个文件指针；否则返回 0
fprintf	int fprintf(FILE *fp, char *format,args,…);	把 args 的值以 format 指定的格式输出到 fp 所指的文件中	实际输出的字符数
fputc	int fputc(char ch, FILE fp);	将字符 ch 输出到 fp 所指的文件中	成功则返回该字符，出错返回 EOF
fputs	int fputs(char *str, FILE *fp);	将 str 指定的字符串输出到 fp 所指的文件中	成功则返回 0，出错返回 EOF
fread	int fread(char *pt, unsigned size, unsigned n, FILE *fp) ;	从 fp 所指定文件中读取长度为 size 的 n 个数据项，存到 pt 所指向的内存区	返回所读的数据项个数，若文件结束或出错返回 0
fscanf	int fscanf(FILE *fp,char *format,args,…);	从 fp 指定的文件中按给定的 format 格式将读入的数据送到 args 所指向的内存变量中（args 是指针）	以输入的数据个数
fseek	int fseek(FILE *fp,long offset,int base) ;	将 fp 指定的文件的位置指针移到以 base 所指出的位置为基准、offset 为位移量的位置	返回当前位置，否则返回-1
ftell	long ftell(FILE *fp);	返回 fp 所指定的文件中的读写位置	返回文件中的读写位置，否则返回-1L
fwrite	int fwrite(char *ptr,unsigned size, unsigned n,FILE *fp);	把 ptr 所指向的 n×size 个字节输出到 fp 所指向的文件中	写到 fp 文件中的数据项的个数
getc	int getc(FILE *fp);	从 fp 所指向的文件中读出下一个字符	返回读出的字符；若文件出错或结束，返回 EOF

续表

函数名	函数和形参类型	功　能	返回值
getchar	int getchat();	从标准输入设备中读取下一个字符	返回字符;若文件出错或结束，返回-1
gets	char *gets(char *str);	从标准输入设备中读取字符串存入str指向的数组	成功返回 str，否则返回NULL
open	int open(char *filename, int mode)；	以 mode 指定的方式打开已存在的名为 filename 的文件（非 ANSI 标准）	返回文件号（正数）；如打开失败，返回-1
printf	int printf(char *format, char *args,…);	在 format 指定的字符串的控制下，将输出列表 args 的值输出到标准设备	输出字符的个数;若出错，返回负数
prtc	int prtc(int ch, FILE *fp);	把一个字符 ch 输出到 fp 所指的文件中	输出字符 ch；若出错，返回 EOF
putchar	int putchar(char ch);	把字符 ch 输出到 fp 标准输出设备	返回换行符；若失败，返回 EOF
puts	int puts(char *str);	把 str 指向的字符串输出到标准输出设备；将'\0'转换为回车行	返回换行符；若失败，返回 EOF
putw	int putw(int w, FILE *fp);	将一个整数 i（即一个字）写到 fp 所指的文件中（非 ANSI 标准）	返回读出的字符;若文件出错或结束,返回EOF
read	int read(int fd, char *buf, unsigned int count;)	从文件号 fp 所指定文件中读 count 个字节到由 buf 指示的缓冲区（非 ANSI 标准）	返回真正读出的字节个数，如文件结束，返回 0，出错返回-1
remove	int remove(char *fname);	删除以 fname 为文件名的文件	成功返回 0，出错返回-1
rename	int remove(char *oname, char *nname);	把oname所指的文件名改为由nname所指的文件名	成功返回 0，出错返回-1
rewind	void rewind(FILE *fp);	将 fp 指定的文件指针置于文件头，并清除文件结束标志和错误标志	无
scanf	int scanf(char *format, char *args,…);	从标准输入设备按 format 指示的格式字符串规定的格式，输入数据给 args 所指示的单元（args 为指针）	读入并赋给 args 数据个数。如文件结束，返回 EOF；如出错，返回 0
write	int write(int fd, char *buf, unsigned count);	从 buf 指示的缓冲区输出 count 个字符到 fd 所指的文件中（非 ANSI 标准）	返回实际写入的字节数，如出错，返回-1

6. 动态存储分配函数

在使用动态存储分配函数时，应该在源文件中使用命令：

#include<stdlib.h> 或者 #include"stdlib.h"

函数名	函数和形参类型	功　能	返回值
callloc	void *calloc(unsigned n, unsigned size);	分配 n 个数据项的内存连续空间，每个数据项的大小为 size	分配内存单元的起始地址。如不成功，返回 0
free	void free(void *p);	释放 p 所指内存区	无
malloc	void *malloc(unsigned size);	分配 size 字节的内存区	所分配的内存区地址，如内存不够，返回 0
realloc	void *reallod(void *p, unsigned size);	将 p 所指的已分配的内存区的大小改为 size。size 可以比原来分配的空间大或小	返回指向该内存区的指针。若重新分配失败，返回 NULL

7. 其他函数

“其他函数”是 C 语言的标准库函数，由于不便归入某一类，所以单独列出。使用这些函数时，应该在源文件中使用命令：

#include<stdlib.h> 或者 #include"stdlib.h"

函数名	函数和形参类型	功　能	返回值
atof	double atof(char *str);	将 str 指向的字符串转换为一个 double 型的值	返回双精度计算结果
atoi	int atoi(char *str);	将 str 指向的字符串转换为一个 int 型的值	返回转换结果
atol	long atol(char *str);	将 str 指向的字符串转换为一个 long 型的值	返回转换结果
exit	void exit(int status);	终止程序运行，将 status 的值返回调用的过程	无
itoa	char *itoa(int n, char *str, int radix);	将整数 n 的值按照 radix 进制转换为等价的字符串，并将结果存入 str 指向的字符串中	返回一个指向 str 的指针
labs	long labs(long num);	计算 c 整数 num 的绝对值	返回计算结果
ltoa	char *ltoa(long int n, char *str, int radix);	将长整数 n 的值按照 radix 进制转换为等价的字符串，并将结果存入 str 指向的字符串	返回一个指向 str 的指针
rand	int rand()	产生 0 到 RAND_MAX 之间的伪随机数。RAND_MAX 在头文件中定义	返回一个伪随机（整）数

续表

函数名	函数和形参类型	功　能	返回值
random	int random(int num);	产生 0 到 num 之间的随机数	返回一个随机（整）数
rand_omize	void randomize()	初始化随机函数，使用时包括头文件 time．h。	
strtod	double strtod(char *start, char **end);	将 start 指向的数字字符串转换成 double，直到出现不能转换为浮点数的字符为止，剩余的字符串赋给指针 end。 *HUGE_VAL 是 turboC 在头文件 math.h 中定义的数学函数溢出标志值	返回转换结果。若未转换，则返回 0。若转换出错，返回 HUGE_VAL，表示上溢，或返回-HUGE_VAL，表示下溢
strtol	Long int strtol(char *start, char **end, int radix);	将 start 指向的数字字符串转换成 long，直到出现不能转换为长整型数的字符为止，剩余的字符串赋给指针 end。 转换时，数字的进制由 radix 确定。 *LONG_MAX 是 turboC 在头文件 limits.h 中定义的 long 型可表示的最大值	返回转换结果。若未转换，则返回 0。若转换出错，返回 LONG_MAX，表示上溢，或返回-LONG_MAX，表示下溢
system	int system(char *str);	将 str 指向的字符串作为命令传递给 DOS 的命令处理器	返回所执行命令的退出状态

参考文献

[1] 谭浩强．C 程序设计[M]．5 版．北京：清华大学出版社，2020．

[2] DEITEL P J，DEITEL H M．C 大学教程[M]．5 版．苏小红，李东，王甜甜，等译．北京：电子工业出版社，2008．

[3] 刘维富．C 语言程序设计一体化案例教程[M]．北京：清华大学出版社，2009．

[4] 景红．计算机程序设计基础 I (C/C++)[M]．成都：西南交通大学出版社，2018．

[5] 杨进才，沈显君．C++语言程序设计教程[M]．4 版．北京：清华大学出版社，2022．